Ökonomische Aspekte internationaler Klimapolitik

Umwelt- und Ressourcenökonomie

K.L. Brockmann, J. Hemmelskamp, O. Hohmeyer
Zertifiziertes Tropenholz und Verbraucherverhalten
1996, ISBN 3-7908-0899-7

K. Rennings, K.L. Brockmann, H. Koschel, H. Bergmann, I. Kühn
Nachhaltigkeit, Ordnungspolitik und freiwillige Selbstverpflichtung
1997, ISBN 3-7908-0975-6

H. Koschel, K.L. Brockmann, T.F.N. Schmidt
Handelbare SO_2-Zertifikate für Europa
1998, ISBN 3-7908-1135-1

T.F.N. Schmidt
Integrierte Bewertung umweltpolitischer Strategien in Europa
1999, ISBN 3-7908-1195-5

F. Pfeiffer, K. Rennings (Hrsg.)
Beschäftigungswirkungen des Übergangs zu integrierter Umwelttechnik
1999, ISBN 3-7908-1181-5

Wolfgang Bräuer, Oliver Kopp,
Roland Rösch

Ökonomische Aspekte internationaler Klimapolitik

Effizienzgewinne durch Joint Implementation mit China und Indien

Mit 22 Abbildungen
und 27 Tabellen

Springer-Verlag Berlin
Heidelberg GmbH

Forschungsbereich
Umwelt- und
Ressourcenökonomik
Umweltmanagement
des ZEW

Reihenherausgeber
Dr. Christoph Böhringer

Autoren
Wolfgang Bräuer
Oliver Kopp
Roland Rösch

Zentrum für Europäische Wirtschaftsforschung GmbH
L 7,1
D-68161 Mannheim

Die Deutsche Bibliothek - CIP-Einheitsaufnahme
Bräuer, Wolfgang:
Ökonomische Aspekte internationaler Klimapolitik : Effizienzgewinne durch Joint Implementation mit China und Indien / Wolfgang Bräuer; Oliver Kopp; Roland Rösch. - Heidelberg : Physica-Verl., 1999
(Umwelt- und Ressourcenökonomie)

ISBN 978-3-7908-1206-0 ISBN 978-3-662-41516-0 (eBook)
DOI 10.1007/978-3-662-41516-0

Umschlaggestaltung: Erich Kirchner, Heidelberg

SPIN 10724402 88/2202-5 4 3 2 1 0 - Gedruckt auf säurefreiem Papier

Vorwort

Die vorliegende Arbeit ist das Ergebnis dreijähriger Forschungsarbeiten am Zentrum für Europäische Wirtschaftsforschung GmbH (ZEW). Die Ergebnisse sollen dazu beitragen, ökonomisch effiziente und ökologisch effektive Wege aus der vom Menschen verursachten globalen Klimaerwärmung zu finden. Das Buch trägt dem Umstand Rechnung, daß effektiver Klimaschutz letztlich nur durch internationale Zusammenarbeit erreicht werden kann. Joint Implementation ist ein Instrument, daß die internationale Zusammenarbeit zwischen Industrieländern wie der Bundesrepublik Deutschland und Entwicklungsländern wie der Volksrepublik China und Indien erleichtern kann, da es für beide Vertragspartner Vorteile in Aussicht stellt. Angesichts der Prognosen über das Wachstum der Treibhausgasemissionen in China und Indien sehen die Industrieländer ihre eigenen Anstrengungen und Reduktionsverpflichtungen im Klimaschutz bisweilen als Knebelung, die nicht mehr als der berühmte Tropfen auf dem heißen Stein zur Lösung der Klimaproblematik zu sein scheint. Die vorliegende Arbeit gibt Anlaß zur Hoffnung, daß Joint Implementation einerseits die Fesseln der Industrieländer lockern kann und gleichzeitig dazu beiträgt, das prognostizierte Wirtschaftswachstum in China und Indien ohne den befürchteten Anstieg der Treibhausgasemissionen zu bewältigen.

Das Buch richtet sich daher an alle, die am erfolgreichen Fortgang der Klimaverhandlungen interessiert sind, also an politische Entscheidungsträger auf allen Ebenen der Entscheidungsfindung, an Unternehmen, die vom Technologietransfer in Entwicklungsländer profitieren wollen, an Unternehmen in den Industrieländern, die ihre Kosten der Emissionsreduktion erträglich halten wollen, an Institutionen der Entwicklungszusammenarbeit, an Nichtregierungsorganisationen, die sich mit Klimaschutz auseinandersetzen, an Vertreter von deutschen Energieversorgungsunternehmen sowie an Studenten der Umweltökonomie.

Die Autoren

Inhaltsverzeichnis

1	**Einleitung**	**1**
2	**Die Klimaheizung**	**3**
2.1	Der natürliche Treibhauseffekt	3
2.2	Der anthropogene Treibhauseffekt	3
2.3	Die Folgen des anthropogenen Treibhauseffektes	5
3	**Die Klimarelevanz von China und Indien**	**7**
3.1	Kohlendioxidemissionen in China und Indien	9
3.1.1	Globale CO_2-Emissionen	9
3.1.2	Die Bedeutung Chinas für den Klimaschutz	11
3.1.3	Die Bedeutung Indiens für den Klimaschutz	14
3.1.3.1	Indische Treibhausgas-Emissionen	14
3.1.3.2	Emissionsszenarien für Indien	16
3.1.4	Einflußgrößen und ökonomische Variablen des CO_2-Emissionsniveaus	18
3.2	Die Energiewirtschaften in China und Indien	20
3.2.1	Probleme der Energiewirtschaften	20
3.2.2	Das Energiesystem in China	23
3.2.2.1	Derzeitige Situation in der Energiewirtschaft der VR China	23
3.2.2.2	Struktur des Primärenergieeinsatzes in der VR China	24
3.2.2.3	Kraftwerkwirtschaft in der VR China	25
3.2.3	Die indische Energiewirtschaft	26
4	**JI in den internationalen Klimaverhandlungen**	**30**
4.1	Grundlagen der internationalen Klimapolitik	30
4.1.1	Politische Charakteristika der Klimaproblematik	30
4.1.2	Entwicklungsverlauf der internationalen Umweltpoltik	31
4.1.3	Der Erdgipfel von Rio de Janeiro	33
4.1.4	Die Klimarahmenkonvention der UNCED	34
4.2	Der lange Weg von Rio nach Kioto: Joint Implementation - Activities Implemented Jointly und Clean Development Mechanism	37
4.2.1	JI in der Klimarahmenkonvention	37
4.2.2	Die Berliner Vertragsstaatenkonferenz und die Einführung einer JI-Pilotphase	38
4.2.3	Der Durchbruch in Kioto ?	39
4.3	Die Kritik der Entwicklungsländer am JI-Konzept	41
4.3.1	Die Ausbeutung billiger Reduktionspotentiale	41
4.3.2	Negative Externalitäten aus JI	43
4.3.3	Ablehnung von JI aufgrund strategischer Überlegungen	44
4.3.4	Umwidmung von Nord-Süd Transferzahlungen	44

5 Ökonomie des Klimaschutzes: Joint Implementation 46
5.1 Das Klimaproblem aus ökonomischer Sicht 46
5.1.1 Kosten-Nutzen-Analyse von ökologischen Zielen 46
5.1.2 Das Klimasystem als erneuerbare Ressource 47
5.1.3 Klimasystem und CO_2-Reduktionsmaßnahmen als öffentliche Güter 48
5.1.4 Anforderungen an umweltpolitische Instrumente 49
5.1.5 Ökonomische Optionen zur CO_2-Reduktion 50
5.1.5.1 Auflagen 50
5.1.5.2 Steuern und Abgaben 50
5.1.5.3 Handelbare Emissionsrechte 51
5.1.5.4 Joint Implementation (Kompensationen) 52
5.2 Einführung in die Ökonomie der "Joint Implementation" 54
5.3 Ökonomische Effizienz der JI 55
5.3.1 Kostenwirkungen in der statischen Analyse 55
5.3.2 Verteilung der Effizienzgewinne aus JI 59
5.3.3 Joint Implementation bei Projekten mit diskreten Kostensprüngen 60
5.3.4 Positive Externalitäten durch JI 62
5.4 Ökologische Effektivität der JI 65
5.5 Organisationsformen der JI 67
5.5.1 Multilaterale Organisationsform 67
5.5.2 Bilaterale Organisationsformen 68

6 JI im chinesischen Kraftwerkssektor 71
6.1 Technische Optionen der CO_2-Reduktion 71
6.1.1 CO_2-Minderung durch Substitution von Energieträgern 72
6.1.1.1 Substitution durch CO_2-freie Energieträger 73
6.1.2 Substitution zwischen fossilen Energieträgern 74
6.1.3 CO_2-Minderung durch Steigerung der Energieeffizienz 76
6.2 Kraftwerke 77
6.2.1 Konventionelle Dampfkraftwerke 78
6.2.1.1 Der Wasser-Dampfkreislauf 78
6.2.1.2 Wirkungsgrad bei konventionellen Kraftwerken 80
6.2.2 Wirkungsgradverbesserungen bei konventionellen Kraftwerken 81
6.2.2.1 Kondensationsbedingungen und Kühlverfahren 81
6.2.2.2 Regenerative Speisewasservorwärmung 84
6.2.2.3 Anhebung der Frischdampfparameter 86
6.2.2.4 Einführung der Zwischenüberhitzung 87
6.2.2.5 Dampferzeugerwirkungsgrad 88
6.2.2.6 Mechanischer und innerer Wirkungsgrad der Dampfturbinen 89
6.2.2.7 Weitere Verbesserungsmaßnahmen 90
6.2.2.8 Gesamtes Potential der Verbesserungsmaßnahmen 91
6.2.2.9 Investitionskosten von konventionellen Kraftwerken 92
6.2.2.10 Zukünftiges Entwicklungspotential des konventionellen Dampfprozesses 95

6.2.3	Kombi-Kraftwerke	95
6.2.3.1	Grundlagen der Gasturbinenprozesse	96
6.2.3.2	Kombiprozeß mit Erdgas/Heizöl-befeuerter Gasturbine (GuD)	97
6.2.3.3	Kombiprozeß mit Erdgas/Heizöl-befeuerter Gasturbine und fossilbefeuertem Dampferzeuger	99
6.2.3.4	Kombiprozeß mit integrierter Kohlevergasung	100
6.2.3.5	Kombiprozeß mit Druckwirbelschichtfeuerung	105
6.2.4	Zukünftige Entwicklungslinien der fossilen Kraftwerkstechnik	109
6.2.5	Kraft-Wärme-Kopplung	110
6.3	CO_2-Rückhalte- und Entsorgungsmaßnahmen	112
6.4	CO_2-Minderung im Bereich fossiler Kraftwerke	113
6.5	Mögliche JI-Kraftwerkprojekte in der VR China	117
6.5.1	Technische Anforderungen an JI-Kraftwerkprojekte	121
6.5.2	Mögliche Hindernisse für JI-Kraftwerkprojekte	122
6.5.2.1	Suchkosten bei JI-Kraftwerkprojekten	122
6.5.2.2	Transaktionskosten bei JI-Kraftwerkprojekten	123
6.5.2.3	Kontrollkosten bei JI-Kraftwerkprojekten	123
6.5.3	Kostensprungproblematik bei JI-Kraftwerkprojekten	123
6.6	Die Position Chinas in den Klimaverhandlungen	124
6.7	Laufende JI-Kraftwerksprojekte in China	124
6.8	Ausgestaltungsmöglichkeit von JI-Kraftwerkprojekten	126
7	**Indien als Gastland für JI-Projekte**	**129**
7.1	Potentiale für Joint Implementation in Indien	130
7.1.1	Rationelle Energieverwendung	130
7.1.1.1	Modernisierung fossiler Kraftwerke	130
7.1.1.2	Nachfragemanagement	134
7.1.2	Substitution von Energieträgern	136
7.1.2.1	Substitution zwischen fossilen Energieträgern und durch Atomkraft	136
7.1.2.2	Erneuerbare Energieträger	138
7.1.3	Substitution von Viehfutter und Naßreissorten	141
7.1.4	Aufbau terrestrischer Senken	142
7.1.4.1	Klimaschutzpotential und JI-Optionen	142
7.1.4.2	Positive Externalitäten	143
7.1.4.3	Negative Externalitäten	143
7.1.4.4	Fazit	145
7.2	Die Position Indiens in den Verhandlungen	146
7.3	Laufende AIJ-Projekte in Indien	148
7.4	Institutionelle Umsetzung eines JI-Regimes in Indien	149
7.4.1	Indische Institutionen im Bereich Umwelt- und Klimaschutz	149
7.4.2	Organisation eines JI-Systems in Indien	152

8 Schlußfolgerungen 155
8.1 Chancen und Grenzen von JI-Kraftwerkprojekten in China 155
8.2 Joint Implementation in Indien 156
8.3 Chancen durch Joint Implementation für Deutschland 157

9 Anhang 161
9.1 Der JI-Ansatz in der Klimarahmenkonvention und den Bestimmungen der Vertragsstaatenkonferenzen 161
9.1.1 Bestimmungen der Klimarahmenkonvention 161
9.1.2 Entscheidung 5/CP.1 der ersten Vertragsstaatenkonferenz in Berlin, Mai 1997, bezüglich Joint Implementation und Activities Implemented Jointly 162
9.1.3 Die Beschlüsse der dritten Vertragsstaatenkonferenz in Kioto 164
9.2 Indien als THG-Emittent 167
9.3 AIJ-Projekte in Indien 168

10 Literaturverzeichnis 171

1 Einleitung

Trotz Asienkrise und Überschwemmungskatastrophen in China und Südkorea hält das Energiewachstum in Asien an. Mit prognostizierten Steigerungsraten von über 3 Prozent im Jahr stehen China und Indien an der Spitze dieser Entwicklung. Angesichts der Wachstumsprognosen für Kohlendioxidemissionen dieser beiden bevölkerungsreichsten Länder der Erde scheinen die Bemühungen der Industrieländer um eine Reduktion ihrer Emissionen als Tropfen auf dem heißen Stein.

Um eine drohende Klimakatastrophe abzuwenden, bedarf es allerdings der Anstrengungen sowohl der Industrieländer als auch der Entwicklungsländer. Das Konzept der gemeinsamen Klimavertragsumsetzung könnte eine Abkehr von klimaschädigenden Entwicklungspfaden ermöglichen. Das Konzept geht davon aus, daß Industrieländer, die sich zu Klimagasreduktionen verpflichtet haben, diese zusammen mit Entwicklungsländern umsetzen können. Der Vorteil für die Industrieländer liegt darin, daß die von ihnen erbrachten Kohlendioxidreduktionen in den Entwicklungsländern auf ihre in einem Klimaprotokoll festgelegten Verminderungspflichtungen angerechnet werden. Dies könnte zu Kosten geschehen, die weit unter den Reduktionskosten in den Industrieländern liegen. Für die Entwicklungsländer läge der Vorteil in einem kostenlosen Know-how Transfer. Denn die von den Industrieländern erbrachten Emissionsreduktionen würden zum großen Teil auf der Einführung relativ moderner Technologien in Entwicklungsländern basieren.

Dieses Konzept scheint beiden Beteiligten ökonomische Vorteile zu bringen und ist daher ökonomisch effizienter. Es wird allgemein unter dem Namen 'Joint Implementation' diskutiert. Auf dem Erdgipfel in Rio de Janeiro 1992 ging Joint Implementation ohne Diskussion in die Klimarahmenkonvention ein. Da es aber noch keine Erfahrungen mit diesem Konzept gab, wurde 1995 auf der Klimakonferenz in Berlin eine Pilotphase für Joint Implementation beschlossen. Die im Laufe dieser Pilotphase durchgeführten Projekte wurden als 'Activities Implemented Jointly' bezeichnet. Spätestens bei der Klimakonferenz in Kioto Ende 1997 war klar, daß sich nicht alle Staaten der Erde zu bestimmten Grenzen des Kohlendioxidausstoßes verpflichten würden. Das Label Joint Implementation wurde daraufhin aufgespalten in eine gemeinsame Vertragsumsetzung zwischen Staaten mit einer jeweiligen Reduktionsverpflichtung und eine gemeinsame Vertragsumsetzung zwischen Staaten mit und ohne Reduktionsverpflichtung. Ersteres wird nach wie vor als Joint Implementation bezeichnet während letzteres nun 'Clean Development Mechanism' genannt wird.

In dieser Arbeit wird allgemein vom Grundkonzept der Joint Implementation gesprochen, in dem sich die genannten Spielarten allesamt wiederfinden. Nach einem einführenden Kapitel über die Klimaproblematik wird in Kapitel 3 ersichtlich, daß China und Indien tatsächlich eine große Bedeutung für den globalen Klimaschutz haben. Es handelt sich dabei um Entwicklungsländer, die sich bislang weigerten, Reduktionsverpflichtungen für Treibhausgasemissionen einzugehen und damit um potentielle Kandidaten für Joint Implementation. Kapitel 4 beschreibt dann das Grundkonzept der Joint Implementation und Kapitel 5 zeigt, wie das Konzept der Joint Implementation in den Klimaverhandlungen diskutiert und festgeschrieben wurde. Damit wird der Grundstein für die Untersuchung der Fallbeispiele China und Indien in den Kapiteln 6 und 7 gelegt. In den Fallbeispielen wird geklärt, welche Potentiale für Joint Implementation in China und Indien bestehen, welche Positionen die beiden Länder in Puncto Joint Implementation bei den Klimaverhandlungen eingenommen haben, welche Pilotprojekte bereits existieren und wie eine Umsetzung des Konzepts mit diesen Ländern institutionell ausgestaltet werden könnte. Der Schwerpunkt im Fallbeispiel China liegt wegen seiner großen Bedeutung auf dem Bereich der Kraftwerkswirtschaft und innerhalb dessen auf dem Bereich der Kohleverstromung, da China (aber auch Indien) über enorme Kohlevorkommen verfügen.

Die Fallbeispiele zeigen, daß in China und Indien aus technischer und ökonomischer Sicht beträchtliche Potentiale zur gemeinsamen Reduktion von Klimagasen mit Industrieländern bestehen. Die institutionelle Ausgestaltung des Konzepts bedürfte darüber hinaus nicht der Schaffung von überdimensionalen internationalen Superbehörden. Die heute bereits bestehenden Institutionen könnten die potentiellen Projekte weitgehend abwickeln. Dennoch ist insbesondere in Indien bislang nicht allzuviel geschehen. Dies liegt einerseits daran, daß sich die Wirtschaften Chinas und Indiens nur sehr langsam und behutsam nach außen öffnen und andererseits am Mißtrauen der beiden Staaten gegenüber den Industriestaaten, die in bezug auf Klimaschutz eine historische Bringschuld haben. Der Gefahr eines Ökokolonialismus wird häufig das Wort geredet.

Bei den Klimaverhandlungen scheinen insbesondere die Gräben zwischen Industrie- und Entwicklungsländern sehr tief zu sein. Die zunehmende Gewißheit über das Ausmaß einer drohenden Klimakatastrophe entläßt beide Lager jedoch nicht aus der Pflicht, den Brückenschlag zu versuchen.

2 Die Klimaheizung

Der Treibhauseffekt verdankt seinen Namen der Analogie zu den Vorgängen in einem Gewächshaus. Bestimmte Gase in der Erdatmosphäre besitzen die Eigenschaft, wie die Glasscheibe in einem Treibhaus, die kurzwellige Sonnenstrahlung nahezu ungehindert zur Erdoberfläche passieren zu lassen, aber die langwellige Wärmestrahlung der Erdoberfläche stark zu absorbieren. Diese klimarelevanten Gase werden, weil sie nur in sehr geringen Mengen in der Atmosphäre vorkommen, auch als Spurengase bezeichnet. Generell wird unterschieden zwischen einem natürlichen und einem anthropogenen - durch den Menschen hervorgerufenen - Treibhauseffekt.

2.1 Der natürliche Treibhauseffekt

Der natürliche Treibhauseffekt, in der vom Menschen unbeeinflußten Atmosphäre, wird durch die Spurengase Wasserdampf (H_2O), Kohlendioxid (CO_2), Ozon (O_3), Distickstoffoxid (N_2O), auch Lachgas genannt, sowie Methan (CH_4) hervorgerufen. Aufgrund der wärmeisolierenden Wirkung dieser Spurengase ist die Temperatur in Bodennähe um rd. 33 Kelvin höher als die reine Strahlungstemperatur des Systems Erdoberfläche - Weltraum wäre. Die Oberflächentemperatur der Erde beträgt daher im Mittel ca. 15 Grad Celsius (C°). Ohne das Vorhandensein der klimarelevanten Spurengase in der Atmosphäre würde sich an der Erdoberfläche eine durchschnittliche Temperatur von minus 18 C° einstellen. Die unterschiedlichen Konzentrationen der Treibhausgase in der Erdatmosphäre bedingen unterschiedliche gleichgewichtige Erdtemperaturen. Nimmt die Konzentration der Treibhausgase zu, wird das beschriebene Strahlungsgleichgewicht gestört, weil bei unveränderter Sonneneinstrahlung weniger Energie ins All abgeben wird. Der natürliche Treibhauseffekt macht die Erde erst bewohnbar.

2.2 Der anthropogene Treibhauseffekt

Mit der Industrialisierung, dem zunehmendem Verbrauch fossiler Brennstoffe und der veränderten Bodennutzung beeinflußt der Mensch in großem Maßstab die Zusammensetzung der Erdatmosphäre. Damit ändert sich auch der von der Atmosphäre bewirkte natürliche Treibhauseffekt, und es kommt zu einem zusätzlichen anthropogenen Treibhauseffekt (Enquete-Kommission, 1992: 31ff.).

Seit Beginn der Industrialisierung ist der Verbrauch an fossilen Energien in der ganzen Welt beständig angestiegen. Die damit einhergehende Emission von Kohlendioxid und anderer Spurengase hat sich beträchtlich erhöht. Seit der Mitte des vorigen Jahrhunderts hat sich die Konzentration von CO_2 in der Atmosphäre um etwa 25% erhöht (OECD, 1991: 27). Zu einer weiteren Verstärkung des anthropogenen Treibhauseffekts tragen die industriell produzierten Fluorchlorkohlenwasserstoffe (FCKW) und das photochemische gebildete troposphärische Ozon bei, das durch Reaktion der indirekt klimawirksamen Spurengase Kohlenmonoxid (CO) und verschiedener Kohlenwasserstoffe (C_xH_y) mit NO_x entsteht.

Tabelle 1: Ursachen des anthropogenen Treibhauseffekts

Angaben in Prozent	CO_2	FCKW	CH_4	trop. O_3	N_2O	Summe
Energiewirtschaft und Verkehr	35	-	4	6	4	49
Chemische Industrie	2	20	-	2	-	24
Waldvernichtung	10	-	4	-	-	14
Landwirtschaft und andere Bereiche	3	-	8	2	-	13
Anteil am anthrop. Treibhauseffekt	50	20	16	8	6	100
Spezifisches Treibhauspotential	1	4000-6000	58	1800	206	
Verweildauer (Jahre)	50-200	60-130	10	0,1	130-150	

Quelle: OECD, 1991: 26 und Enquete-Kommission, 1992: 58.

Die genannten treibhausrelevanten Spurengase leisten einen unterschiedlichen Beitrag zum Treibhauseffekt, der abhängig ist vom jeweiligen spezifischen Treibhauspotential. Das spezifische Treibhauspotential gibt an, wieviel wirksamer eine Gewichtseinheit (z. B. Kilogramm) eines Gases die Wärmeabstrahlung in den Weltraum verhindert als eine Gewichtseinheit Kohlendioxid (Tabelle 1).

Durch das spezifische Treibhauspotential und durch die Berücksichtigung der absoluten Mengen der Spurengase in der Atmosphäre lassen sich die einzelnen Anteile am anthropogenen Treibhauseffekt ermitteln. Mit einem Anteil von 50% ist Kohlendioxid das wichtigste Treibhausgas. Es folgen die Gesamtheit der Fluorchlorkohlenwasserstoffe (20%), Methan (16%), troposphärisches Ozon (8%) und schließlich Distickstoffoxid beziehungsweise Lachgas (6%).

Nach Sektoren hat den höchsten Anteil am anthropogenen Treibhauseffekt mit 49% die energetische Nutzung der fossilen Energieträger Kohle, Erdöl und Erdgas. Allein 70% dieses Anteils entfallen auf Kohlendioxidemissionen. Weiterhin tragen die verschiedenen Produkte der chemischen Industrie wie FCKW und Halogene mit 24% und die Vernichtung der Tropenwälder durch Verbrennung und Verrottung mit 14% zum Treibhauseffekt bei. Die Landwirtschaft (Reisfelder, Rinderhaltung, Düngung) und andere Bereiche, wie z.B. Mülldeponien, sind durch Emissionen verschiedener Spurengase mit 15% am Klimaproblem beteiligt (Enquete-Kommission, 1992: 59ff.; OECD, 1991: 27f.).

Die direkt klimarelevanten Emissionen CO_2, N_2O und CH_4 sowie die indirekt klimawirksamen Emissionen CO und C_xH_y, die zur Bildung des troposphärischen Ozons (O_3) führen, stammen zu rd. 50% aus dem Energiesektor einschließlich des Verkehrssektors. Der Energiebereich trägt also wesentlich zum zusätzlichen Treibhauseffekt bei.

Bei einer ungehemmten Weiterentwicklung der Emissionen aller klimarelevanten Spurengase droht infolge ihrer physikalischen Eigenschaften (Durchlässigkeit für die kurzwellige Sonnenstrahlung, Absorption im Bereich der langweiligen Wärmestrahlung) eine Erhöhung der Temperatur der Erdoberfläche und der unteren Luftschichten. Gegenüber 1860 liegt schon heute die durchschnittliche globale Temperatur um 0,5 bis 0,7 C° höher, was zu einem Anstieg der Meeresspiegel um 15 cm geführt hat (Enquete-Kommission, 1992: 25ff. und OECD, 1991: 32).

Folgt man den Prognosen der Klimaforscher, so stellen die aus diesem zusätzlichen Treibhauseffekt resultierenden Klimaveränderungen mit all ihren Folgeeffekten eine globale Gefährdung der Menschheit und der gesamten Biosphäre dar.

2.3 Die Folgen des anthropogenen Treibhauseffektes

Der Grad der Klimaveränderungen, der auf der Erde wahrscheinlich eintreten wird, hängt von den zukünftigen Treibhausgaskonzentrationen und von der schwer einschätzbaren Klimasensivität ab (Krause, 1992: 22).

Die Prognosen der Klimaforscher bezüglich des Anstiegs der Temperatur der bodennahen Schichten schwanken zum Teil erheblich. Alle zeigen allerdings die Tendenz auf, daß sich die Atmosphäre insgesamt erwärmen wird. Die zur Zeit am häufigsten verwendeten Computermodelle sagen, bei ungehemmter Weiterentwicklung der Emissionen, eine Erwärmung von 3 bis 9 C° bis zum Jahr 2100 voraus (Enquete-Kommission, 1992: 42).

Ein internationales Wissenschaftlergremium, das Intergovernmental Panel on Climate Change (IPCC) der Vereinten Nationen, errechnet für den Fall einer Verdoppelung der äquivalenten CO_2-Konzentration, die bei einer Fortschreibung des Emissionstrends bereits im Jahr 2030 erreicht wird, einen globalen Temperaturanstieg von 1,5 ± 0,5 C°. Für das Jahr 2100 wird in diesem Fall eine Erwärmung um bis zu 4,1 C° prognostiziert. Die Wirkung des Temperaturanstiegs auf die Umwelt ist aller Voraussicht nach um so größer, je schneller er stattfindet. Die Ökosysteme können sich nur dann an die Veränderung anpassen, wenn die Geschwindigkeit des Temperaturanstiegs verringert wird (Houghton, 1992: 18; Lehmann, 1995: 36ff.; Krause, 1992: 42ff.).

Ein Anstieg der globalen Durchschnittstemperatur der Erde in Bodennähe um nur wenige Grade hat voraussichtlich folgende Konsequenzen (Bauer, 1993: 41ff.; OECD, 1991: 32f.; Krause, 1992: 45ff.):

- Ausweitung der Wüstenregionen infolge der Verschiebung der Klimazonen,
- Verknappung der Wasserressourcen vieler Regionen,
- Anstieg des Meeresspiegels mit Überschwemmungen küstennaher Gebiete und Inseln, die heute noch bewohnt sind bzw. zur Ernährung der Bevölkerung beitragen,
- Verschlechterung der Ernährungssituation großer Teile der Menschheit (Dürre, Mißernte, Stürme, u.v.a.) sowie ein großräumiges Waldsterben, vor allem in

den durch Immissionen vorgeschädigten Wäldern.

Um diese Schreckensszenarien abzuwenden, müssen zwei wichtige Entwicklungstendenzen beeinflußt werden.

1. Der Zuwachs an Treibhausgas-(THG-)Emissionen der Industrieländer hat sich in den vergangenen Jahren zwar verlangsamt. Die Stagnation findet jedoch auf einem Niveau statt, das den anthropogenen Treibhauseffekt weiter verstärkt.

2. Die THG-Emissionen der Entwicklungsländer steigen weiterhin kontinuierlich an. Neben der Vernichtung großer Waldflächen ist dafür die steigende Energienachfrage einiger Entwicklungsländer verantwortlich.

Insbesondere in China und Indien kann die wachsende Energienachfrage nur mit Mühe gedeckt werden. Da beide Länder über erhebliche Kohlereserven verfügen, die sie zur Energieerzeugung extensiv nutzen, müssen sie in eine effektive globale Klimaschutzstrategie eingebunden werden.

3 Die Klimarelevanz von China und Indien

Den Energiesektoren Indiens und Chinas wird im folgenden aufgrund ihres großen Beitrags zum anthropogenen Treibhauseffekts besondere Bedeutung zukommen. Dies bietet sich auch deshalb an, weil die Diskussion in der internationalen Umweltpolitik in bezug auf die Vermeidung des Kohlendioxids bisher am weitesten fortgeschritten ist. Dies liegt wohl ebenfalls an dem hohen und auch in Zukunft bedeutenden Anteil des CO_2 am anthropogenen Treibhauseffekt. Es liegt aber auch daran, daß die anthropogenen Quellen des Kohlendioxids weitgehend bekannt und präzise anzugeben sind. Zudem sind, im Gegensatz etwa zum Methan, Vermeidungsstrategien bekannt, die auch in ihren Kosten recht gut kalkulierbar sind (Bauer, 1993: 10 und Krause, 1992: 94). Ein weiterer Grund für die herausragende Bedeutung des Kohlendioxids in der Umweltdiskussion dürfte in der langen Verweildauer des CO_2 in der Atmosphäre von bis zu 200 Jahren zu sehen sein, durch die schon heute das Klima des 22. Jahrhundert beeinflußt wird.

Die fortgeschrittene internationale umweltpolitische Diskussion über die Vermeidung von Kohlendioxid erleichtert es, einen ökonomisch effizienten Weg zur Vermeidung der CO_2-Emissionen auf globaler Ebene zu finden.

Die Kohlendioxidemissionen sind vor allem in den letzten 100 Jahren stark angestiegen. Lag die Konzentration des CO_2 in vorindustrieller Zeit noch bei 280 ppmv, so überschritt sie im Jahr 1991 einen Wert von 355 ppmv, was einem Anstieg um mehr als 25% entspricht (Enquete-Kommission, 1992: 37f.; Graßl, 1995: 42). Der Anstieg wäre noch schneller, wenn das atmosphärische CO_2 nicht mit dem Kohlenstoffkreislauf[1] unmittelbar gekoppelt wäre. Die Kohlenstoffspeicher des Kohlenstoffkreislaufs besitzen zum Teil eine natürliche Absorptionskapazität für CO_2. Die seit jeher existierenden Kreisläufe nehmen aus der Atmosphäre ungefähr soviel Kohlendioxid auf, wie sie wieder abgeben. Durch menschliche Aktivitäten werden gegenwärtig rd. 21,6 Mrd. Tonnen (t) CO_2 jährlich zusätzlich erzeugt, von denen etwa ein Drittel in der Atmosphäre verbleibt. Die übrigen zwei Drittel werden durch chemische und biologische Prozesse absorbiert. Von besonderer Bedeutung sind dabei die Absorptionskapazität der Ozeane und die pflanzli-

---

[1] Unter dem Kohlenstoffkreislauf wird der Kreislauf des Kohlenstoffs (C) in seinen verschiedenen chemischen Verbindungen (unter anderem auch als CO_2) verstanden. Er findet zwischen der Atmosphäre (Lufthülle der Erde), der Biosphäre (irdischer Lebensraum der Pflanzen und Tiere), der Hydrosphäre (Wasserhülle der Erde) und der Lithosphäre (äußere Gesteinshülle des Erdkörpers) statt. Unter dem Kohlenstoffkreislauf i.e.S. wird die Wechselwirkung zwischen verschiedenen Kohlenstoffreservoirs mit verschiedenen großen Reservoirkapazitäten verstanden. Bei für die Menschheit wichtigen Zeitskalen von Jahren bis Jahrhunderten sind folgende Teilspeicher des Kohlenstoffs von Bedeutung. Gespeichert werden Kohlenstoffe hauptsächlich in der Atmosphäre (750 Gigatonnen (Gt) Kohlenstoff) in Form von Kohlendioxid, in der ozeanischen Deckschicht (1020 Gt C) und im tieferen Ozean (38000 Gt C) in der Form von Hydrogencarbonat, in den Böden (725 Gt C) meist als Humus und in der Vegetation (600 Gt C) meist als Holz.

che Photosynthese (Faber, 1994: 91). Vor allem die oberflächennahen Wasserschichten sind in der Lage, CO_2 zu absorbieren. Allerdings hat die Konzentration von gelösten anorganischen Kohlenstoffen in diesen Schichten in den letzten 100 Jahren nur um rd. 2,5% zugenommen, was verglichen mit dem Anstieg der CO_2-Konzentration der Atmosphäre wenig ist. Wälder binden CO_2 durch Photosynthese und setzen es im Zerfallsprozeß wieder frei. Somit weisen Wälder eine neutrale CO_2-Bilanz auf. Daher stellt das Aufforsten von Wäldern zwar keine Nettosenke für CO_2 dar, aber es entstehen Speicher für dieses klimarelevante Spurengas.

Durch die Absorptionsfähigkeit des Kohlenstoffkreislaufs gehört Kohlendioxid, wie auch die anderen Treibhausgase Methan, Distickstoffoxid und Wasserdampf, zur Klasse der abbaubaren Globalschadstoffe (Dreyhaupt, 1994: 3/585). Wenn die anthropogenen CO_2-Emissionen die natürliche Absorptionskapazität des Kohlenkreislaufs übersteigen, kommt es zu einer übermäßigen Akkumulation des Spurengases CO_2 in der Atmosphäre und damit zum zusätzlichen Treibhauseffekt. Durch die Eigenschaft von Globalschadstoffen, sich gleichmäßig in der Atmosphäre auszubreiten, ist es unerheblich für die Schadenswirkung, wo diese emittiert, beziehungsweise vermieden werden. Dieser Zusammenhang ist von besonderer Bedeutung bei der Durchführung von internationalen Kompensationen (Joint Implementation) im Klimaschutz.

Das Spurengas Kohlendioxid ist für Tiere, Menschen und Pflanzen unschädlich, daher gibt es auch keine Probleme der räumlichen Konzentration von CO_2-Emissionen und somit keine direkten lokalen Schäden. Sogenannte „Hot Spots", d.h. lokale Belastungsschwerpunkte aufgrund erhöhter Schadstoffkonzentration können bei Kohlendioxid also nicht auftreten (Heister, 1991: 20). Dies ist auch der Grund, daß es keinen unmittelbaren Anreiz für einen Emittenten von Kohlendioxid gibt, Selbstschutz- beziehungsweise Vermeidungsmaßnahmen zu ergreifen. Deshalb konnten die Kohlendioxidemissionen in der Vergangenheit überhaupt so stark ansteigen.

Die weltweiten CO_2-Emissionen aus dem kommerziellen Energiebereich betrugen 1990 etwa 21,6 Mrd. Tonnen. In den Jahren 1971 bis 1992 stieg der weltweite Energieverbrauch um durchschnittlich 2,4% pro Jahr und die damit verbundenen energiebedingten CO_2-Emissionen stiegen um 1,7% jährlich. Die Internationale Energieagentur (IEA) in Paris rechnet in ihrem Referenzszenario mit einem jährlichen Anstieg von 2,1% der energiebedingten CO_2-Emissionen von 1992 bis 2010. Würde sich dieser Trend ungehemmt und ohne wesentliche Änderungen im Mix der Energieträger durchsetzen, so stiegen die weltweiten CO_2-Emissionen aus dem Energiebereich bis zum Jahre 2010 um mehr als 42% auf 30,7 Mrd. t und würden sich bis zum Jahre 2050 bezogen auf das Basisjahr 1990 nahezu verdoppeln (IEA, 1995: 48ff.).

Von den über einen Zeitraum von etwa 100 Jahren kumulierten CO_2-Emissionen in der Atmosphäre stammen über 90% von den heutigen Industrieländern, einschließlich der Staatshandelsländer (Enquete-Kommission, 1992: 59f.). Dies macht deutlich, daß nicht alle Länder, Menschen und Wirtschaftsräume zu gleichen Teilen für Anstieg der Kohlendioxidemissionen verantwortlich sind.

3.1 Kohlendioxidemissionen in China und Indien

Im Jahre 1990 haben vornehmlich die industrialisierten Länder zu den weltweiten CO_2-Emissionen beigetragen. Mit 10,4 Mrd. Tonnen CO_2 haben die Länder der OECD fast die Hälfte der weltweiten CO_2-Emissionen produziert. Davon wurden mehr als 1 Mrd. t auf dem Gebiet der Bundesrepublik Deutschland emittiert, was etwa 4,8% der weltweiten Emissionen entspricht. Die Kohlendioxidemissionen des OECD-Raums werden bis zum Jahr 2010 um rd. 2,5 Mrd. t. ansteigen.

3.1.1 Globale CO_2-Emissionen

Die Vereinigten Staaten von Amerika (USA: 5,02 Mrd. t) sind der größte Emittent von CO_2 aus der Verbrennung fossiler Brennstoffe, gefolgt von der ehemaligen Sowjetunion (GUS: 3,62 Mrd. t), der Europäischen Gemeinschaft (EU: 3,18 Mrd. t) und China (2,4 Mrd. t.).

Tabelle 2: Energiebedingte CO_2-Emissionen ausgewählter Länder und Regionen (1990)

	CO_2-Emissionen in Mio. t CO_2	CO_2-Emissionen pro Kopf in t CO_2	CO_2-Emissionen je Einheit des BSP in t CO_2 je 1000 US$ (in Preisen von 1985)	Anteil an den weltweiten CO_2-Emissionen
OECD	10400	14,97	1,07	48,21
USA	5020	19,97	1,09	23,27
Japan	1060	8,58	0,63	4,91
Kanada	497	18	1,1	2,3
Australien	280	16	1,4	1,3
Europäische Union	3180	10,15	1,151	14,74
Deutschland	1039	13,05	1,34	4,82
Großbritannien	589	10,26	1,11	2,73
Frankreich	384	6,8	0,64	1,78
GUS	3620	13	k.A.	16,8
Ex-CSFR	235	15	k.A.	1,08
China	2400	2,11	5,78	11,13
Afrika	660	1,0	k.A.	3
Indien	594	0,72	2,10	2,75
Südkorea	246	5,74	1,63	1,14
Brasilien	223	1,48	0,88	1,03
Welt	21570	4,2	k.A.[2]	100

Quelle: IEA, 1992: 28. und Enquete-Kommission, 1992: 59ff.

Diese vier Regionen trugen im Jahre 1990 insgesamt zu zwei Dritteln zu den

[2] Angaben für ehemalige Ostblockländer und Entwicklungsländer waren nicht verfügbar.

weltweiten CO_2-Emissionen bei. Innerhalb der EU ist die Bundesrepublik Deutschland (1,04 Mrd. t), der größte CO_2-Emittent, sie ist für ein Drittel der EU-Emissionen verantwortlich. Die Volksrepublik China war im Jahre 1990, nach der GUS, der Spitzenreiter in der Ländergruppe der Nicht-OECD-Staaten. Schon im Jahr 2000 wird die VR China mit 3,5 Mrd. t mehr CO_2 emittieren als die GUS und die ehemaligen Staatshandelsländer Osteuropas zusammen. Dies hängt mit dem Rückgang des Energieverbrauchs in den ehemaligen Staatshandelsländern aufgrund der besonderen wirtschaftlichen Lage und mit dem starken Anstieg der Wachstumsraten für den Energiebedarf in der VR China zusammen (IEA, 1995: 48ff.). Es gibt sogar Berechnungen, die ermittelt haben, daß im Jahr 2010 der CO_2-Ausstoß Chinas den des zur Zeit weltweit größten Emittenten, der USA, übertreffen wird (Oberthür, 1992: 10). Mit einem Volumen von 2,4 Mrd. t CO_2 hat China im Jahr 1990 zu mehr als einem Zehntel zu den weltweiten CO_2-Emissionen beigetragen. Dagegen fallen andere Länder deutlich ab; selbst ein Land wie Südkorea, welches sich durch hohe Wachstumsraten in der Vergangenheit auszeichnete, emittiert nur etwa ein Zehntel der chinesischen Emissionen. Neben China zählt auch Indien mit 594 Millionen Tonnen CO_2-Emissionen in 1990 zu den klimarelevanten Entwicklungsländern. Es hat bereits das Emissionsniveau seines früheren Kolonialherren Großbritannien überschritten.

Tabelle 2 zeigt, daß sich die Pro-Kopf-Emissionen der einzelnen Länder bis zu einem Faktor 20 unterscheiden können. Deutschland stand 1990 bei den energiebedingten Pro-Kopf-CO_2-Emissionen weltweit an fünfter Stelle hinter den USA, Kanada, Australien und der ehemaligen CSFR. Indien, China und die meisten anderen Entwicklungsländer weisen im Vergleich mit den OECD-Ländern eine deutlich geringere Pro-Kopf-Emission auf. Dies verdeutlicht, daß für eine globale CO_2-Minderungsstrategie, die jedem Land die gleichen CO_2-Emissionen pro Kopf und Jahr zubilligt, starke Umverteilungseffekte zu erwarten wären. Den Industrieländern stünden dann nur etwa 18% eines festzulegenden Kohlenstoffemissionsbudgets zur Verfügung (Krause, 1992: 280ff.; Kopfmüller, 1993: 41f.).

Die dritte Spalte in Tabelle 2 bildet die CO_2-Emissionen pro Einheit Bruttosozialprodukt ab. Diese Maßzahl ist ein Ausgangspunkt, um der Frage nachzugehen, wieviel Einheiten Bruttosozialprodukt für eine Einheit CO_2-Reduktionen aufgegeben werden muß. Der Kehrwert dieser Maßzahl ist ein Indiz für die Obergrenze der Durchschnittskosten für CO_2-Reduktionen in den unterschiedlichen Ländern. Der Kehrwert gibt die durchschnittliche Bruttosozialproduktminderung für eine reduzierte Emissionseinheit an (Heister, 1994: 5; Bauer, 1993: 15; Faber, 1994: 92). Somit sind die Emissionen pro Einheit Sozialprodukt ein wichtiger Indikator dafür, wie kostengünstig Emissionsreduktionen in den einzelnen Ländern erreicht werden können. Diese Maßzahl kann in den verschiedenen Regionen und Ländern bis zu einem Faktor 10 schwanken.[3]

---

[3] Vergleiche dieser Basis können verzerrt werden durch Wechselkurseffekte, weil durch diese in den seltensten Fällen die realen Kaufkraftparitäten widergespiegelt werden.

Zwischen den Emissionen bezogen auf das Sozialprodukt und den Pro-Kopf-Emissionen besteht kaum eine Verbindung. Wenn überhaupt, ist die Beziehung invers: Entwicklungsländer, beispielsweise China und Indien, haben das niedrigste Emissionsniveau pro Kopf und das höchste pro Einheit Sozialprodukt. Wäre dies nicht so, und China und Indien könnten sich dasselbe Energieverbrauchsniveau pro Kopf und damit auch dasselbe Emissionsniveau pro Kopf leisten wie beispielsweise die USA, dann würden sich die weltweiten Kohlendioxidemissionen nahezu verdreifachen (Grubb, 1990: 170). Die Volksrepublik China weist bei den Kohlendioxidemissionen pro Einheit Sozialprodukt mit 5,78 t CO_2 pro 1000 US$ den mit Abstand höchsten Wert auf. Indien lag 1990 mit einem Wert von 2,10 etwa einen Faktor zwei über dem Durchschnitt der EU-Länder. Dies bedeutet, daß in China und Indien das Bruttosozialprodukt sehr kohlenstoffintensiv erstellt wird, und es bedeutet auch, daß dort die Reduktion von CO_2-Emissionen mit relativ geringen Sozialproduktsverlusten verbunden sind.

3.1.2 Die Bedeutung Chinas für den Klimaschutz

Spitzenreiter in der Ländergruppe der Nicht-OECD-Staaten ist die Volksrepublik China mit einem Volumen von 2,4 Mrd. Tonnen CO_2, was bereits deutlich mehr als ein Zehntel der weltweiten Emissionen ausmacht. Den stärksten Anstieg der CO_2-Emissionen erwartet die IEA in den Ländern der Dritten Welt, denen auch China zugeordnet wird. Für diese Länder prognostiziert die IEA einen Anstieg der energiebedingten CO_2-Emissionen von 6 Mrd. t CO_2 im Jahr 1990 auf 13,4 Mrd. t im Jahr 2010. Gegen Ende des Projektionszeitraums werden die Dritte-Welt-Länder geringfügig mehr CO_2 emittieren als die Staaten der OECD. Die Länder der Dritten Welt werden dann insgesamt rd. 45% der weltweiten CO_2-Emissionen freisetzen. Der Grund dafür liegt in der hohen Wachstumsrate für den Energiebedarf dieser Länder, die mit 4,2% per anno um den Faktor 3,5 höher liegt als die Wachstumsrate (1,2%) der OECD-Länder (IEA, 1995: 50ff.).

Der Energieverbrauch beziehungsweise der Energiebedarf hängt unter anderem von der Bevölkerungshöhe, vom Wirtschaftswachstum, vom Klima, vom Niveau und der Struktur der Produktion und der Effizienz beim Energieeinsatz ab. Je nachdem, ob die Energieversorgungsstruktur einer Volkswirtschaft mehr auf fossilen Energieträgern, vor allem Kohle, oder nicht fossilen Energieträgern wie Kernkraft oder regenerativen Energien beruht, übersetzt sich der Energieverbrauch in mehr oder weniger hohe CO_2-Emissionen.

Somit wird deutlich, was die Gründe für den hohen Anstieg der CO_2-Emissionen in den Dritte-Welt-Ländern sind. Das ungebremste Bevölkerungswachstum und das Bemühen um mehr Lebensqualität erfordert einen hohen Energiebedarf in die-

---

Grubb nimmt daher eine realistischere Abschätzung auf Basis eines realen, bereinigten Sozialprodukts vor. Dabei werden die Nominalwerte um die Kaufkraftparitäten korrigiert. Dennoch sind die CO_2-Emissionen pro Einheit „reales Sozialprodukt" in China um den Faktor 2,5 größer als in Deutschland (Grubb, 1990: 169f.).

sen Ländern, der vor allem durch eine in der Regel wenig effiziente Nutzung von fossilen Primärenergieträgern bereitgestellt wird (Grubb, 1990: 170). Daher erscheinen die unterstellten Wachstumsraten durchaus realistisch. Diese Länder werden sich nämlich im Bemühen um die Steigerung der Lebensqualität von niemandem und durch kein Argument zum Klimaproblem am Mehrverbrauch von Energie, und zwar insbesondere von fossiler Energie, hindern lassen.

Mit Ausnahme der früheren Ostblockländer, die weiterhin unter Produktionseinbrüchen zu leiden haben, erwartet die IEA also in allen Regionen einen weiteren Anstieg der Emissionen. China muß in diesem Szenario als ein globaler „Klimamacher" bezeichnet werden, da sich seine Emissionen in diesem Zeitrahmen sogar mehr als verdoppelt. Dies wird auch an den durchschnittlichen jährlichen Wachstumsraten deutlich. Hier liegt China zwar nicht an erster Stelle; die ost- und südasiatischen Staaten, welche die höchsten Wachstumsraten aufweisen, spielen dennoch keine so große Rolle, weil ihre Emissionen von einer wesentlich kleineren Basis aus wachsen (Tabelle 3).

Tabelle 3: IEA-Projektion der CO_2-Emissionen in Mrd. t und durchschnittliche jährliche Wachstumsraten in v. H. der CO_2-Projektion

	1990	2000	2010	Wachstumsraten von 1990 bis 2000	Wachstumsraten von 2000 bis 2010
OECD:	10,4	11,6	12,9	1,27	1,28
Nordamerika	*5,6*	*6,4*	*6,9*	*1,2*	*1,07*
Europa	*3,4*	*3,6*	*4,1*	*1,06*	*1,18*
Pazifische Länder	*1,4*	*1,6*	*1,9*	*1,34*	*1,73*
Frühere Ostblockstaaten	5,2	3,5	4,4	0,5	0,6
Entwicklungsländer	6,0	8,9	13,4	4,2	4,0
China	*2,4*	*3,5*	*5,1*	*3,54*	*3,93*
Ostasien	*0,9*	*1,6*	*2,5*	*5,45*	*4,34*
Südasien	*0,7*	*1,1*	*2,0*	*3,63*	*5,45*
Andere	*2,0*	*2,7*	*3,8*	*3,23*	*3,6*
Welt	21,6	24,1	30,7	1,51	2,43

Quelle: IEA, 1995: 48/50.

Das Referenzszenario der IEA, welches die voraussichtlichen Entwicklungen abbildet, wenn sich die jetzt beobachtbaren Trends und Entwicklungsmuster ungehemmt fortsetzen und keine CO_2-Reduktionsmaßnahmen ergriffen werden, gibt also keinerlei Anlaß zu Optimismus. Allerdings muß darauf hingewiesen werden, daß die in der Literatur zu findenden Prognosen möglicher CO_2-Emissionen, die zum Teil bis 2050 reichen, um mehr als den Faktor 10 variieren. Es kann aber davon ausgegangen werden, daß das Referenzszenario der IEA mit einem recht kurzen Prognosezeitraum von 15 Jahren den zu erwartenden energiewirtschaftlichen Trend in den betrachteten Wirtschaftsräumen ganz gut wieder gibt. Die chinesischen Emissionswerte von 1993 bestätigen diese Aussage. Die CO_2-Emissionen Chinas lagen zu diesem Zeitpunkt bei 2625,4 Millionen Tonnen (IEA, 1996), was einer durchschnittlichen Wachstumsrate von gut 3% entspricht. Allerdings werden die von der IEA prognostizierten Emissionsmengen im Jahr 2000 aufgrund der Wirtschaftskrise in Asien Ende der 90er Jahre voraussichtlich nicht erreicht.

Prägnant im IEA-Szenario ist die Tatsache, daß alle Regionen der OECD unter der Weltwachstumsrate und alle Regionen der Nicht-OECD über der Weltwachstumsrate liegen. Eine Politik, die allein auf eine Koordination der OECD-Länder vertraut, könnte deshalb sehr schnell gegenstandslos werden. Dies kann durch eine einfache Rechnung gezeigt werden (Tabelle 4).

Tabelle 4: Notwendige Reduktionen der OECD, um die weltweiten CO_2-Emissionen auf den Stand von 1990 einzufrieren, in Mrd. t CO_2

	1990	2000	2010
CO_2-Emissionen der Nicht-OECD-Länder	11,2	12,4	17,8
abzüglich. (-) weltweite Emissionen 1990 (s. Tabelle 2)	-21,6	-21,6	-21,6
Erlaubte Restemissionen der OECD-Länder:	10,4	9,2	3,8
Notwendige Reduktionen der OECD-Länder bezogen auf 1990		1,2	6,6
Vermeidungsquote (v. H.):[4]		11,5	63,5

Quelle: IEA, 1995: 50

Die OECD-Länder müßten ihre Emissionen von 10,4 Mrd. t CO_2 um 63,5% auf 3,8 Mrd. t bis 2010 reduzieren, wenn sie die Zuwächse in anderen Teilen der Welt so ausgleichen wollten, daß die weltweiten Gesamtemissionen des Jahres 1990 nicht überschritten werden. Bei dieser Rechnung wurde nicht berücksichtigt, daß die CO_2-Emissionen nach dem Referenzszenario der IEA auch in den OECD-Staaten um weitere 2,5 Mrd. t. ansteigen und eben nicht zurückgehen.[5] Würden die OECD-Staaten ihre Emissionen des Jahres 1990 um 25% senken bis zum Jahre 2010, reicht dies gerade aus, um den Anstieg der Kohlendioxidemissionen in China zu kompensieren. Die Europäische Union müßte ihren Beitrag von 3,18 Mrd. t an den globalen CO_2-Emissionen von 1990 um 85% bis 2010 senken, um den CO_2-Emissionsanstieg nur in China kompensieren zu können. Die Anstrengungen der Industrieländern müßten noch größer sein, wenn nicht der politische und wirtschaftliche Umbruch der ehemaligen Ostblockländer zum Rückgang der Emissionen geführt hätte.

Diese Berechnungen machen die Notwendigkeit einer internationalen Kooperation zur Verhinderung des globalen CO_2-Anstiegs deutlich.

---

[4] Vermeidungsquote = notwendige Reduktionen/Emissionen der OECD (1990)

[5] Da die Emissionen im OECD-Raum bis 2010 um 2,5 Mrd. t ansteigen sollen, ergibt dies eine notwendige CO_2-Vermeidungsquote für die OECD-Staaten von 87,5%.

3.1.3 Die Bedeutung Indiens für den Klimaschutz

3.1.3.1 Indische Treibhausgas-Emissionen

Indien emittierte 1994 etwa 950 Millionen Tonnen THG (in CO_2-Äquivalenten). Mehr als 90% aller indischen THG sind Kohlendioxid- und Methanemissionen, auf deren Entstehung im folgenden eingegangen wird (Tabelle 5).[6]

Tabelle 5: Indiens Treibhausgasemissionen (Kohlendioxid und Methan)

Kohlendioxid (CO_2)	Mio. t CO_2	Jahr	% der CO_2-Emissionen	% der THG-Emissionen
Verbrennung fossiler Energieträger				
Kohle	418,46	1993-94	66,5%	44,0%
Petroleum	182,43	1993-94	29,0%	19,2%
Erdgas	27,29	1993-94	4,3%	2,9%
Verkehr	69,8	1993-94	11,1%	7,3%
Zementproduktion	29,8	1993-94	4,7%	3,1%
Änderung in Forst-und Landwirtschaft				
Abholzung; Rodung	133,1	1990	21,1%	14,0%
Aufforstung, Regeneration	-186,6	1990	-29,6%	-19,6%
Abschaffung bewirtschafteter Flächen	-44,7	1990	-7,1%	-4,7%
Gesamte CO_2-Emissionen	629,58		100%	
Methan (CH_4)	Mio t CO_2-Äquivalente*	Jahr	% der CH_4-Emissionen	% der THG-Emissionen
Brennholz, Brennbare Biomasse	29,4 (1,4)	1990	9,1%	3,1%
Kohlebergbau	8,4 (0,4)	1990-91	2,6%	0,9%
Müll. Schutt	6,93 (0,33)	1994	2,2%	0,7%
Verbrennung organischen Abfalls	3,15 (0,15)	1990	0,9%	0,3%
Naßreisanbau	85,47 (4,07)	1991-95	26,6%	9,0%
Feuchtgebiete, Sümpfe	21 (1)	1994	6,6%	2,2%
Viehzucht	121,8 (5,8)	1995	37,9%	12,8%
Dung				
Milchkühe	30,45 (1,45)		9,5	3,2%
Nicht-Milchkühe	6,93 (0,33)		2,2%	0,7%
Büffel	7,56 (0,36)		2,4%	0,8%
Gesamte Methanemissionen	321,09 (15,29)		100%	
Gesamt CO_2-Äquivalente	950,67			100,0%

Quelle: Embree (1997), Mitra A P. (1996) * in Klammern die CH4-Emissionen in Mio. t

[6] Nach Artikel 4.1 der Klimarahmenkonvention sind die EL verpflichtet, nationale Inventare über THG-Emissionen und Senken einzurichten. Die indische Regierung hat zu diesem Zweck eine Expertenkomissionen und eine Task Force eingerichtet, die Erfassung aller THG gestaltet sich jedoch für ein großes Land wie Indien äußerst schwierig. Die THG-Statistiken der IEA, Tata Energy Research Institute (TERI), Centre for Global Environmental Change, National Physical Labatories und die Daten des World Resource Institutes (WRI) basieren auf unterschiedlichen Erhebungsmethoden und weichen insbesondere im Falle von Methan voneinander ab (vgl. Musch, 1996).

Indien ist der sechstgrößte CO_2-Emittent der Welt und trägt mit ca. 700 Mio. Tonnen etwa 3,2% der energiebezogenen globalen CO_2-Emissionen bei.[7] Dies ist jedoch lediglich der enormen Bevölkerungszahl von 937 Millionen Einwohnern (1995) geschuldet, denn gleichzeitig gehört das Land zu den niedrigsten CO_2-Pro-Kopf-Emittenten der Welt: mit nur 0,78 t CO_2/Kopf lag 1994 der Verbrauch in Indien mit 3,9 t CO_2 pro Kopf siebenmal niedriger als in der Bundesrepublik und fünfmal niedriger als im Weltdurchschnitt (IEA, 1996a). Die energiebezogenen CO_2-Emissionen, also jene Emissionen, die durch Verbrennung fossiler Energieträger entstehen, sind in der Vergangenheit kontinuierlich angestiegen; zwischen 1971 und 1993 mit einer durchschnittlichen jährlichen Wachstumsrate von 5,7%. Mehr als 70% der energiebezogenen Emissionen entstehen bei der Verbrennung von Kohle, weitere 24% durch Ölverbrennung. Die indische Volkswirtschaft produziert wesentlich CO_2-intensiver als die westlichen Industrienationen. Die CO_2-Intensität betrug (1990) 2,1 t CO_2 pro 1000 $ des BIP (in Kaufkraftparitäten) gegenüber 1,07 t CO_2/1000 $ in den OECD-Staaten.[8] Insbesondere die indische Energieerzeugung ist mit einem Wert von 3,31 t CO_2/toe[9] wesentlich kohlenstoffintensiver als in den OECD-Ländern (2,42 t CO_2 / toe).

Tabelle 6: Energieabhängige CO_2-Emissionen in Indien: 1987-1993

	1987	1988	1989	1990	1991	1992	1993	Veränderung (%) 1990-1993
Energieabhängige CO_2-Emissionen (Mio. t)	497,11	534,76	570,63	601,72	635,95	674,23	701,65	16,6
Energieabhängige CO_2-Emissionen (t) pro Kopf	0,62	0,66	0,69	0,71	0,73	0,76	0,78	10,0
% der energieabh. Welt-CO_2-Emissionen	2,42	2,53	2,65	2,81	2,96	3,16	3,26	2

Quelle: IEA, 1996a

Der Methananteil an den anthropogenen THG ist in den EL wesentlich höher als in den IL. Mitra (1996) schätzt die indischen Methanemissionen auf 321 Mio. t (in CO_2-Äquivalenten), was einem Anteil von 30% der indischen Treibhausgase ent-

[7] Die IEA gibt bei ihren Schätzungen allein die energiebezogenen CO_2-Emissionen an, die bei der Verbrennung fossiler Energieträger entstehen (IEA, 1996a). Mitra (in Embree, 1996) hingegen zieht davon jene Emissionen ab, die durch Aufforstung in der Biomasse gebunden werden und kommt somit auf niedrigere Zahlen.

[8] Heister 1997: 19. Viele Autoren verwenden anstatt der CO_2-Intensitäten Kohlenstoffintensitäten. Da bei der Verbrennung Sauerstoffatome hinzukommen, entspricht eine Tonne Kohlenstoff 3,67 Tonnen CO_2. Die IEA berechnet die CO_2-Intensität mittels von Kaufkraftparitäten, anstatt der aktuellen Wechselkurse und kommt zu anderen Ergebnissen. Danach produziert Indien nur unwesentlich CO_2-intensiver als die OECD-Staaten (IEA, 1996a: 24).

[9] Toe = Eine Tonne Rohöläquivalente

spricht.[10] Damit verursacht Indien über 16% der weltweiten Methanemissionen. Klimaschutzmaßnahmen dürfen sich daher nicht nur auf CO_2-Reduktionen beschränken. FCKW trägt rund drei Prozent zu den indischen THG bei. Als Unterzeichner des Montrealer Protokolls zum Schutz der Ozonschicht hat sich Indien jedoch zum Abbau des FCKW-Einsatzes verpflichtet (vgl. Sims, 1995).

3.1.3.2 Emissionsszenarien für Indien

Für die Beantwortung der Frage, in welchen industriellen Bereichen JI-Projekte am sinnvollsten sind, ist es entscheidend zu wissen, welche Sektoren in einem Referenzszenario ohne klimapolitische Maßnahmen in Zukunft die meisten Emissionen emittieren werden. Will man das zukünftige THG-Emmissionsniveau schätzen, indem man lediglich die angestrebten volkswirtschaftlichen Wachstumsraten mit dem gegenwärtigen Emissionsniveau multipliziert, vernachlässigt man den wirtschaftlichen Strukturwandel. Ökonomisches Wachstum bringt substantielle Änderungen der sektoralen Struktur des Volkseinkommens mit sich, da sich mit steigendem Einkommen auch die Präferenzen der Konsumenten ändern. Indische CO_2-Szenarien, die diesen Strukturwandel berücksichtigen, werden in einer Studie von MURTHY (1997) für die nächsten fünfzehn Jahre entwickelt. Der Autor untersucht zunächst die sektorale Verteilung der CO_2-Emissionen im Referenzjahr 1990 und entwickelt eine Prognose über den wirtschaftlichen Strukturwandel unter unterschiedlichen Wachstumsszenarien, um die CO_2 Emissionen im Jahr 2005 zu schätzen. Die meisten Studien berechnen die CO_2-Intensität der Wirtschaftssektoren durch Ermittlung der nachgefragten Mengen an fossilen Energieträgern. MURTHY verwendet hingegen eine nationale Input-Output-Analyse, welche die CO_2-Ströme in der indischen Wirtschaft am besten erfaßt und bessere Einsichten für branchenspezifische Politikmaßnahmen gibt als die traditionelle Methode.[11] Mißt man die CO_2-Intensität der Wirtschaftssektoren mit konventionellen Erhebungsmethoden, ist der Elektizitätssektor mit 33% der größte CO_2-Produzent, gefolgt von Eisen- und Stahlproduktion (9,8%) sowie Verkehr (8,6 %).[12] Bei Anwendung einer Input-Output-Analyse ändert sich die Rangliste entscheidend. Auf Platz 1 der CO_2 Produzenten steht dann der Bausektor als Hauptabnehmer von Stahl und Transportdiensten (22%), gefolgt vom Lebensmittelsektor (8,6%). Daraus läßt sich schließen, daß die Effizienzoptimierungen in der Baubranche und die Substitution von Baurohstoffen sowie die Optimierung der Logistik ebenso bedeutsam für den Klimaschutz sind wie

---

[10] In den Industriestaaten liegt der Methananteil bei 16% (Musch, 1996: 79).

[11] Durch die I-O-Analyse werden sowohl die direkten als auch die indirekten Emissionen, die ein Sektor verursacht, berücksichtigt. Zum Beispiel berechnet die traditionelle Methode die im Verkehrssektor entstehenden CO_2 Emissionen anhand des Benzinverbrauchs. Für die Dienstleistung Transport entstehen jedoch nicht nur Emissionen durch Benzinverbrennung. Hinzugerechnet werden müssen jene Emissionen, die in den Vorprodukten stecken: im Stahl für die Konstruktion des Autos, der Teer für die Straßen, Zement für die Brücken, Kohle für die Produktion des Stahls etc.

[12] Vgl. Parikh und Gokarn, 1993.

Effizienzmaßnahmen im Energiesektor. In einem business-as-usual-Szenario mit einem jährlichem Wirtschaftswachstum von 4,6 % würden die CO_2-Emissionen in den betrachteten Sektoren von 157 Mio. Tonnen im Referenzjahr 1990 auf ein Niveau von 318 Mio. t im Jahr 2015 ansteigen (siehe Anhang 9.2) Die IEA projiziert für die Region Südasien und insbesondere für Indien die stärksten CO_2-Wachstumsraten weltweit. Danach werden sich die CO_2-Emissionen bis 2010 nahezu verdreifachen und der südasiatische Anteil an den weltweiten CO_2-Emissionen steigt von 3,2 auf 5,3 % (IEA, 1996a: 18; Heister, 1997: 20). Angesichts des hohen Bevölkerungswachstums ist zu erwarten, daß bis Mitte des nächsten Jahrhunderts in Indien ebensoviel CO_2 emittiert wird wie in China oder den GUS-Staaten. Die Bedeutung Indiens für den weltweiten Klimaschutz wird also in den nächsten Jahren erheblich zunehmen.

Durch welche Maßnahmen kann nun ein solcher Trend abgebremst werden? In den westlichen Industrienationen wird immer öfter diskutiert, daß sich auch die Entwicklungsländer an einer CO_2-Steuer beteiligen sollten, um einen nachhaltigen Weg einzuschlagen. In diesem Zusammenhang sind die Ergebnisse der Studie von JAYADEVAPPA und CHHATRE (1996) interessant, in der mittels eines Input-Output Modells untersucht wird, welche Auswirkungen eine indische CO_2-Steuer auf Wirtschaft und Klimaschutz hätte. Die Autoren kommen zu dem erstaunlichen Schluß, daß eine CO_2-Steuer negative Auswirkungen auf das Klima haben könnte. Das indische Energieangebot beruht zu mehr als 46% auf nicht-kommerziellen Energieträgern wie Brennholz, Viehdung und organischen Abfällen, also Energiequellen, die nicht besteuert werden können (vgl. Tabelle 7).

Tabelle 7: Verteilung des indischen Primärenergieverbrauchs 1991

Energieträger	Anteil an der Gesamtkapazität
Kohle	35,40%
Öl	12,80%
Erdgas	3,70%
Elektrizität (Import)	1,60%
Summe: Kommerzielle Primärenergie	*53,50%*
Brennholz	25,00%
Organ. Abfälle	12,80%
Viehdung	8,70%
Summe: Nicht-kommerzielle Primärenergie	*46,50%*

Quelle: Ravindranath, 1997

Die Besteuerung kommerzieller fossiler Energieträger würde einen Schock in der indischen Wirtschaft auslösen, der zu einem sinkenden Einkommensniveau der Konsumenten führen würde. Vor allem die Konsumenten und der große nicht-organisierte, kleingewerbliche Sektor wird daraufhin verstärkt unbesteuerte nicht-kommerzielle Energie verwenden. Der damit verbundene Anreiz zur Abholzung mündet in zwei negative Klimaeffekte: Zum einen wird durch Holzverbrennung für eine Energieeinheit wesentlich mehr CO_2 freigesetzt als durch die Verbrennung von Öl. Zum anderen wird die THG-Senke Wald reduziert und die mit der Abholzung verbundenen Bodenerrosionen führen zur Zerstörung der THG-Senke Boden.[13] Vor diesem Hintergrund ist die Analyse alternativer Instrumente zum Klimaschutz, wie das der Joint Implementation (JI), besonders sinnvoll.

3.1.4 Einflußgrößen und ökonomische Variablen des CO_2-Emissionsniveaus

Um die wichtigsten Einflußgrößen des CO_2-Emissionsniveaus quantitativ zu erfassen, ist es nötig, einige volkswirtschaftliche Kenngrößen zu betrachten. Dies soll mit Unterstützung der Trends für die Energie- und Kohlenstoffintensität einiger Länder (Abbildung 1) geschehen.

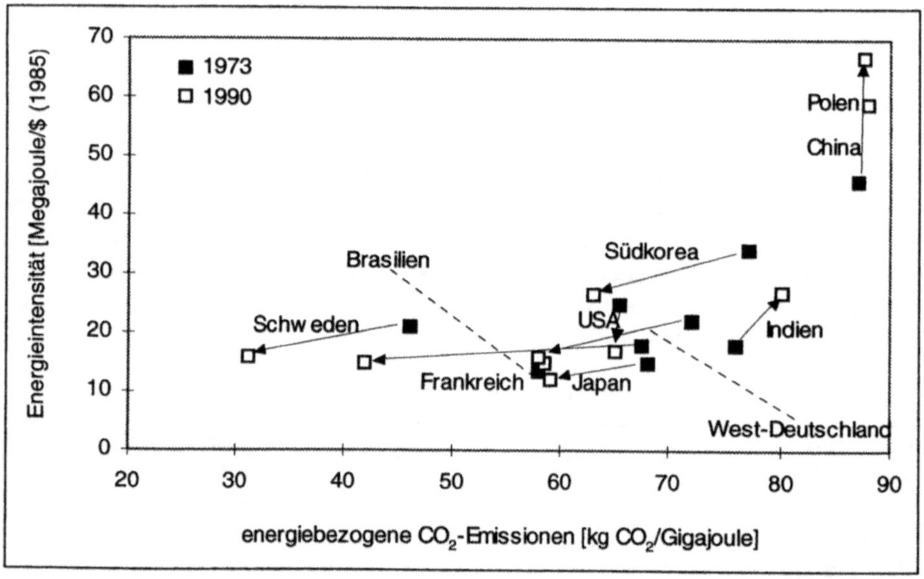

Quelle: Kopfmüller, 1993: 30

Abbildung 1: Trends der Energieintensität von 1973 bis 1990

Zuerst soll das Verhältnis der gesamten CO_2-Emissionen zum gesamten Energieverbrauch definiert werden. Diese Maßzahl ist in Abbildung 1 auf der Abszisse als energiebezogene Kohlendioxidemissionen abgetragen. Dieses Verhältnis wird im allgemeinen als Kohlenstoffintensität des Energieverbrauchs bezeichnet und wird in Kilogramm (kg) Kohlenstoffemissionen pro Gigajoule (GJ) Energie angegeben. Diese Variable ist folglich ein Maß für den Anteil der fossilen Energieträger am gesamten Primärenergieträgereinsatz und deren Zusammensetzung. Die Zusam-

[13] Die Verbrennung organischer Stoffe wie Holz ist zwar CO_2-neutral, wenn sie wieder nachwachsen. Jedoch ist dieses Nachwachsen im Falle Indiens nicht garantiert.

mensetzung der eingesetzten fossilen Energieträger ist von Bedeutung, weil sich die energiespezifischen CO_2-Emissionen von Steinkohle, Braunkohle, Erdölbrennstoffen und Erdgas zueinander verhalten wie 100 : 121 : 88 : 58.[14] Die Kohlenstoffintensität wird also durch die Zusammensetzung des eingesetzten Energieträgermixes bestimmt.

In Abbildung 1 ist ersichtlich, daß die Kohlenstoffintensität in allen Ländern außer in China und Indien zurückgegangen ist. Für den Rückgang der Kohlenstoffintensität in diesen Ländern können folgende Gründe angegeben werden. Insbesondere in Europa wurde die Stromerzeugung in starkem Maße von der Verstromung fossiler Energieträger auf die Kernkraft umgestellt. Dies hat vor allem in Frankreich einen enormen Rückgang der Kohlenstoffintensität bewirkt. Der Anteil der fossilen Energieträger an der Stromerzeugung ist beispielsweise in Europa von 1970 bis 1990 von 83% auf 49% zurückgegangen. Zudem hat eine Substitution von Kohle durch Erdöl und Gas stattgefunden. In Brasilien und Schweden hat auch die Wasserkraft zum Rückgang der Kohlenstoffintensität beigetragen (Faber, 1994: 91ff.; Ruijgrok, 1995: 247ff.).

Der Anstieg der energiebezogenen Kohlendioxidemissionen in China und Indien kann nur durch einen verstärkten Einsatz fossiler Energieträger, insbesondere von Kohle, zur Deckung des stark gestiegenen Energieverbrauchs erklärt werden.

Als zweite volkswirtschaftliche Variable soll das Verhältnis von Energieverbrauch zum Bruttosozialprodukt betrachtet werden. Dieses Verhältnis wird als Energieintensität bezeichnet und gibt an, welche Energiemenge pro US$ Produktionswert aufgewendet werden muß. Häufig wird die Energieintensität als ein Maß für die Energieeffizienz einer Volkswirtschaft betrachtet (World Energy Council, 1993b: 50f.; Faber, 1994: 92). Dies ist aber nur teilweise richtig, denn die Energieeffizienz ist nur ein Aspekt der Energieintensität. Eine hohe Energieintensität kann auch, z.B. im Zuge der internationalen Arbeitsteilung, auf einen hohen Anteil der Produktion von energieintensiven Güter an der Gesamtproduktion hinweisen. Beispielsweise ist die Energieintensität der Industrieländer auch aufgrund des sektoralen Wandels hin zum Dienstleistungssektor zurückgegangen. Veränderungen der Energieintensität müssen daher immer differenziert betrachtet werden. Sie können einerseits die Ursache von strukturellen, bzw. sektoralen Änderungen sein, und andererseits können sie das Resultat einer verbesserten technischen Energieeffizienz sein. Unter Energieeffizienz ist der prozentuale Anteil der eingesetzten Primärenergie zu verstehen, welcher der gewünschten Nutzung zugeführt wird.[15] Die

[14] Als Durchschnittswerte für die Stromerzeugung werden 92 kg CO_2/GJ bei Steinkohle, 111 kg CO_2/GJ bei Braunkohle, 76 kg CO_2/GJ bei Öl und 56 kg CO_2/GJ bei Erdgas angesetzt.

[15] Formal ist die technische Energieeffizienz nichts anderes als der Quotient von nutzbarer Energie (Energieoutput) zu eingesetzter Energie (Energieinput). Die technische Effizienz unterscheidet sich von der ökonomischen Effizienz, die sich aus dem Quotient von mit Preisen bewerteten Output zu mit Preisen bewerteten Input ergibt. Die Energieeffizienz

Verbesserung der Energieeffizienz einer Volkswirtschaft wäre z.B. durch die Erhöhung der Wirkungsgrade von Kraftwerken zu erreichen oder wenn sich aufgrund besserer Produktionsverfahren die gleiche Menge eines Produktes mit weniger Energie herstellen läßt.

Der Rückgang der Energieintensität in den Industrieländern ist neben den schon genannten sektoralen Ursachen, also daß sich eine hochentwickelte Volkswirtschaft hin zu weniger energieintensiven Sektoren bewegt, sicherlich auch auf eine seit der Ölkrise verbesserte Energieeffizienz zurückzuführen. Die steigenden Energiepreise infolge der Ölpreisschocks waren ein starker Anreiz, die Energieeffizienz in den OECD-Ländern zu verbessern, und dadurch sanken auch die Emissionen (OECD; 1991: 247f.; Faber, 1994: 93).

Das Produkt aus Kohlenstoffintensität und Energieintensität ergibt die Kohlendioxidemissionen pro Einheit Bruttosozialprodukt.

Der Kehrwert dieser Maßzahl ist ein Indiz für die Obergrenze der Durchschnittskosten von Reduktionen in den unterschiedlichen Ländern, da er angibt, wieviel Einheiten Bruttosozialprodukt mit einer Einheit Emissionen produziert wurden, auf die im Falle einer Reduktion im Durchschnitt höchstens verzichtet werden muß (Heister, 1994: 5; Bauer, 1993: 15). Demnach ist zu vermuten, daß China und Indien lukrative Partner für ein internationales Geschäft mit CO_2-Reduktionen sind, da dort Reduktionen anscheinend mit sehr geringen Sozialproduktsverlusten verbunden sind.

Um eine gemeinsame Politik mit China und Indien u.a. mit dem Ziel einer Verbesserung des Energiesystems bezüglich der (CO_2-)Emissionen angehen zu können, bedarf es einer genauen Darlegung der hohen Kohlenstoffabhängigkeit und der hohen Energieintensität der Energiesysteme beider Länder.

3.2 Die Energiewirtschaften in China und Indien

3.2.1 Probleme der Energiewirtschaften

Durch das stetige Ansteigen der energiebedingten Kohlendioxidemissionen und deren Beitrag zum anthropogenen Treibhauseffekt haben sich die Probleme in der Energiewirtschaft deutlich verlagert.

In der Vergangenheit wurde vor allem die Reichweite der fossilen Energieträger als Grenze für die Energieerzeugung aus fossilen Energieträgern und damit auch als natürliche Grenze für das Wachstum von Volkswirtschaften angesehen (Meadows, 1972). Durch neue Abbautechniken und durch neu entdeckte Vorkommen konnte diese Wachstumsgrenze aber immer wieder zeitlich verschoben werden. Die geopolitische Bedeutung der Energieversorgung ist angesichts der Versorgung

---

kann höchstens eins sein, die ökonomische Effizienz sollte mindestens eins sein (Winje, 1991: 251 f.)

mit preiswerten Brennstoffen in den letzten zehn Jahren, mit Ausnahme in der Zeit des Golfkrieges, in den Hintergrund getreten. Dieser scheinbar problemlose Zustand wurde auf der 16. Weltenergiekonferenz in Tokio durch die Ergebnisse einer Studie des World Energy Council (WEC) untermauert, wonach sich auf absehbare Zeit global keine Knappheit bei den Energieträgern abzeichnet. Trotz stark ansteigendem weltweiten Primärenergieverbrauch hat die Reichweite der sicher und ökonomisch abbaubaren Reserven im Verhältnis zum jeweiligen Jahresverbrauch eher noch zugenommen. Die Reichweite beträgt derzeit beim Erdöl gut 40, beim Erdgas mehr als 60 und bei der Kohle weit über 200 Jahre (Czakainski, 1995: 690f.). Trotz der Zunahme der Reichweite der fossilen Energieträger erlaubt die absolute Reichweite vor allem von Erdöl und Erdgas nur mittelfristige Nutzungsstrategien.

Das anthropogene CO_2 ist somit nicht nur ein Umwelt-, sondern auch ein Rohstoffproblem, denn Kohle, Öl und Gas sind die Hauptquellen unserer gegenwärtigen und auch unserer zukünftigen Energieversorgung. Da Alternativen zur fossilen Energieerzeugung erst längerfristig verfügbar sein werden, vermag man die CO_2-Emissionen nicht in kurzer Zeit zu beenden, wie es gegenwärtig etwa bei den FCKWs versucht wird (World Energy Council, 1993b: 53ff.; Faber, 1994: 90; IEA, 1995: 293ff.).

Bevor Klimaforscher die drohenden Klimaveränderungen erkannten und für die breite Öffentlichkeit publizierten, wurden ökologische Belastungen aus der fossilen Energieerzeugung vor allem in den Emissionen von Stickoxiden und Schwefeldioxid gesehen.

Schwefeldioxid ist ein farbloses, stechend riechendes Gas und wirkt besonders als Reizgas auf die Schleimhäute der Atemwege. Pflanzen und Tiere werden durch Schwefeldioxid ebenfalls geschädigt. Nach Bildung von Schwefelsäure treten Versäuerungen von Gewässern und Böden auf. Ebenso wurden Schäden an Gebäuden und Industrieanlagen beobachtet.

Stickoxide können ebenfalls starke Reizungen der Atemwege hervorrufen. Schwefeldioxid und Stickoxide zusammen tragen zur Luftverschmutzung vor allem im städtischen Raum bei, sie können sich somit negativ auf die menschliche Gesundheit und die Ökosysteme auswirken (z.B. Versauerung von Seen, Waldsterben). Im Gegensatz zu Kohlendioxid können bei Schwefeldioxid und Stickoxiden Belastungsschwerpunkte, sogenannte „Hot Spots“, entstehen. Dies hat beispielsweise in Deutschland Anfang der 80er Jahre eine Diskussion in der Öffentlichkeit über „Sauren Regen“ und „Waldsterben“ ausgelöst, die eine Begrenzung der Schwefeldioxid- und der Stickoxidemissionen mit sich brachte (Schilling, 1995: 647; Heiermann, 1992: 379ff.).

Die spezifischen Emissionen an SO_2 und NO_x konnten durch technische Rückhaltemaßnahmen, durch eine entsprechende Verbesserung der Verbrennungstechnik sowie durch Umstellung auf schwefelarme Brennstoffe erheblich gesenkt werden.[16] Allein innerhalb der letzten zehn Jahre konnten die spezifischen SO_2-Emissionen bei fossilien Kraftwerken von ca. 8 g/kWh und die spezifischen NO_x-Emissionen von ca. 3 g/kWh auf deutlich unter 1 g/kWh vermindert werden (Hlubek, 1996: 7f.; Heiermann, 1992: 379). Durch diese technischen Maßnahmen konnten die SO_2-Emissionen im OECD-Raum gegenüber 1970 auf die Hälfte reduziert werden, und der Anstieg der NO_x-Emissionen konnte gebremst beziehungsweise stabilisiert werden (OECD, 1991: 331ff.). Allerdings wurde durch diese Umweltschutzanlagen der Wirkungsgrad der Stromerzeugung um rd. 1 bis 3% reduziert, was durch zusätzlichen Brennstoffeinsatz zu einer Verschlechterung der CO_2-Bilanz führte (Schilling, 1995: 647).

Durch den Einsatz von Rauchgasentschwefelungsanlagen steigen die Stromerzeugungskosten etwa um 1,9 Pf/kWh und durch die Verwendung von $DeNO_x$-Anlagen um rd. 1,3 Pf/kWh (Heiermann, 1992: 379f.). Diese Kostensteigerung ist hauptsächlich auf die zusätzlichen Investitionen für die REA- und $DeNO_x$-Anlagen zurückzuführen. Die finanziell schwachen Entwicklungsländer neigen daher zum Verzicht auf derartige SO_2- und NO_x-Minderungsverfahren. Der Weltenergierat (WER) hat errechnet, daß im Jahr 2020 etwa 70% der weltweiten SO_2- und NO_x-Emissionen von den Ländern der Dritten Welt freigesetzt wird. Menschen, die ums Überleben kämpfen müssen, weil sie zu wenig Energie haben, beurteilen das Risiko, das sie beim Energieverbrauch ihrer Umwelt zumuten, anders als diejenigen, die im Überfluß an Energie leben. Zwar sind die Probleme durch die genannten Luftschadstoffe nicht beseitigt, aber durch verbesserte Techniken konnten vor allem in den Industrieländern die „Hot Spots" beseitigt werden. Der zukünftige Energieverbrauch in diesen Ländern kann von sinkenden Schadstoffen dieser Art begleitet werden.

---

[16] Es gibt mehrere Möglichkeiten, die SO_2-Emissionen aus Feuerungsanlagen zu reduzieren. Die nächstliegende Methode ist eine Entschwefelung der Brenn- und Einsatzstoffe vor deren Verbrennung, so z.B. bei Kohle durch eine vorgeschaltete Kohlevergasung mit einem anschließenden chemischen oder physikalischen Waschverfahren. Während der Verbrennung kann eine Entschwefelung durch Zugabe von schwefelbindenden Stoffen, z. B. Kalk, vorgenommen werden. Schließlich ist eine Entschwefelung der Rauchgase möglich. Die meisten Rauchgasentschwefelungstechnologien basieren auf Waschverfahren mit Hilfe von Kalkstein mit Gips und Schwefel als Endprodukt. In der Bundesrepublik Deutschland konnte der in den 70er Jahren erzielte Höchstwert von ca. 2. Mio t SO_2 in diesem Bereich um 85% gesenkt werden. Dies wurde durch Anwendung der Abgasentschwefelung aufgrund des Bundesimmissionsschutzgesetz (BImSchG), der 13. Bundesimmissionsschutzverordnung (BImSchV) der Verordnung für Großfeuerungsanlagen (GFAVO) von 1983, die eine 80%ige Rückhaltung für SO_2 forderte, erreicht. Die Verordnung für Großfeuerungsanlagen wurde einige Monate später auch auf NO_x ausgedehnt, und es wurde damit zur Pflicht gemacht, die meisten vorhandenen Kraftwerke mit $DeNO_x$-Anlagen auszurüsten. Dadurch gingen die NO_x-Emissionen in den alten Bundesländern von 0,75 Mio. t im Jahr 1984 auf 0,2 Mio t im Jahr 1991 um 74% zurück. Die $DeNO_x$-Anlagen verwenden die selektive katalytische Reduktion (SCR). Bei diesem katalytischen Verfahren werden Stickoxide bei Temperaturen von 300 bis 400 °C unter Ammoniakzugabe beseitigt (Kugeler und Phlippen, 1993: 121ff.).

Dagegen lassen sich die Gefahren durch die ständige Zunahme des CO_2-Gehaltes in der Atmosphäre nicht alleine durch die Einführung neuer technischer Verfahren in den Industrieländern verhindern, sondern es muß aufgrund der Globalität des Klimaproblems gelingen, möglichst viele Länder in eine gemeinsame Umweltpolitik zu integrieren. Hierin liegt auch der große Unterschied des Klimaproblems zu den anderen bereits behandelten Problemen der Energiewirtschaft.

3.2.2 Das Energiesystem in China

Ohne eine Integration Chinas in eine globale Umweltpolitik erscheint ein Erfolg zur Verhinderung des globalen CO_2-Anstiegs unwahrscheinlich. Eine Integration Chinas in eine weltweite Klimapolitik bedeutet auch die Möglichkeit, die Kosten einer Eindämmung der CO_2-Emissionen beträchtlich zu senken. Um eine gemeinsame Politik mit China mit dem Ziel einer umweltverträglichen Verbesserung des Energiesystems angehen zu können und um dort Möglichkeiten für JI-Kraftwerksprojekte identifizieren zu können, bedarf es einer genauen Darlegung des chinesischen Energiesystems.

3.2.2.1 Derzeitige Situation in der Energiewirtschaft der VR China

In den letzten Jahren hat sich die chinesische Wirtschaft im Zuge der Reform- und Öffnungspolitik sehr schnell entwickelt. Das Wirtschaftswachstum der chinesischen Volkswirtschaft betrug in den vergangenen 10 Jahren im Durchschnitt ca. 10% in Verbindung mit einer sehr schlechten angebots- und nachfrageseitigen Energieeffizienz.

Die Energieintensität der VR China ist in den letzten 10 Jahren zwar verbessert worden, sie ist aber im weltweiten Vergleich immer noch sehr hoch (Zhong, 1995: 160; Wiesegart, 1990a: 212ff.). Für die hohe Energieintensität können zwei Gründe angegeben werden. Zum einen liegt dies an einer außerordentlich geringen gesamtwirtschaftlichen Energieeffizienz. Wiesegart geht von einer gesamtwirtschaftlichen Energieeffizienz von 30% aus, wonach insgesamt rd. 700 Mio. t SKE energetisch ungenützt bleiben. Der andere Grund ist ein sehr hoher Anteil energieintensiver Industrie, der zu über 40% zum BSP der VR China beiträgt (Wiesegart, 1990a: 212f.; Zhong, 1995: 159f.).

Diese Zuwachsrate des Bruttosozialprodukts war in den letzten zehn Jahren stets höher als die der elektrischen Energieerzeugung. Obwohl die fossilen Reserven des Landes den Energiebedarf im Prinzip auf lange Sicht decken könnten, hat es infolge der schlechten Energieeffizienz und aufgrund logistischer Probleme, vor allem beim Kohletransport, immer wieder nationale Versorgungsengpässe gegeben. Dies hatte zur Folge, daß ungefähr 10% der Produktionskapazitäten in unterschiedlichen Sektoren nicht genutzt werden konnten. Fabriken mußten aufgrund von Strommangel zum Teil tageweise ihre Produktion einstellen. Zur Lösung dieses Problems wurden und werden in der Energiewirtschaft große Anstrengungen unternommen, die fortbestehende Diskrepanz zwischen Energieangebot und Energienachfrage aufzuheben. Zahlreiche neue thermische Kraftwerke wurden errichtet und ein weiterer Ausbau der Kraftwerkskapazität um 13000 MW pro Jahr in den nächsten 10 Jahren ist geplant (Li, 1994: 718ff.; Zhong, 1995: 159ff.; Wiesegart, 1990b: 722ff.; Kopfmüller, 1993: 22ff.).

In der Vergangenheit waren in China Energie- und Umweltpolitik weitgehend getrennte Handlungsfelder. Dies führte zu zunehmendem Druck aus dem Inland, weil bedingt durch den Anstieg der Umweltbelastung schon heute große Teile der Bevölkerung gesundheitliche Probleme haben. Auch Forderungen aus dem Ausland, internationale Standards auf dem Gebiet der Schadstoffemissionen einzuhalten, werden lauter.[17] Mittlerweile wird Umweltschutz als ein unentbehrlicher Bestandteil der Energiepolitik erkannt. Es sind Anstrengungen im Gange, die dringend erforderlichen lokalen und regionalen Schadstoffe NO_x und SO_2 in allen Bereichen zu reduzieren. Ob zur Senkung dieser Schadstoffe in der Kraftwerkwirtschaft Chinas auch die damit verbundenen Wirkungsgradverluste und die zusätzlichen Kosten für REA und $DeNO_x$ in Kauf genommen werden, ist jedoch zu bezweifeln.[18] Globale klimabezogene Erwägungen spielen in Chinas Entwicklungs- und Energiepolitik keine Rolle. Zwar erkennt das Land die Notwendigkeit internationaler Klimaschutzmaßnahmen an, weist jedoch die Verantwortung der damit verbundenen Belastungen den Industrienationen zu. Gemeinsam mit anderen Schwellen- und Entwicklungsländern fordert es von diesen finanzielle und technologische Unterstützung (Li, 1994: 718f.; Kopfmüller, 1993: 22ff.; Naujoks, 1992: 394ff.; Czakainski, 1995: 690ff.).

3.2.2.2 Struktur des Primärenergieeinsatzes in der VR China

Tabelle 8 zeigt die Struktur des Primärenergieeinsatzes in der Volksrepublik China. Demnach war und wird das Energiesystem vom Einsatz fester Brennstoffe dominiert. Dies ist auf die sehr großen nationalen Steinkohlereserven zurückzuführen, die bei weitem den größten Anteil an den gesamten chinesischen Energiereserven stellen und die China eine expansive Energieangebotspolitik ermöglichen. Chinas Kohlevorräte belaufen sich nach Schätzungen zwischen 730 und 900 Mrd. t, was mindestens 35 % der Weltkohlereserven ausmacht; die vermuteten Reserven liegen nach amtlichen chinesischen Angaben sogar bei 4000 Mrd. t (Wang, 1992: 211).

Weiterhin kann der Tabelle entnommen werden, daß der relative Anteil der kohlenstoffreichen festen Brennstoffe zurückgeht, sich das absolute Einsatzniveau

---

[17] Auf der 16. Weltenergiekonferenz äußerte K. Yokobori, der japanische Generaldirektor des Weltenergierates, die Ängste seines Landes vor dem sauren Regen aus China (Czakainski, 1995: 691).

[18] Bei einem Gespräch mit dem Vice Präsident von ABB-Kraftwerke AG Wolfgang Schemenau äußerte dieser, daß in China Kraftwerke mit höchsten Wirkungsgraden gefordert werden. Nachgeschaltete Umwelttechnologien, wie Rauchgasentschwefelungsanlagen hätten aber nachgeordnete Bedeutung. Dieses Gespräch wurde am 17.11.1994 mit dem ZEW durchgeführt und in einem Sitzungsprotokoll schriftlich fixiert.

jedoch von 1990 bis 2010 nahezu verdoppeln wird. Den höchsten relativen Zuwachs erwartet die IEA für den Primärenergieträger Öl, der im Hinblick auf Klimaschädlichkeit nur wenig günstiger als die festen Brennstoffe abschneidet. Dem kohlenstoffarmen Gas sowie den kohlenstofffreien Energieträgern Kernenergie und Wasserkraft fällt in Relation zu den festen Brennstoffen nur eine untergeordnete Rolle zu.

Tabelle 8: Primärenergieeinsatz in der Volksrepublik China

	Mtoe				v. H.			
	1971	1992	2000	2010	1971	1992	2000	2010
feste Brennstoffe	190	552	731	1026	80,7	77,8	74	70,4
Öl	40	133	204	326	16,9	18,7	20,7	22,4
Gas	3	14	29	57	1,3	1,9	2,9	3,9
Kernenergie	0	0	2	6	0	0,0	0,2	0,4
Wasserkraft	3	11	23	42	1,1	1,6	2,3	2,9
Summe	236	709	988	1456	100	100	100	100

Quelle: IEA, 1995: 348

Auf diese Weise erklärt sich die hohe Kohlenstoffabhängigkeit und damit auch die hohe Kohlenstoffintensität des chinesischen Energiesystems. Die hohe Kohlenstoffabhängigkeit ist der Grund für den im Weltmaßstab enormen Anstieg der chinesischen CO_2-Emissionen.

3.2.2.3 Kraftwerkwirtschaft in der VR China

Zur Deckung seines Energiebedarfs greift China, um wirtschaftliche und politische Abhängigkeit zu vermeiden und keine Devisen ausgeben zu müssen, gegenwärtig ausschließlich auf heimische Energieträger zurück. Der bisherige und der zukünftige Kraftwerkausbau stützt sich daher vor allem auf sehr schwefelhaltige Steinkohle minderer Qualität. Diese ist für den größten Teil der Schadstoffemissionen aus den Kraftwerken der VR China verantwortlich. Die Förderungsmöglichkeiten von Erdgas und Öl sind begrenzt und zudem werden diese Rohstoffe exportiert oder in der Industrie verwertet. In China haben Gas- und Ölkraftwerke, wegen ihres geringen Anteils am gesamten Energiesystem und wegen ihrer sonstigen Eigenschaften, nur einen verschwindenden Anteil am Schadstoffausstoß aus Kraftwerken (Li, 1994: 720f.; Kopfmüller, 1993: 22).

In den letzten 13 Jahren hat sich die elektrische Energieversorgung Chinas schnell entwickelt. Die installierte Leistung hat von 65,9 GW im Jahre 1980 auf 180 GW im Jahr 1993 zugenommen. Trotz dieses enormen Zubaus konnte der ständig wachsende Energiebedarf bei weitem nicht gedeckt werden. Daher ist für die nächsten 10 Jahre ein Ausbau mit fossilen Kraftwerkskapazitäten um 13 GW jährlich geplant (Li, 1994: 719ff.; Siemens, 1995: 14). 1992 wurden ca. 75,6% der Elektrizität in fossil befeuerten Wärmekraftwerken erzeugt. Davon werden etwa 88% der Kraftwerke mit Kohle und 12% mit Heizöl oder Gas bestückt. Der durchschnittliche energetische Nettowirkungsgrad dieser Kraftwerke liegt zwischen 24 und 28% und ist somit um 30 bis 40% niedriger als der durchschnittliche Wirkungsgrad von bundesdeutschen Kraftwerken (derzeit rd. 37%) (Li, 1994: 721; Wiesegart, 1990a: 216f.).

Ein Grund dafür liegt im Betrieb von kleinen veralteten ineffizienten Blöcken mit Wirkungsgraden von zum Teil unter 20%. Die gesamte Leistung dieser Blöcke beträgt 28 GW, bestehend aus Blöcken zwischen 6 und 40 MW. Als weiterer Grund ist zu nennen, daß die von chinesischen Kraftwerkbauern in den letzten Jahren in Lizenz, beispielsweise vom US-Kraftwerkhersteller Westinghouse, erstellten konventionellen Anlagen mit Leistungen zwischen 125 und 300 MW ihren theoretischen Nennwert von 40,5% mit rd. 31% bei weitem nicht erreichen konnten. Die Gründe dafür liegen zum einen in der niedrigen Brennstoffqualität der sehr schwefel- und aschehaltigen chinesischen Kohle, deren Ausbrand sicherlich beim Einsatz von konventionellen Verfahren nur unzureichend sein dürfte (Li, 1994: 721; Wang, 1992: 217). Zum anderen ist zum Erreichen der theoretischen Nennwerte von Kraftwerken neben der reinen Technik (Lizenz) auch ein immenses Know-how bei der Errichtung, der Inbetriebnahme und beim Betrieb erforderlich, das nur aufgrund langjähriger Erfahrung im Kraftwerkbereich erworben werden kann.

Ein weiterer Grund für die niedrige Effizienz der chinesischen Kraftwerkwirtschaft sind die administrativ niedriggehaltenen Primärenergiekosten. So lag beispielsweise der Preis für Kohle im Jahr 1989 um 16% unter dem Weltmarktpreis. Niedrige Primärenergiekosten behindern die Ausschöpfung von Effizienzreserven in allen Bereichen der chinesischen Energiewirtschaft, auch in der Kraftwerkwirtschaft (Zhong, 1995: 162f.; Wiesegart, 1990b: 723).

In chinesischen Kohlekraftwerken wurden im Jahre 1992 etwa 327,2 Mio. t Kohle verbraucht (Li, 1994: 722). Dadurch wurden etwa 920 Mio. t CO_2 freigesetzt. Das entspricht 38% der gesamten chinesischen CO_2-Emissionen.

3.2.3 Die indische Energiewirtschaft

Inwieweit es gelingen wird, Indien auf einen weniger CO_2-intensiven Wachstumspfad zu bringen, hängt entscheidend von der zukünftigen Ausrichtung der Energiepolitik ab. Über den Bereich der traditionellen Energieträger liegen nur sehr ungesicherte Zahlen vor, so daß die folgende Darstellung des indischen Energiesektors auf Verbrauch und Produktion kommerzieller Primärenergieträger beschränkt ist.

Inwieweit sich die indische Wirtschaft im Vergleich zu den westlichen Industrienationen durch eine höhere Energieintensität auszeichnet, ist aufgrund widersprüchlicher Daten schwer zu beantworten. Nach Angaben des IPCC lag die Energieintensität der indischen Wirtschaft 39,3GJ/1000 US$ gegenüber einem

Koeffizienten von 20,2GJ/1000 US$ in den Industrienationen.[19] Dagegen berechnet die IEA für Indien eine Energieintensität von 8,7GJ/1000 US$ und für die OECD-Staaten 11,2GJ/1000 US$. Viel interessanter ist ohnehin, wie energieintensiv das Wachstum der indischen Wirtschaft ist. Während in den westlichen Industrienationen eine Entkopplung von Energieverbrauch und Wirtschaftswachstum zu beobachten ist, steigt in Indien der Energiebedarf schneller als das Inlandsprodukt (Paulus, 1992: 183ff.). Die Energieintensität der Wirtschaft stieg zwischen 1970 und 1990 um 40%. Die Industrialisierung und die Hinwendung zu westlichen Konsummustern hat zu einem drastischen Anstieg des Energieverbrauchs geführt. Innerhalb der Dekade 1984 bis 1994 stieg der nationale Verbrauch von 8000 auf über 12000 Petajoule und der Pro-Kopf-Verbrauch nahm von 1985 bis 1991 um 50% zu.[20]

Tabelle 9: Entwicklung des Primärenergieangebots und des Verbrauchs in Indien (1987-1993)

	1987	1988	1989	1990	1991	1992	1993	Veränderung 1990-93 in %
Totale Primärenergie-erzeugung (Mio. toe[a])	150,27	162,69	173,61	184,00	193,39	204,95	211,88	15,1
TPES[b]/Kopf (toe/Person)	0,19	0,20	0,21	0,22	0,22	0,23	0,24	8,6
TPES/ BIP (toe/1000 US$[c])	0,204	0,201	0,203	0,204	0,212	0,214	0,215	5,5
TFC[d] (Mio. toe)	100,36	111,85	117,56	123,31	124,67	131,01	131,74	6,8
TFC / Kopf (toe/ Kopf)	0,13	0,14	0,14	0,15	0,14	0,14	0,15	0,8
TFC/ BIP (toe/1000 US$)	0,136	0,138	0,137	0,137	0,136	0,137	0,134	-2,2
% des Weltenergiean-gebots	2,0	2,0	2,1	2,32	2,41	2,56	2,62	

Quelle: IEA, 1996 a: toe: tons of oil equivalents b: TPES: Total Primary Energy Supply
c: In Kaufkraftparitäten von 1990 d: TFC: Total Final Consumption

Von besonderer Bedeutung für die Industrialisierung Indiens ist die Bereitstellung von Strom. Der Elektrizitätsbedarf stieg seit 1990 jährlich um 8-10% (vgl. Parikh et al, 1996). Derzeit verfügt Indien über eine Stromerzeugungskapazität von etwa 85 GW. Nach Schätzungen der indischen Regierung müssen in den nächsten zehn Jahren weitere 120 GW hinzukommen, um den Bedarf decken zu können (Vogt, 1998: 337). Bereits heute kann der Strombedarf in den industriellen Ballungsräu-

[19] Vgl. Bauer, 1993. Die Energieintensität gibt an, welche Primärenergiemenge für einen Produktionswert von 1000 $ aufgewendet wird (GJ/1000 $ BIP). Multipliziert man die Energieintensität der Wirtschaft mit der Kohlenstoffintensität des Energieverbrauchs erhält man die Kohlenstoffintensität der Produktion.

[20] Analysen der Ursachen, die zum Anstieg des Energieverbrauchs geführt haben, finden sich bei Reidhead et al., 1996 und Paulus, 1992.

men nicht gedeckt werden.[21] Die Kapazitätslücke belief sich 1994 auf durchschnittlich 9,5 %, zu den Spitzenlastzeiten gar auf 17%. Nach eher konservativen Schätzungen beträgt der volkswirtschaftliche Schaden durch diese Stromausfälle 2,7 Mrd. US$ pro Jahr oder 1,5 % des indischen BIP. [22] Um die steigende Nachfrage der Industrie befriedigen zu können, muß sich der indische Energiesektor bis 2007 verdreifachen. Die IEA schätzt den Investitionsbedarf bis 2010 auf 85 Milliarden US$, wobei spezifische Investitionskosten von 750$ pro kW zugrunde gelegt wurden (IEA, 1997). Andere Autoren errechneten einen noch höheren Kapitalbedarf, wonach sich die erforderlichen Investitionen im Energiesektor in der Periode 1997-2012 je nach unterstelltem Wirtschaftswachstum auf 35-46 % des BIP belaufen wird (vgl. Tabelle 10).

Tabelle 10: Investitionsbedarf im Energiesektor und Kapitalangebot in Indien (1997 bis 2012)

	Niedriges Szenario: 5% BIP-Wachstum/a	Referenz-Szenario 7% BIP-Wachstum/a	Hohes Szenario 8,4 % BIP-Wachstum/a
Kapitalbedarf im Energiesektor (Mrd. US$)	308	417	556
Nachfrage in % des BIP	4,3	5,1	5,9
Gesamtes Kapitalangebot in Indien (Mrd. US$)	882	1018	1202
Kapitalangebot in % des BIP	12,2	12,4	12,8
Kapitalnachfrage im Energiesektor/Gesamtkapitalangebot (%)	35	41	46

Quelle: Soni und Barathan, 1997: 371

Tatsächlich entfallen in Indien zwischen 25 und 30 % der geplanten Investitionen auf den Energiesektor, davon wiederum mehr als 60% allein auf den Stromsektor. Im achten Fünfjahresplan der Regierung (1992-1997) waren 22,8 Mrd. US$ für Investitionen in den Energiesektor vorgesehen (vgl. Parikh et al, 1996). Geht man nun davon aus, daß nicht mehr als 4 bis 4,5 % des BIP für den Energiesektor verwendet werden sollten, entsteht eine enorme Finanzierungslücke und die Notwendigkeit, sich nach anderen Finanzierungsquellen umzuschauen.[23] Folgerichtig öffnete die indische Regierung 1991 den bis dato fast ausschließlich öffentlich finanzierten Energiesektor für Privatisierung und Auslandsinvestitionen (vgl. TERI, 1997: 2 und Vogt, 1998). Um die Energienachfrage decken zu können, stehen in allernächster Zukunft große und langfristige Investitionsentscheidungen an, welche die Struktur des indischen Energiesektors auf Jahrzehnte festlegt. Auch in

[21] Smith (1993) gibt einen Überblick über die Ursachen, die zur Elektrizitätskrise geführt haben.

[22] Chatterjee und Fecher, 1997: 84. Um die Zeit des Stromausfalls zu überbrücken werden meist teure Notstromaggregate mit hoher CO_2-Intensität eingesetzt.

[23] In keinem Fünfjahresplan seit 1980 war der Investitionsanteil in den Energiesektor am BIP größer als 3,9 % (Soni und Barathan, 1997: 370).

Indien ist die Energieerzeugung Hauptverursacher von CO_2-Emissionen. Es besteht heute die Chance, den indischen Energiesektor rechtzeitig auf einen nachhaltigen, weniger CO_2-intensiven Weg zu bringen. Andererseits ist jedoch zu befürchten, daß aufgrund der beschriebenen Finanzierungsprobleme bei der Schließung der Energielücke umweltpolitische Überlegungen in den Hintergrund treten. Im folgenden Kapitel wird untersucht, wie sich die internationale Klimapolitik in den vergangenen Jahren entwickelt hat und in welchem Maße die Zusammenarbeit zwischen Industrieländern und Entwicklungsländern im Rahmen von Joint Implementation dabei berücksichtigt wurde.

4 JI in den internationalen Klimaverhandlungen

Dieses Kapitel untersucht, inwieweit die gemeinsame Umsetzung von Klimaschutzstrategien zwischen Industrie- und Entwicklungsländern im Rahmen von Joint Implementation im internationalen klimapolitischen Prozeß bislang aufgegriffen wurde.

4.1 Grundlagen der internationalen Klimapolitik

Um die Chancen und die Grenzen eines umweltpolitischen Instrumentariums beurteilen zu können, sind Kenntnisse über die politischen Charakteristika der Klimaproblematik unerläßlich. In diesem Abschnitt soll beschrieben werden, wie sich die internationale umweltpolitische Diskussion seit ihren Anfängen entwickelt hat. Es soll auch verdeutlicht werden, inwieweit internationale umweltpolitische Vereinbarungen die nationalen energiewirtschaftlichen Rahmenbedingungen in Zukunft beeinflussen werden. Weiterhin wird darauf aufmerksam gemacht, daß die globalen Umweltprobleme nur gemeinsam mit den bestehenden Entwicklungsproblemen gelöst werden können. Dies erklärt wiederum die Bedeutung von Finanz- und Technologietransfers zur Lösung der globalen Umweltprobleme.

Wichtiges Anliegen dieses Kapitels ist es, die Ergebnisse der UNCED-Konferenz in Rio, die in bezug auf die Klimaproblematik von Bedeutung sind, darzustellen. Das politisch festgelegte Emissionsziel zur Verhinderung des Treibhauseffektes wird ausführlich erläutert. Zudem wird die Rolle der Bundesrepublik Deutschland in der internationalen Klimadiskussion untersucht.

4.1.1 Politische Charakteristika der Klimaproblematik

Die politischen Probleme des anthropogenen Treibhauseffektes sind im wesentlichen in der ungleichen regionalen Verteilung der CO_2-Emissionen, in den wissenschaftlichen Unsicherheiten über die Auswirkungen und in der Problematik globaler Gemeinschaftsgüter zu sehen. Beim Verteilungsproblem geht es im wesentlichen darum, wer die Erdatmosphäre mit wieviel Treibhausgasen verschmutzen darf. Es ist ausgeschlossen, daß irgendeine Regelung zur Verminderung der Treibhausgase gefunden werden kann, wenn die Industrieländer nicht einen Großteil ihrer historischen Verschmutzungsrechte an die Entwicklungsländer abtreten (Simonis, 1992: 21). Zu den politischen Problemen trägt auch bei, daß die Klimaproblematik von großen wissenschaftlichen Unsicherheiten gekennzeichnet ist. Über Zeitpunkt, Ausmaß und Verteilung der Wirkungen besteht keine Gewißheit, die zum uneingeschränkten Handeln zwingen würde.

Da viele Treibhausgase auf lokaler und regionaler Ebene keine direkten Umweltschäden verursachen und es sich bei der Erdatmosphäre um ein globales Gemeinschaftsgut[24] handelt, gab es bislang keine Anreize zur Emissionsverringerung. Die Wirksamkeit isolierter nationaler Politiken ist außerdem sehr begrenzt. Aufgrund des globalen und zeitlich verzögerten Auftretens möglicher Schäden ist die Zurechnung nach dem Verursacherprinzip nur bedingt möglich. Ein Trittbrettfahrerverhalten einzelner Staaten, die keine klimapolitischen Maßnahmen umsetzen, aber von den Maßnahmen anderer Staaten profitieren, ist nicht auszuschließen (Oberthür, 1992: 10ff.). Der Unterschied zwischen nationalen und globalen Gemeinschaftsgütern besteht darin, daß keine übergeordnete supranationale Instanz existiert, die ein wie auch immer bestimmtes Niveau des Gemeinschaftsgutes sowie seine Finanzierung erzwingen kann. Internationale Vereinbarungen zum Schutz des Gutes können daher nur auf Freiwilligkeit beruhen (Endres, 1995: 145).

Die Klimaschutzpolitik bedarf daher internationaler Abstimmung, wobei als die wesentlichen Interessengruppen die Industrie- und die Entwicklungsländer anzusehen sind, die aber beide in sich stark heterogene Strukturen aufweisen. Internationale Abstimmung ist in den letzten Jahren zunehmend erfolgt, wenn auch die getroffenen Beschlüsse zur Lösung der globalen Umweltprobleme noch nicht ausreichend sind.

4.1.2 Entwicklungsverlauf der internationalen Umweltpoltik

Im Jahre 1972 fand mit der „UN Conference on Human Environment" in Stockholm die erste global angelegte Konferenz zu Umweltfragen statt. Die Vertreter der 110 teilnehmenden Staaten befaßten sich entsprechend der Wahrnehmung der damaligen Zeit eher mit lokal und regional auftretenden Problemen der Boden- und Wasserverschmutzung sowie mit Aspekten grenzüberschreitender Luftverschmutzung. Die Ergebnisse dieser Konferenz sind aus heutiger Sicht weniger im Bereich konkreter Maßnahmenbeschlüsse als eher im politischen Bereich zu sehen.

Es war in Stockholm erstmals gelungen, die Themen Umwelt und Entwicklung gemeinsam, d.h. unter Einbezug von Industrie- und Entwicklungsländern, zumindest ansatzweise auf globaler Ebene zu behandeln (Krause, 1992: 17ff.; Kopfmüller, 1993: 1). Zum anderen brachte die Konferenz einen zusätzlichen Schub in Richtung einer weltweit verstärkten Institutionalisierung der Umweltthematik. Dies

[24] Gemeinschaftsgüter („global commons") sind ihrer Definition zufolge dadurch gekennzeichnet, daß sie nicht aufgeteilt werden können und niemand von ihrem Gebrauch ausgeschlossen werden kann. Das Entscheidungsdilemma („tragedy of the commons") besteht darin, daß die Gemeinschaftsgüter von rationalen Gewinnmaximierern genutzt werden, wobei der Gewinn privat angeeignet wird, während der dem Gut zugefügte Schaden von allen Nutzern getragen wird. Bei uneingeschränktem Zugang zu den Gemeinschaftsgütern führt das zu ihrer Übernutzung und damit zum Ruin aller Nutzer. Politisch gesehen sieht dies so aus: Eine Kooperation aller Staaten in Umweltfragen läge im Interesse aller, die individuellen Interessen der jeweiligen Staaten und das Vertrauen auf Aktionen der anderen überwiegen jedoch in einzelstaatlicher Politik, was letztlich zu einer für alle Beteiligten schlechteren Situation führt.

manifestierte sich in der Einrichtung eigenständiger Umweltministerien in verschiedenen Ländern und in der Gründung des United Nations Environmental Programme (UNEP) auf internationaler Ebene.

In der Zeit nach Stockholm fanden zahlreiche Konferenzen zu ausgewählten Themenfeldern wie Meeresnutzungsrechte, Bevölkerungswachstum, Luftverschmutzung, Gesundheit und Klima statt. Als Reaktion auf die wachsende Besorgnis über die Veränderung des Klimas durch menschliche Aktivitäten hielt die Weltorganisation für Meteorologie (WMO) im Jahre 1979 in Genf eine Weltklimakonferenz ab. Zu dieser Zeit deuteten die ersten Klimamodelle auf einen Zusammenhang zwischen dem Anstieg des Kohlendioxidgehalts in der Atmosphäre und weltweiten Klimaveränderungen hin. Wichtigstes Ergebnis dieser Konferenz war ein Aufruf an alle Nationen, alles zu versuchen, um vom Menschen verursachte mögliche Klimaveränderungen vorherzusehen und zu vermeiden (Krause, 1992: 18).

Konkretere und weiterreichende Ergebnisse konnten aufgrund der spezifischen Interessen einzelner Staaten und Staatengruppen auf den zahlreichen Konferenzen nicht erarbeitet werden. Die neue globale Sichtweise verengte sich überdies relativ bald in Richtung einer Konzentration auf die Umweltprobleme innerhalb und zwischen den westlichen (OECD, EU; G7) und östlichen Industrieländern (Kopfmüller, 1993: 1).

Ab Mitte der achtziger Jahre trat mit der verstärkten Wahrnehmung der globalen Probleme eine erneute Wende in der internationalen Umweltpolitik ein. Ein wesentlicher Grund dafür war die Erkenntnis, daß die bisher verwendeten Lösungsansätze in vielen Fällen nur eine Verlagerung der Probleme auf andere Umweltmedien, auf andere Regionen (z. B. Industrieländer - Entwicklungsländer) oder auf zukünftige Generationen zur Folge hatten (Krause, 1992: 20). Bei der CO_2- beziehungsweise Treibhausproblematik sind dabei allerdings nur die beiden letzten Aspekte relevant.

Entscheidend angestoßen durch den Entstehungsprozeß und die Arbeit der World Commission on Environment and Development (WCED)[25], der sogenannten Brundtlandt-Kommission, die 1987 mit der Vorlage des Berichts „Unsere gemeinsame Zukunft" endete, rückten in der wissenschaftlichen und politischen Diskussion folgende Erkenntnisse in den Vordergrund (Lembke, 1992: 323f.; Kopfmüller, 1993: 2):

- Umweltprobleme sind immer seltener lokal begrenzt beziehungsweise begrenzbar, sie treten vielmehr verstärkt großflächig und teilweise global auf (z.B. Klimaveränderungen oder Abbau der Ozonschicht).
- Die Probleme sind nur unter Berücksichtigung der nicht zu trennenden Verknüpfung von Umwelt- und Entwicklungsfragen adäquat lösbar.

---

[25] Die WCED, zu deutsch „Weltkommission für Umwelt und Entwicklung", wurde 1983 von der UNO berufen.

- Im Unterschied zu den zentralen Aussagen in den siebziger und weiten Teilen der achtziger Jahre wird weniger die Menge der insgesamt verfügbaren Ressourcen (Rohstoffe, Energieträger) der entscheidende Restriktionsfaktor für menschliche Aktivitäten sein, vielmehr wird der „Ressource Umwelt", d.h. die begrenzte Aufnahmekapazität der Umweltmedien Luft, Wasser und Boden für Schad- und Abfallstoffe sowie deren Regenerationsfähigkeit ebenso große Bedeutung zukommen.

Die zehn Jahre nach der Stockholm-Konferenz gegründete Initiative zur WCED hatte, verbunden mit der Erkenntnis unveränderter Wirkungslosigkeit internationaler Umweltpolitik, einen nicht unerheblichen Anteil am Zustandekommen der Konferenz der Vereinten Nationen über Umwelt und Entwicklung (United Nations Conference on Environment and Development - UNCED).

4.1.3 Der Erdgipfel von Rio de Janeiro

Die Konferenz der Vereinten Nationen für Umwelt und Entwicklung 1992 in Rio de Janeiro war mit mehr als 15000 Delegierten aus 170 teilnehmenden Staaten und über 115 anwesenden Staats- und Regierungschefs die größte Konferenz der Vereinten Nationen, die jemals stattgefunden hat (Simonis, 1994: 87).

Die wichtigsten Ergebnisse der UNCED sind die Rio Deklaration, die Walderklärung, die Agenda 21, die Konvention über biologische Vielfalt und die Klimakonvention. Zudem wurde die Einrichtung einer UN-Kommission für „Sustainable Development" beschlossen. Für die Bekämpfung des Treibhauseffektes sind Teile der Rio-Deklaration, der Walderklärung sowie die Agenda 21 und im besonderen die Klimakonvention von Bedeutung. An diesen Dokumenten werden sich künftig weltweit nationale und internationale Klimaschutzstrategien und damit auch wirtschafts- und energiepolitische Ziele orientieren (Kopfmüller, 1993: 5). In der Rio-Deklaration sind 27 Grundsätze verankert, die Gleichheits- und Zukunftsrechte der Menschheit betreffen. Die Deklaration betont für die armen Länder ein „Recht auf Entwicklung"; sie benennt die reichen Industrieländer als Hauptverursacher der globalen Umweltprobleme und legt ihnen die Pflicht auf, eben diese Probleme mit geeigneten Maßnahmen anzugehen. Die Staatengemeinschaft wird aufgefordert, bei der Entwicklung einer globalen Umweltschutzstrategie das „Verursacherprinzip"[26] und die „Internalisierung externer Effekte", d.h. die Einbeziehung insbesondere von Kosten, die durch Umweltschäden entstehen, in die Preise von Gütern und Dienstleistungen, zu berücksichtigen. Die Rio-Deklaration war noch nicht völkerrechtlich bindend, eine verbindliche Ratifizierung ist jedoch im Laufe der Folgekonferenzen zur UNCED vorgesehen.

Mit der Agenda 21 wurde ein 40 Kapitel umfassendes Aktionsprogramm, das

---

[26] Das Verursacherprinzip besagt, daß die Verursacher von Umweltschäden mit den dadurch entstehenden Kosten belastet werden und die Kosten von Vermeidungsmaßnahmen tragen.

Strategien und Maßnahmen für umwelt- und entwicklungspolitisches Handeln in den Staaten sowie für die zwischenstaatliche Zusammenarbeit enthält, verabschiedet. Die Industrieländer sollen danach ihre Energie-, Verkehrs-, Landwirtschafts- und Handelspolitik weitreichend ändern. Für die Entwicklungsländer wurden Aktionsprogramme zur Bekämpfung der Armut entworfen. Das Kapitel 33 der Agenda 21 enthält beispielsweise die Absichtserklärung der Industriestaaten, den Entwicklungsländern „sobald wie möglich" jährlich 0,7% ihres Bruttosozialproduktes (was derzeit einem Betrag von ca. 125 Mrd. US$ entspricht) zur Verfügung zu stellen, was im Vergleich zur derzeitigen Summe eine etwa 130%-ige Steigerung bedeutet. Eine eigenständige Kommission, die „Commission on Sustainable Development" - CSD, die dem Generalsekretär der Vereinten Nationen berichten muß, soll die ökologische Umstrukturierung in Industrie- und Entwicklungsländern kontrollieren. Diese Kommission könnte somit auch als Überprüfungsgremium für Finanz- und Technologietransfer fungieren (Simonis, 1994: 87f.).

Die Grundsatzerklärung Wald ist für die CO_2-Problematik ebenfalls direkt von Bedeutung, da die (tropischen) Wälder aufgrund der Tatsache, daß sie einen Teil des atmosphärischen CO_2 aufnehmen und den aufgenommenen Kohlenstoff für längere Zeit in Biomasse binden, einen diesbezüglich wichtigen CO_2-Speicher darstellen, der zu erhalten beziehungsweise mengenmäßig noch auszubauen ist (Michaelis, 1992: 503 sowie Simonis, 1994: 89).

4.1.4 Die Klimarahmenkonvention der UNCED

Zwar ist es aufgrund des Widerstandes der USA sowie einiger ölexportierender Staaten nicht gelungen, sich auf einen Zeitpunkt festzulegen, zu dem weltweit die Emissionen an CO_2 und anderer Treibhausgase auf dem Niveau von 1990 stabilisiert werden sollen. Verabschiedet werden konnte jedoch ein umfangreiches Regelwerk, das völkerrechtlich verbindlichen Charakter hat, u.a. auch für die Bundesrepublik Deutschland und für Indien und China (Schafhausen, 1995: 280).

In der Klimarahmenkonvention wird CO_2 nicht ausdrücklich erwähnt, dennoch enthält die Konvention explizit auch für CO_2 scharfe Reduktionsvorgaben. Sie bindet die Unterzeichnerstaaten in Artikel 2 an das Endziel,

> *„die Stabilisierung der Treibhausgaskonzentrationen in der Atmosphäre auf einem Niveau zu erreichen, auf dem eine gefährliche anthropogene Störung des Klimasystems verhindert werden kann. Ein solches Niveau ist innerhalb eines Zeitraums zu erreichen, der kurz genug ist, damit die Ökosysteme sich auf natürliche Weise an die Klimaveränderung anpassen können, um sicherzustellen, daß die Lebensmittelproduktion nicht gefährdet wird und die wirtschaftliche Entwicklung nachhaltig fortgeführt werden kann*" ((BMU, 1992: 9f.).

Verschiedene Autoren weisen darauf hin, daß dieser Artikel, auch wenn er keinen konkreten Zeitraum festlegt, innerhalb des nächsten Jahrhunderts hohe CO_2-Reduktionsvorgaben impliziert und möglicherweise eine schärfere Verpflichtung zu konsequenter Klimaschutzpolitik bedeutet, als den unterzeichnenden Staaten gegenwärtig bewußt sein mag. Wird eine mittlere globale Erwärmung um 0,1 C° pro Jahrzehnt als noch ökologisch verträglich angenommen, muß eine Reduzierung der Kohlendioxidemissionen um etwa 50% bis zum Jahr 2050 erreicht werden. Angesichts der zu erwartenden Verdoppelung der Weltbevölkerung wäre damit eine Reduzierung der statistisch globalen mittleren CO_2-Emissionen pro Kopf um 75% auf etwa eine Tonne pro Kopf verbunden. Während die Industriestaaten ihren CO_2-Ausstoß drastisch senken müssen (um 80%), wird sich in den Entwicklungsländern ein geringer Anstieg nicht vermeiden lassen (Michaelis, 1992: 505; Simonis, 1994: 88f.).

Die Maßnahmen, die von den Vertragsstaaten zur Erreichung des in Artikel 2 spezifizierten Zieles ergriffen werden, sollen sich an den in Artikel 3 aufgelisteten Prinzipien orientieren. Dabei stehen die gemeinsame, aber jeweils unterschiedlich auszufüllende Verantwortung der Staaten, die Vorsorge[27] zum Schutz heutiger und späterer Generationen, das Recht auf nachhaltige Entwicklung aller Staaten und das Prinzip der kooperativen Zusammenarbeit im Vordergrund. In Artikel 3 wird ebenfalls betont, daß Politiken und Maßnahmen zur Bewältigung der Klimaänderungen kostengünstig sein sollen, um weltweite Vorteile zu möglichst geringen Kosten zu gewährleisten.

Artikel 4 Absatz 1 enthält für alle Vertragsparteien geltende allgemeine Verpflichtungen. Danach verpflichten sich alle Staaten, nationale Treibhausgasinventare zu entwickeln, regelmäßig zu aktualisieren, zu veröffentlichen und der Konferenz der Vertragsstaaten zur Verfügung zu stellen.

Artikel 4 Absatz 2 enthält Bestimmungen, die nur Länder betreffen, die in Anlage I (OECD-Länder, EU, Transformationsstaaten)[28] zur Klimakonvention aufgeführt sind. Diese Staaten verpflichten sich, mittels nationaler Maßnahmen ihre Emissionen von Kohlendioxid auf das Niveau von 1990 zu drosseln. Dabei war die Festlegung eines Zeitraumes bis zum Jahr 2000 ein Ziel, das in der Konferenz nicht gegenüber den USA durchgesetzt werden konnte. Die Mitgliedstaaten der EU sowie die Schweiz und letzthin auch Japan haben sich verpflichtet, die Stabilisierung der CO_2-Emissionen bis zum Jahr 2000 zu erreichen (Michaelis, 1992: 504f.).

Die Verpflichtungen der Bundesrepublik Deutschland sind noch weitreichender. Die Regierung der Bundesrepublik Deutschland hat schon am 13. Juni 1990 in

---

[27] Im Zusammenhang mit dem Vorsorgeprinzip betont Absatz. 3, daß das Fehlen wissenschaftlicher Gewißheit nicht als Grund dafür dienen kann, Maßnahmen zu unterlassen, die dem Treibhauseffekt vorbeugen.

[28] Folgende Gruppen von Staaten werden nach Maßgabe einzelner Anlagen der Klimakonvention unterschieden: Staaten nach Anlage I (OECD-Länder, EU, Transformationsstaaten), Staaten nach Anlage II (OECD-Länder und EU), Unterzeichner-, beziehungsweise Vertragsstaaten der Konvention (153 Staaten), Teilnehmerstaaten der Konferenz sowie Organisationen der regionalen Wirtschaftsintegration der UNCED (insgesamt ca. 180 Staaten).

Form einer unverbindlichen Selbstverpflichtungserklärung beschlossen, bis zum Jahr 2005 die energiebedingten CO_2-Emissionen in den alten Bundesländern um 25% gegenüber dem Niveau von 1987 zu reduzieren. Dieser Grundsatzbeschluß wurde nach dem Beitritt der neuen Länder aufgrund der dort erwarteten CO_2-Minderungspotentiale erweitert. In seiner Regierungserklärung vom 30. Januar 1991 formulierte der Bundeskanzler, daß die Regierung eine Verringerung um 25 bis 30% bis zum Jahr 2005 als Ziel beschlossen habe (BMU, 1994: 2f.). Die Bundesrepublik Deutschland sieht sich durch diese Beschlüsse, zusammen mit den anderen EU-Ländern, in einer Art Vorreiterrolle in bezug auf den Klimaschutz (Lamprecht, 1995: 277).

Die Berücksichtigung der Kosteneffizienz in Artikel 3 hat besonders auf Veranlassung der deutschen Delegation dazu geführt, in Artikel 4 Absatz 2a Kompensationen zuzulassen. Danach können die betroffenen Staaten treibhausgasreduzierende Politiken und Maßnahmen gemeinsam mit anderen Vertragsparteien durchführen.

Allen beteiligten Staaten werden aufgrund von Artikel 12, je nach Entwicklungsstand, unterschiedlich umfangreiche Berichtspflichten auferlegt (Düngen, 1993: 649).

Trotz der Größe der Konferenz und der Heterogenität der Teilnehmer ist es in Rio also zu einigen greifbaren Ergebnissen gekommen. In einer Gesamtbeurteilung des „Erdgipfels“ in Rio bleibt festzustellen, daß einige zentrale Fragen - etwa die unerläßliche Einbindung multinationaler Konzerne in Strategien zu einer nachhaltigen Weltwirtschaft, das Thema Technologietransfer vom Norden in den Süden oder generell die Problematik des Bevölkerungswachstums - nicht oder nur ungenügend behandelt wurden. Hier liegen jedoch Potentiale beziehungsweise Voraussetzungen z.B. für effektive CO_2-Minderungsstrategien (Kopfmüller, 1993: 4).

Die Klimakonvention ist mit Wirkung vom 21. März 1994, durch die Hinterlegung der 50. Ratifizierungsurkunde, als gültiges internationales Recht in Kraft getreten. Das oberste Organ der Klimarahmenkonvention (KRK) ist die Vertragsstaatenkonferenz (VSK). Die Vertragsstaatenkonferenz soll die Umsetzung der Konvention überwachen sowie die notwendigen Entscheidungen zur Umsetzung der Konventionsziele treffen. Zu diesem Zweck wird die Vertragsstaatenkonferenz jährlich zusammentreten, um die Verpflichtungen der Vertragsstaaten, die institutionellen Vorkehrungen und die wissenschaftlichen Entwicklungen regelmäßig zu überprüfen. Damit sind die meisten konkreten Entscheidungen von der UNCED auf die Vertragsstaatenkonferenz übertragen worden.

Als Bestätigung für ihre internationale Vorreiterrolle im Klimaschutz sieht die Regierung Deutschlands den Beschluß der 1. VSK zugunsten von Bonn als Standort für das ständige Sekretariat der Klimarahmenkonvention. Als ein zentrales Anliegen dieser Rio-Folgekonferenz galt es, die in Rio gefaßten Beschlüsse weiter zu konkretisieren. Dies gilt insbesondere auch für den Gesamtkomplex dessen, was in Rio unter dem Stichwort „Joint-Implementation“ vereinbart wurde (Lamprecht, 1995: 275ff.; Schafhausen, 1995: 279ff.; Düngen, 1993: 649).

4.2 Der lange Weg von Rio nach Kioto: Joint Implementation - Activities Implemented Jointly und Clean Development Mechanism

4.2.1 JI in der Klimarahmenkonvention

Das von der Unternehmensberatung McKinsey entwickelte Instrument der Joint Implementation wurde unter diesem Etikett 1991 von Norwegen erstmals in die internationale Diskussion eingebracht (Michaelowa, 1997: 59). Auf der UNCED in Rio de Janeiro stand das JI-Konzept im Hintergrund und wurde ohne Diskussion in die Klimarahmenkonvention (KRK) aufgenommen. Die KRK macht jedoch nur sehr unkonkrete Aussagen über JI. In Artikel 4, Absatz 2 (a) wird lediglich die Möglichkeit der gemeinsamen Umsetzung von Klimaschutzmaßnahmen zwischen den Vertragsparteien zugelassen:

> *...developed country Parties and other Parties included in Annex 1 may implement [...] policies and measures jointly with other Parties and may assist other Parties in contributing to the objectives of the Convention*

Ob und inwieweit die Anrechnung von Emissionskrediten auf die Verpflichtungen der Industriestaaten möglich ist, wird nicht näher präzisiert. Ein Hinweis für die richtige Auslegung gibt Artikel 3, Absatz 3, der die Kosteneffizienz von Klimaschutzmaßnahmen fordert:

> *...[...] policies and measures to deal with climate change should be cost-effective so as to ensure global benefits at the lowest possible cost. To achieve this, such policies and measures should take into account different socio-economic contexts, be comprehensive, cover all relevant sources, sinks and reservoirs of greenhouse gases and adaptation, and comprise all economic sectors. Efforts to address climate change may be carried out cooperatively by interested Parties.*

Entscheidend für den Widerstand, den die EL dem JI-Konzept in späteren Verhandlungen entgegenbrachten, sind die Bestimmungen des Artikel 4, Absatz 5. Darin heißt es:

> *....The developed country Parties and other developed Parties included in Annex II shall take all practicable steps to promote, facilitate and finance, as appropriate, the transfer of, or access to, environmentally sound technologies and know-how to other Parties, particularly developing country Parties, to enable them to implement the provisions of the Convention. In this process, the developed country Parties shall support the development and enhancement of endogenous capacities and technologies of developing country Parties. Other Parties and organizations in a position to do so may also assist in facilitating the transfer of such technologies.*

Diese Bestimmungen gaben den EL Anlaß zu der Hoffnung, daß es auch ohne ein

JI-System zu einem verstärkten Nord-Süd-Transfer von Umwelttechnologien und Know-how kommen würde. Die Formulierung "all practible steps" ist jedoch so unpräzise, daß ein größerer Resourcentransfer nicht zu erwarten ist. Nach Artikel 4 Absatz 2d der KRK sollten genauere Kriterien bezüglich Joint Implementation auf der ersten Vertragsstaatenkonferenz (VSK 1) festgelegt werden, die im März 1995 in Berlin stattfand.

4.2.2 Die Berliner Vertragsstaatenkonferenz und die Einführung einer JI-Pilotphase

Das Intergovernmental Negotiating Comittee (INC) hatte die Aufgabe, die Vertragsstaatenkonferenz vorzubereiten und hierfür abstimmungsfähige Vorlagen zu entwickeln. Die Beratungen über die Umsetzung von JI begannen mit der achten INC-Verhandlungsrunde (INC 8) im August 1993, in der das JI-Konzept von den EL grundsätzlich abgelehnt wurde. Während INC 10 zeichnete sich ein Bruch im bis dahin geschlossenen Lager der G77 ab. Lateinamerikanische Länder hatten bereits begonnen, JI-Möglichkeiten zu prüfen und mit amerikanischen Partnern Kontakt aufzunehmen.[29] Während INC 11 einigten sich die G77 und China auf eine gemeinsame Ablehnung von JI-Projekten in Entwicklungsländern und gegen die Anrechnung von Emissionsgutschriften (Krägenow, 1996: 63). Auch auf der VSK1 lehnte die G77 ein JI-System mit Kreditierungsmöglichkeiten ab, ließ sich jedoch auf einen Kompromiß ein: Die Vertragsstaaten einigten sich auf eine JI-Pilotphase, die bis spätestens zum Ende des Jahrzehnts abgeschlossen sein sollte.[30] Während dieser Zeit sollen Pilotprojekte durchgeführt und überprüft werden, inwieweit JI zum Klimaschutz beitragen könnte. Die aus diesen Projekten resultierenden Emissionsreduktionen dürfen jedoch nicht auf die Reduktionsverpflichtungen der IL angerechnet werden. Um dieses Verbot der Anrechnungsfähigkeit von Emissionskrediten, ohne das sich die EL nicht auf eine solche Pilotphase eingelassen hätten, hervorzuheben, werden Pilotprojekte nicht als Joint Implementation, sondern als Activities Implemented Jointly bezeichnet.[31] Die Vertragsparteien beschlossen darüber hinaus, daß

- AIJ mit nationalen umwelt- und entwicklungspolitischen Prioritäten und Strategien vereinbar und förderlich sein soll,

---

[29] Im März 1995, also unmittelbar vor der ersten Vertragsstaatenkonferenz, verabschiedeten zahlreiche lateinamerikanische NGO's ein Positionspapier, die sogenannte 'Santiago Declaration on Joint Implementation'. Daraufhin baten sie ihre Regierungen, bei der Vertragsstaatenkonferenz auf die Einführung einer Pilotphase zu drängen (vgl. Sanhueza, 1997).

[30] Entscheidung 5/CP.1 der Berliner Vertragsstaatenkonferenz (vgl. Anhang 9.1.2).

[31] In der Literatur wird JI und AIJ vielfach synonym verwendet, obwohl der Unterschied in der Bezeichnung eindeutig ein sensibles Politikum darstellt. In dieser Arbeit wird der Terminus AIJ ausschließlich für Pilotprojekte bis 1999 verwendet, während sich JI auf das theoretische Konzept bezieht, welches die Möglichkeit der Kreditierung beinhaltet.

- alle in der Pilotphase umgesetzten Aktivitäten der vorherigen Annahme, Zustimmung und Unterstützung der beteiligten Vertragsparteien bedürfen,
- AIJ *echte, meßbare* und *langfristige* Umweltnutzen mit sich bringt, die in Zusammenhang mit dem Erdklima stehen und ohne AIJ nicht erfolgt wären,
- AIJ nur einen Zusatz darstellen und nur als zusätzliches Mittel zur Erreichung des Konventionsziels behandelt werden soll,
- AIJ zusätzlich zu den finanziellen Pflichten der Annex-II-Staaten im Rahmen des Finanzmechanismus der KRK und zusätzlich zur offiziellen Entwicklungshilfe (ODA-Leistungen) erfolgt,
- AIJ an den Verpflichtungen der Vertragsstaaten nichts ändern soll.

Die Berliner Beschlüsse lassen offen, ob Emissionskredite aus Pilotprojekten *nach* Ablauf der Pilotphase anrechnungsfähig sein werden, für den Fall, daß es zur Einführung eines JI-Systems kommt.[32] Die Aussicht auf eine solche Möglichkeit würde den Anreiz für AIJ-Investoren wesentlich verstärken. Auf der VSK wurden keine Angaben gemacht, welche konkreten Fragen in der Pilotphase gelöst werden sollten. Die EU legte dahingehend bereits auf der elften Sitzung des INC einen Katalog vor, in dem unter anderem gefordert wird, daß während der Pilotphase konzeptionelle und praktische Probleme bei der Umsetzung von AIJ-Projekten erkannt werden, Erfahrungen zu institutionellen Fragen gesammelt und Projektkategorien definiert werden, die für JI besonders geeignet sind (Banholzer, 1996: 23). Ein endgültiger Zielkatalog für AIJ-Projekte sollte Ende 1997 auf der dritten Vertragsstaatenkonferenz (VSK 3) in Kioto aufgestellt werden. Noch im Juli 1997 hatte die Gruppe der 77 und China ein Positionspapier vorgelegt, in dem sie klarstellte, daß sich JI ausschließlich auf Aktivitäten zwischen Annex-I-Staaten beziehe.[33] Vor diesem Hintergrund sind die Fortschritte zu bewerten, die in Kioto in bezug auf JI erzielt wurden.

4.2.3 Der Durchbruch in Kioto ?

In den Verhandlungen vor Kioto stellten die EL immer wieder klar, daß JI solange kein Thema für sie sei, bis die Industriestaaten eindeutig quantifizierte Redukti-

[32] Nach dem Wortlaut des Protokolls ist auch eine frühere Einführung von anrechnungsfähigen JI-Projekten möglich, wenn die EL zustimmen. Die G77 und China lehnten eine Entscheidung vor Ende des Jahrzehnts allerdings ab (UNFCCC/SBSTA/1997/Misc.5, Paper No 1: Group of 77 and China).

[33] UNFCCC/SBSTA/1997/Misc.5: Activities Implemented Jointly under the Pilot Phase. Submission by the Group of 77 and China.

onsverpflichtungen[34] übernähmen. Die IL wiederum - allen voran die USA - wollten sich nicht auf eine Quantifizierung ihrer Verpflichtungen einlassen, solange nicht klar war, ob sie einen Teil der Verpflichtungen über JI-Maßnahmen abdekken könnten (IEA, 1996b: 13). Erst am letzten Tag der Verhandlungen von Kioto gelang es den Delegierten, einen Kompromiß zu finden. Nachdem die Annex-I-Staaten sich darauf verpflichteten, ihre THG-Emissionen bis zum Jahr 2008 um mindestens 5% gegenüber dem Referenzjahr 1990 zu senken, konnten schließlich auch auf dem Gebiet der Joint Implementation entscheidende Fortschritte erzielt werden. Zunächst sind nach Artikel 6 des Kioto-Protokolls Joint Implementation-Projekte zwischen Annex -I-Staaten möglich:

...any Party included in Annex I may transfer to, or acquire from, any other such Party emission reduction units resulting from projects aimed at reducing anthropogenic emissions by sources or enhancing anthropogenic removals by sinks of greenhouse gases in any sector of the economy...

Aus Sicht der Entwicklungsländer ist jedoch die Einführung des "Clean Development Mechanism" (CDM) durch Artikel 12 entscheidend. Ziel des Mechanismus ist nach Art. 12, Abs.2

...to assist Parties not included in Annex I in achieving sustainable development and in contributing to the ultimate objective of the Convention, and to assist Parties included in Annex I in achieving compliance with their quantified emission limitation and reduction commitments...

Weiter heißt es in Absatz 3:

Parties included in Annex I may use the certified emission reductions accruing from such project activities to contribute to compliance with part of their quantified emission limitation and reduction commitments...

Damit ist die Möglichkeit für Nord-Süd-JI-Projekte grundsätzlich gegeben. Emissionsvermeidungen, welche aus JI-Projekten stammen, die vom Jahr 2000 bis zum Beginn der ersten Verpflichtungsperiode im Jahre 2008 durchgeführt wurden, können nach Art.12, Abs. 10 auf die Reduktionsverpflichtungen während der ersten Verpflichtungsperiode angerechnet werden.[35] Der "Clean Development Mechanism" ist jedoch nicht nur im Terminus eine Weiterentwicklung des ursprünglichen JI-Ansatzes. So soll nach Art.12 Abs. 8 ein Teil der Gewinne, die durch Projekte im Rahmen des CDM entstehen, in einen Fond fließen und an Entwicklungsländer weitergegeben werden, die durch den Klimawandel besonders

[34] Vertraglich festgelegte, quantifizierte THG-Reduktionsverpflichtungen werden im internationalen Jargon häufig als QUELRO's (Quantified Emission Limitation and Reduction Objectives within Spezific Time-frames) bezeichnet.

[35] In der Periode von 2008-12 sollen die in Annex B des Kioto-Protokolls genannten Staaten ihre Emissionen um den dort festgelegten Prozentsatz senken. Dies bedeutet zumeist eine Reduktion um 5-8% zum Referenzjahr 1990 (Art. 3, Abs. 1 und Abs. 7 des Kioto-Protokolls).

betroffen sind. Mit diesen Mitteln sollen Gegenmaßnahmen, wie der Bau von Staudämmen gegen den ansteigenden Meeresspiegel, finanziert werden. Wie hoch dieser Anteil ist, wird jedoch nicht näher präzisiert. Die Minimalforderungen, die Art. 12 an Projekte innerhalb des CDM stellt, sind dieselben wie sie in Berlin für AIJ-Projekte entwickelt wurden. Wie der CDM im Detail ausgestaltet werden soll, ist noch völlig unklar. Ein 'Executive Board' soll sich dieser Fragen annehmen und bis zur dritten Vertragsstaatenkonferenz in Buenos Aires Kriterien für die Verifizierung und Modalitäten der Emissionskreditierung erarbeiten. Bis dahin steht die Wissenschaft in der Pflicht, Lösungen für die in Kapitel 1 skizzierten Probleme der Verifizierung zu entwickeln. Den CDM institutionell so auszugestalten, daß er für alle Parteien tragbar ist, wird eine der Hauptaufgaben sein, die es bis VSK 4 zu bewältigen gilt.

Obwohl die theoretische Analyse des JI-Konzeptes in Kapitel 5 zu dem Ergebnis führen wird, daß die gemeinsame Umsetzung von Klimaschutzmaßnahmen mittels eines JI-Mechanismus eine win-win Strategie für Industrie- und Entwicklungsländer darstellt stößt das Konzept auf erbitterten Widerstand auf Seiten vieler Entwicklungsländer.[36]

4.3 Die Kritik der Entwicklungsländer am JI-Konzept

4.3.1 Die Ausbeutung billiger Reduktionspotentiale

Kritiker eines JI-Systems fürchten, daß JI nur ein Versuch der IL ist, sich um ihre klimapolitische Verantwortung zu drücken und diese auf die EL abzuwälzen. Von malayischer Seite und einigen anderen EL wurde das JI-Konzept gar als 'Ökokolonialismus' bezeichnet (Breitmeier 1997: 214). Nach der Ausbeutung billiger Rohstoffe folge nun die Ausbeutung billiger Vermeidungspotentiale. Als Hauptemittenten seien aber die IL verpflichtet, zuerst ihren eigenen THG-Ausstoß drastisch zu reduzieren, bevor sie in Anspruch nehmen könnten, dies in Entwicklungsländern zu tun. Dabei genüge es nicht, die Kosten für die Reduktionsmaßnahmen in anderen Ländern zu übernehmen, vielmehr müßten die Reduktionen auf dem Territorium der IL erreicht werden.[37] Hinter diesem Argument

[36] In den EL existiert seit Beginn der ersten Verhandlungen über JI keine einheitliche Meinung. Die aufgeführten Argumente gegen JI wurden vor allem von EL aus der Gruppe der 'G77+China', der auch Indien angehört, vorgebracht.

[37] Dutschke und Michaelowa (1997: 5) betonen, daß der Widerstand gegen JI vor allem auf nicht-ökonomischen, ethisch-moralischen Argumenten beruht. Fraglich ist jedoch, ob ökonomische Argumentation und das Kriterium der Effizienz und Pareto-Optimalität die ultima ratio für die Bewertung einer Politikmaßnahme sind. Sicherlich verstößt die Forderung, daß IL ihre Emissionen ausschließlich 'vor ihrer eigenen Tür' reduzieren sollen, gegen das ökonomische Kriterium der Kosteneffizienz einer Maßnahme. Ökonomische Kriterien sind jedoch nur ein Teilaspekt einer politischen Maßnahme. Hinzukommen müssen ethische Kriterien, wie das Kriterium der Gerechtigkeit, welches im Widerspruch zu ökonomischen Optimalitätskriterien stehen kann und vom kultur-soziologischen Hin-

steht die Befürchtung, daß JI den Industrienationen ermöglicht, ihren aus klimapolitischer Perspektive inakzeptablen Lebensstil aufrecht zu erhalten. Billige Vermeidungsmöglichkeiten durch JI können dazu führen, daß die Industrieländer in ihren Anstrengungen nachlassen werden, innovative Lösungen für den Klimaschutz in ihren eigenen Ländern zu suchen und dadurch der notwendige Strukturwandel hin zu nachhaltigen Konsum- und Produktionsmustern verzögert wird. Nach diesem Argument ist JI nur innerhalb einer statischen Betrachtung kosteneffizient, die dynamischen Wirkungen sind jedoch innovationshemmend. Dem kann man entgegenhalten, daß Kompensationsmöglichkeiten dazu dienen, den notwendigen, aber auch sehr radikalen und mit Risiken verbundenen Strukturwandel in den Industriestaaten durch die Schaffung zeitlicher Spielräume abzufedern. Nach Ansicht mancher Autoren wird JI durch diese Abfederungswirkung den Strukturwandel in den IL eher unterstützen als aufhalten (z.B. Michaelowa, 1997: 53). Es kommt hinzu, daß durch JI-Projekte ein Innovationsprozeß ausgelöst wird, der zur Entwicklung regional angepaßter Umwelttechnologien führt. Umwelteffiziente Hochtechnologien, die sich in den IL bewährt haben, können nicht ohne weiteres in EL mit völlig anderen Rahmenbedingungen eingesetzt werden, sondern erfordern eine Anpassung an die länderspezifischen Umweltbedingungen. Dies erfordert teilweise völlig neue technologische und organisatorische Konzepte. Auch ist nicht nachvollziehbar, warum Unternehmen in den IL nicht auch weiterhin nach effizienteren Technologien suchen sollten. Da es aufgrund hoher Transaktionskosten sehr unwahrscheinlich ist, daß ein Unternehmen seine gesamten Reduktionsverpflichtungen über JI-Projekte abdecken kann, hat ein Unternehmer bei Existenz einer CO_2-Steuer immer noch einen Anreiz, nach Effizienzverbesserungsmaßnahmen zu suchen, um die verbleibende Steuerlast weiter zu reduzieren. Es ist allerdings denkbar, daß mit sinkendem Kostendruck die Innovationsfreudigkeit nachlassen kann. Von einigen Autoren wird zur Lösung dieses Problems eine Quotenregelung vorgeschlagen (Banholzer, 1996: 36), bei der ein Industrieland mindestens 80% seiner Reduktionsverpflichtungen durch Maßnahmen im eigenen Land erfüllen muß.

Ein weiteres Argument, welches gegen JI ins Feld geführt wird, ist die These, daß JI den EL die Chance billiger Vermeidungspotentiale für die Zukunft nehme. Da durch JI die kostengünstigsten Klimaschutzmaßnahmen bereits aufgebraucht werden, blieben den EL nur noch Reduktionsmaßnahmen zu sehr hohen Kosten für die Zeit, wenn sie selbst Reduktionsverpflichtungen eingehen werden. Abgesehen davon, daß sich die EL in absehbarer Zukunft nicht auf THG-Reduktionen verpflichten lassen, ist das Argument wenig schlüssig. Es handelt sich bei Klimaschutzprojekten nicht um einmalige Emissionsreduktionsleistungen, die man für später 'aufheben' könnte, sondern um Maßnahmen, die dauerhaft zu weniger Emissionen führen. Gleichzeitig profitieren die EL durch positive Externalitäten,

tergrund der Länder abhängt. In der vorliegenden Arbeit werden ausschließlich ökonomische Kriterien herangezogen. Die Schlußfolgerungen müssen vor dem Hintergrund der Begrenztheit dieser Perspektive gesehen werden.

die ihnen durch ein Zurückstellen der Projekte entgehen würden. Darüber hinaus kann der Transfer von Kapital und Know-how einen Prozeß technologischer und institutioneller Innovation auslösen. Dies kann wiederum dazu führen, daß die EL später über effizientere Vermeidungstechniken verfügen, als es bei Abwesenheit eines JI-Mechanismus der Fall gewesen wäre (Michelowa, 1997: 70).

4.3.2 Negative Externalitäten aus JI

Es wurden auch Bedenken vorgebracht, JI könne dazu führen, daß Projekte umgesetzt werden, die zu negativen Externalitäten auf Seite der Entwicklungsländer führen oder den nationalen Prioritäten der EL zuwiderlaufen. Die Gefahr negativer, gesamtgesellschaftlicher Externalitäten kann jedoch erheblich reduziert werden, indem die Projekte der Zustimmung beider Regierungen bedürfen. Kritiker sehen die Gefahr, daß Entwicklungsländer als 'Versuchslabor' für unausgereifte Technologien und Prototypen herhalten müßten (Maya, 1995: 211). Dem ist entgegenzuhalten, daß JI-Projekte nur mit bereits erprobten Technologien durchführbar sind, da sonst keine ex ante Verifikation möglich ist. An anderer Stelle wurde angemerkt, JI stelle für die Industrieländer eine Möglichkeit dar, überholte Altanlagen noch gewinnbringend loszuwerden (Chatterjee und Fecher, 1997: 94). Dieses Problem ist durch die Aufnahme eines Vertragspassus zu beheben, der nur Anlagen für JI-Projekte zuläßt, die dem 'Stand der Technologie' entsprechen.[38]

In den Entwicklungsländern wächst eine junge Industrie für Umwelttechnologie heran. Manche Beobachter fürchten, daß der Transfer von Umwelttechnologie zu Dumpingpreisen, bzw. kostenlos, die jungen Umweltindustrien zerstören könnte.[39] Auch besteht die Gefahr, daß EL in eine technologische Abhängigkeit geraten, wenn Ersatzteile nicht selbst produziert werden können oder Wartung und Betrieb einer Hochtechnologie vom Know-how der IL abhängen. Auch dieses Problem ist teilweise zu lösen, wenn Lieferbindungen ausdrücklich verboten werden und die Kosten für die Wartung und die Ausbildung von Fachkräften in die Projektkalkulation mit eingehen. Letztendlich besteht technologische Abhängigkeit unabhängig davon, ob ein JI-System existiert oder nicht.

Bei all den vorgebrachten Bedenken darf nicht vergessen werden, daß JI streng auf der Freiwilligkeit der EL beruht. Kein JI-Projekt, welches gegen die Interessen eines Gastlandes verstößt, kann mittels internationalem Recht durchgesetzt werden. Daher ist auch der Einwand nicht akzeptabel, daß JI ein Einschnitt in die nationale Souveränität der Entwicklungsländer sei.

---

[38] Da es sich hierbei um eine Handelsrestriktion handelt, ist ein solcher Passus nur dann WTO-konform, wenn er in einem internationalen Klimaschutzvertrag aufgenommen wird.

[39] In Indien ist die Umweltindustrie eine der am schnellsten wachsenden Branchen. Die Gewinne dieser Branche wachsen dreimal schneller als der Durchschnitts des Industriesektors (vgl. Raghuraman, 1997; Reidhead et al, 1996).

4.3.3 Ablehnung von JI aufgrund strategischer Überlegungen

Der lang anhaltende Widerstand der Entwicklungsländer gegen JI beruht neben inhaltlichen Argumenten auch auf taktischen Überlegungen. Die Mehrzahl der EL hatten lange Zeit auf direkte Nord-Süd-Transferzahlungen gedrängt. Diese Forderung basiert auf der ethischen Maxime, daß jeder Mensch dasselbe Recht auf Verschmutzung hat, da jeder per Geburt denselben Anteil am Naturkapital Erdatmosphäre besitzt. Da die Industrienationen nun pro Kopf weitaus mehr Emissionen emittieren als die Entwicklungsländer, müßten sie die EL für diese Überinanspruchnahme der 'global commons' entschädigen. Obwohl die IL nur rund 25% der Weltbevölkerung stellen, verursachen sie 75% der weltweit emittierten 5,6 Mrd. t CO_2, also 300% oder 2,8 Mrd. t mehr als ihnen 'zustünde'. Versteht man diese Menge als Inanspruchnahme von Naturkapital, welches den EL gehört, und unterstellt durchschnittliche Vermeidungskosten von 25 $ pro t CO_2, so müßten die EL eine Nord-Süd-Kompensationszahlung in Höhe von 70 Mrd. US$ erhalten (Parikh, 1997b: 193). Indien, welches rund 1/6 der Weltbevölkerung stellt, jedoch nur 3,3% der weltweiten CO_2-Emissionen verursacht, würde nach dieser Rechnung mehr als 18,5 Mrd US$ erhalten (IEA, 1996a). Ein System handelbarer Emissionsrechte (Zertifikate), auf pro Kopf Basis, wäre daher im Interesse der Entwicklungsländer. Zum einen führt diese Zertifikatlösung zu weit größeren Transferzahlungen als JI, zum anderen sind diese Zahlungen nicht an Klimaschutzprojekte gebunden.

4.3.4 Umwidmung von Nord-Süd Transferzahlungen

Ein weiterer Grund für den Widerstand gegen JI ist die Befürchtung, daß laufende Entwicklungshilfe-Projekte zu JI-Projekten umdeklariert werden könnten (Michaelowa, 1997: 69). Private JI-Projekte dürfen auch dann nicht als Entwicklungshilfeersatz betrachtet werden, wenn die Projekte entwicklungspolitische Vorteile mit sich bringen. Da nur wenige Industrieländer die UN-Zielgröße erfüllen, wonach 0,7% des BIP eines Industrielandes für Maßnahmen zur Entwicklungshilfe verwendet werden sollen, und die tatsächlich realisierten Anteile in den letzten Jahren sogar gefallen sind, wird es schwer sein zu überprüfen, ob JI zu Lasten der Entwicklungshilfeleistungen geht. SHAMS (1994: 34) fürchtet in diesem Zusammenhang eine ökologische Konditionalisierung der Entwicklungshilfe: „Die Gewährung der traditionellen Entwicklungshilfe könnte zunehmend davon abhängig gemacht werden, ob das betreffende Entwicklungsland dem jeweiligen Geberland durch Ökoprojekte bei der Erfüllung seiner UNCED-Verpflichtungen entgegenkommt." Auch wurde die Befürchtung geäußert, daß die Höhe der Transferzahlungen der GEF[40] zurückgehen wird, wenn sich die IL statt dessen

---

[40] Bei der globalen Umweltfazilität (engl.: global environmental facility , GEF) handelt es sich um einen internationalen Fond, der ausschließlich Maßnahmen des internationalen Umweltschutzes unterstützt. Der seit 1990 bestehende Fond wird von Weltbank und UNEP verwaltet. Der GEF gehören 87 Mitgliedsstaaten an; Einzahler sind jedoch v.a. die

Emissionsgutschriften erkaufen können (Krägenow, 1996: 63).

Tabelle 11: Gegenüberstellung potentieller Gewinne und Verluste durch JI aus Sicht der Entwicklungsländer

Potentielle Gewinne durch JI	Potentielle Verluste durch JI
• Kostenloser Transfer von Technologie & Kapital • Lokale Umweltverbesserung • Devisenersparnis • Schaffung von Arbeitsplätzen • 'Capacity Building' • Höhere Bereitschaft der IL zu Reduktion, evtl. höheres Reduktionsziel • Schaffung eines Klimabewußtseins in der Bevölkerung • Intensivierung der wirtschaftlichen Zusammenarbeit mit den Geberländern • Leistung eines Beitrags zum Klimaschutz	• Verzögerung des Strukturwandels in den IL • Verlangsamung der Entwicklung effizienterer Technologien • Gefahr der Umsetzung von Projekten mit negativen Externalitäten • Deklarierung von JI-Mitteln als Entwicklungshilfe und Konditionalisierung der Entwicklungshilfe • Konkurrenz von JI Mitteln mit anderen Transferzahlungen (im Rahmen des GEF) • Verlust kostengünstiger Vermeidungspotentiale in der Zukunft • El werden zum 'Dumping ground' für veraltete Technologien • Verzicht auf vorteilhaftere Instrumente wie handelbare Emissionsrechte • Technologische Abhängigkeit • Marktaustritt heimischer Umwelttechnologiebranchen

Nachdem nun das Konzept der Joint Implementation aus politischer Sicht bewertet wurde, soll im folgenden Kapitel eine ökonomische Analyse vorgenommen werden, die vor allem auf die Aspekte der ökonomischen Effizienz und der ökologischen Effektivität abhebt.

OECD-Staaten. Für die Phase 1994-1997 standen der GEF 2 Mrd. US$ zur Verfügung, davon 40% zur Unterstützung von Klimaschutzprojekten. (vgl. Heister, 1997: 319ff.).

5 Ökonomie des Klimaschutzes: Joint Implementation

Die neoklassische Ökonomie erhebt den Anspruch, Optimalkriterien für die Formulierung von Klimaschutzzielen bestimmen zu können. Danach liegt das ökonomisch optimale Niveau der THG-Reduktion (Emissionsziel) dort, wo der gesellschaftliche Grenznutzen aus einer vermiedenen Einheit eines Treibhausgases den Grenzkosten der Vermeidung (Grenzvermeidungskosten = GVK) dieser Einheit entspricht (vgl. Stengel und Wüstner, 1997 und Loske, 1996: 149ff.). In diesem Fall ist das Emmissionziel durch die Höhe der Vermeidungskosten bestimmt. Der folgenden Analyse der Joint Implementation liegt jedoch die Annahme zugrunde, daß das Emissionsziel durch naturwissenschaftliche Erkenntnisse über die THG-Absorptionsfähigkeit der Erdatmosphäre und durch den politischen Prozeß internationaler Verhandlungen bestimmt wird. Da das Emissionsziel nicht durch die Höhe der Vermeidungskosten bestimmt wird, müssen Rückwirkungen der Wahl des Umsetzungsinstrumentes auf das Emissionsziel nicht berücksichtigt werden. Für die Bewertung ökonomischer Instrumente daraufhin, inwieweit sie sich für die optimale Umsetzung des Emissionszieles eignen, werden in der neoklassisch orientierten Umweltökonomie meist folgende Kriterien herangezogen (Loske, 1996: 175):

- Ökonomische Effizienz: Gesamtwirtschaftliche Kostenwirkungen
- Ökologische Effektivität: Geschwindigkeit und Treffsicherheit der Zielerreichung

Diesem Ansatz wird nun bei der Untersuchung des Instrumentariums der JI gefolgt.[41]

5.1 Das Klimaproblem aus ökonomischer Sicht

Das Klimasystems wird im folgenden als erneuerbare Ressource und als öffentliches Gut betrachtet. Mit Hilfe dieser ökonomischen Erklärungsansätze werden die Bedeutung und die Notwendigkeit von umweltpolitischen Instrumentarien verdeutlicht. Darauf aufbauend werden die Anforderungen an ein solches Instrumentarium erarbeitet. Abschließend werden die wichtigsten umweltpolitischen Instrumentarien dargestellt und gegeneinander abgegrenzt. Dies ist erforderlich, um die Vorzüge von Joint Implementation ausarbeiten zu können.

5.1.1 Kosten-Nutzen-Analyse von ökologischen Zielen

Aus streng ökonomischer Sicht sollten bei der Bestimmung eines ökologischen Ziels möglichst die Nutzen und Kosten gegeneinander abgewogen werden. Dabei

---

[41] Eine umfassende Untersuchung hierzu findet sich u.a. bei Rentz, 1995 und Michaelowa, 1997. Greiner, 1996 analysiert die Effizienz des JI-Mechanismus anhand eines akteurszentrierten Public Choice-Ansatzes.

wird das Emissionsziel solange vermindert, bis der Nutzen der Emissionsverminderung (vermiedener Schaden) gleich den Vermeidungskosten ist.

Die Nutzen entsprechen den vermiedenen Schäden aus der Klimaveränderung - im Prinzip addiert für alle betroffenen Menschen auf der Erde, auch der zukünftigen Generationen. Die Kosten entsprechen den Mehraufwendungen für die Vermeidung der Spurengasemissionen, d.h. aus den Nutzeneinbußen beispielsweise aus der Verringerung des Lebensstandards. Anders formuliert, ein Temperaturanstieg, beziehungsweise eine Klimaänderung ist so lange akzeptabel, wie die dadurch bedingten zusätzlichen Schäden auf der Welt geringer sind als die eingesparten Vermeidungskosten. Die theoretisch optimale Emissionsmenge ergibt sich dann in dem Punkt, in welchem die Grenzschadenskosten einer zusätzlichen Emissionseinheit gleich den Grenzvermeidungskosten für diese Emissionseinheit sind. Die tatsächlichen Vermeidungskosten sind bei statischer Betrachtung, d.h. beim gegenwärtigen Stand der Technik, noch ermittelbar. Die Schäden sind aber aufgrund mangelnder naturwissenschaftlicher Daten im voraus nicht berechenbar. Die großen Unsicherheiten bei der Durchführung einer solchen Abschätzung von Kosten und Nutzen machen ein derartiges Vorgehen schwierig.

Im Hinblick auf die zum Teil noch unbekannten Wirkungsmechanismen des Klimasystems empfiehlt es sich, gemäß des Vorsorgeprinzips, sich nicht der Gefahr eines atmosphärischen Experiments mit unbekanntem Ausgang auszusetzen. Die Ökonomie kann daher wenig zur wissenschaftlichen Fundierung weltweit erlaubbarer Emissionsmengen beitragen. Ihr bleibt nichts anderes übrig, als ein von den Naturwissenschaften vorgetragenes oder auch ein von der Politik formuliertes Ziel als vorgegeben zu betrachten. Die Aufgabe der Ökonomie ist es, das formulierte Ziel effizient zu erreichen (Cansier, 1991: 11f.).

5.1.2 Das Klimasystem als erneuerbare Ressource

Das Klimasystem kann aus ökonomischer Sicht als eine erneuerbare Ressource verstanden werden. Eine erneuerbare Ressource zeichnet sich dadurch aus, daß abhängig von den Werten einer oder mehrerer Zustandsvariablen der Ressource, diese in der Lage ist, sich zu regenerieren. Ihre Nutzung ist im Gegensatz zur erschöpfbaren Ressource nicht unbedingt mit einer Bestandsminderung verbunden. Das Klimasystem beziehungsweise die Atmosphäre stellt sich deshalb als erneuerbare Ressource dar, denn nicht die CO_2-Emission an sich, sondern daß Niveau der Emissionen ist die entscheidende Determinante des Problems. Nach aller bisheriger naturwissenschaftlicher Erkenntnis ist das Klimasystem durchaus in der Lage, ein hinreichend niedriges Emissionsniveau zu bewältigen, so daß sich an den klimatischen Bedingungen auf der Erde nichts ändert.

Die in der Vergangenheit ständig angewachsenen CO_2-Emissionen haben aber zu einer Überforderung der natürlichen Assimilationskapazität des Kohlenstoffkreislaufs geführt, was schließlich zum zusätzlichen Treibhauseffekt geführt hat. Mit anderen Worten: war vorher die Nutzung des Klimasystems ein freies Gut, so konkurrieren heute die Emittenten miteinander, wenn gleichzeitig die Stabilität des Klimas gewährleistet werden soll. Das vormals freie Gut „Nutzung der Atmosphäre als Senke für Kohlendioxid und andere Treibhausgase" mutierte durch das gestiegene Niveau der Emissionen insgesamt zum knappen Gut[42]. Diese Nutzungskonkurrenz wird aber ohne das Setzen ordnungs- oder steuerpolitischer Rahmenbedingungen nicht effizient geregelt, sondern würde zu einer „Ausbeutung" des Klimasystems mit der konkreten Gefahr der klimatischen Katastrophe führen. Eine „Verknappung" der Atmosphäre kann nur durch instrumentelle Anreize erreicht werden. Anders gesagt, schlägt sich diese neue Knappheit nicht in positiven Schattenpreisen für die Nutzung der Atmosphäre als Senke für CO_2 nieder, entsteht eine Diskrepanz zwischen privaten, dem einzelnen Wirtschaftssubjekt entstehenden Kosten und sozialen, der Gesellschaft insgesamt entstehenden Kosten, die als soziale Zusatzkosten bezeichnet werden.[43]

5.1.3 Klimasystem und CO_2-Reduktionsmaßnahmen als öffentliche Güter

Wie erläutert, kann der anthropogene Treibhauseffekt als eine Problematik globaler Gemeinschaftsgüter bezeichnet werden. Bei CO_2-Reduktionsmaßnahmen handelt es sich im ökonomischen Sinne um ein öffentliches Gut[44]. Öffentliche Güter sind durch ein hohes Ausmaß an externen Effekten[45] gekennzeichnet. Der einzelne, der CO_2 durch welche Maßnahmen auch immer reduziert, trägt zwar ohne eine aktive ordnungspolitische Ausgestaltung alleine die Kosten, es profitieren jedoch alle anderen mit von dieser Reduktion. Deshalb gibt es ohne eine entsprechende ordnungspolitische Ausgestaltung keinen ausreichenden Anreiz, CO_2-Emissionen zu reduzieren (Stähler, 1990: 178f.; Oberthür, 1992: 11).

Kohlendioxidemissionen weisen unabhängig davon, wo sie emittiert wurden, die gleiche klimatische Relevanz auf. Dies bedeutet, daß hinsichtlich der Emissionswirkung nicht etwa wie beim Schwefeldioxid regionale Besonderheiten berücksichtigt werden müssen. Dieses Charakteristikum bietet eine große Erfolgschance

---

[42] Ein freies Gut darf zum Nulltarif genutzt und verbraucht werden, weil es in hinreichendem Umfang vorhanden ist. Ein knappes Gut hingegen reicht nicht zur Bedürfnisbefriedigung aller aus, dadurch wird ein entsprechendes wirtschaftliches Handeln erforderlich.

[43] Der einzelne Nutzer dehnt seine Faktornutzung bis zum individuell optimalen Punkt aus, bei dem Grenzkosten = Grenznutzen sind, und übernutzt so eine Ressource, beispielsweise das Klimasystem. Die durch die Nichtbeachtung der gesamtwirtschaftlichen Nutzenfunktion verursachte Fehlallokation führt zu gesellschaftlichen Wohlfahrtsverlusten, die unterschiedliche Ausmaße annehmen können (Stähler, 1990: 178ff.; Kölle, 1992, 293f.).

[44] Ein öffentliches Gut sei hier als ein Gut definiert, bei dessen Nutzung keine Rivalität herrscht und von dessen Genuß keiner ausgeschlossen werden kann.

[45] Beeinflussen die Aktivitäten eines Wirtschaftssubjektes die Wohlfahrt eines anderen, ohne daß diese über den Preismechanismus des Marktes koordiniert werden, liegen externe Effekte vor. Die Umweltökonomik analysiert die Ursachen und Wirkungen negativer externer Effekte, die aus der Nichteinbeziehung der Folgen individueller Handlungen auf das öffentliche Gut Umweltqualität resultieren.

für globale ökonomische bzw. marktwirtschaftliche Instrumente zur Reduktion von Kohlendioxid.

5.1.4 Anforderungen an umweltpolitische Instrumente

Um Reduktionspotentiale für Emissionen, beispielsweise technischer Art, zu nutzen, und um eine „Ausbeutung" des Klimasystems zu verhindern, muß ein geeignetes umweltpolitisches Instrumentarium in ein internationales Klimaabkommen implementiert werden. Erfolgversprechend kann nur ein Ansatz sein, der eine effiziente Reduktion von Treibhausgasen auf marktwirtschaftlicher Basis[46] gewährleistet, dabei aber allen beteiligten Staaten ein Maximum an nationaler Souveränität überläßt. Schließlich muß das globale Umweltinstrument von möglichst vielen Staaten akzeptiert werden können.

„Effiziente Reduktion" der Treibhausgase bezieht sich in diesem Zusammenhang auf die ökologische und auf die ökonomische Sphäre. Die ökonomische Effizienz ist nach dem Rationalprinzip dann gegeben, wenn festgelegte ökologische Ziele zu minimalen Kosten realisiert werden oder wenn mit gegebenem Aufwand ökologische Ziele weitest möglich erreicht werden, d.h. eine Verschwendung knapper Mittel vermieden wird. Ökonomisch effizient ist eine umweltpolitische Maßnahme, wenn sie zu einem Emissionsniveau führt, bei welchem der Nutzen und die Kosten einer zusätzlichen Einheit Emissionsverringerung (Grenznutzen und Grenzvermeidungskosten) gleich sind. Da die Feststellung des Grenznutzens in der Realität äußerst schwierig ist, muß in der Regel ein Ansatz verfolgt werden, bei dem die Ziele politisch festgesetzt werden. Die Optimierungsaufgabe besteht dann darin, diese Ziele zu möglichst niedrigen Kosten zu erreichen. Die Bewertung der umweltpolitischen Instrumente darf sich aber nicht nur auf die ökonomische Effizienz beschränken, sondern muß auch den Zielerreichungsgrad hinsichtlich des Umweltziels (die ökologische Effektivität bzw. Treffsicherheit eines Instruments (Endres, 1994: 100f.)), die Auswirkung auf die Innovationstätigkeit (Endres, 1994: 101f.), die verteilungspolitische Gerechtigkeit und die verwaltungstechnische und juristische Umsetzbarkeit berücksichtigen (Endres, 1993: 102ff.; Kopfmüller, 1993: 36ff.; Michaelowa, 1995: 6f.; Lerch, 1995: 169ff.).

---

[46] Üblicherweise wird eine Unterteilung der umweltpolitischen Instrumente vorgenommen in ordnungspolitische Instrumente und in marktwirtschaftliche Instrumente. Ordnungspolitische Instrumente (Ge- und Verbote; Auflagen, Grenzwerte, usw.) machen den Akteuren konkrete Verhaltensvorschriften, die keine Handlungsalternativen offen lassen, außer der Einstellung der Aktivität. Marktwirtschaftliche Instrumente (Abgaben, Steuern, Lizenzen, usw.) lassen den Akteuren prinzipiell die Wahl zwischen einem umweltfreundlichen Verhalten oder z.B. der Zahlung höherer Preise für weiterhin umweltschädigendes Verhalten. Der wesentliche Vorzug dieser Instrumente liegt darin, daß wirtschaftliche Anreize zur Einsparung von Energie und zur Schadstoffreduktion aktiviert werden (Kopfmüller, 1993: 36).

5.1.5 Ökonomische Optionen zur CO_2-Reduktion

Dieser Abschnitt setzt sich mit der Theorie verschiedener umweltpolitischer Instrumente auseinander. Er dient dazu, die Joint Implementation in einen breiteren Zusammenhang zu stellen und die einzelnen Instrumente hinsichtlich der im letzten Abschnitt genannten Anforderungen zu untersuchen. Im Vordergrund stehen dabei die ökonomische und ökologische Effektivität sowie die internationale Akzeptanz der Instrumente.

Gemeinhin unterscheidet man hinsichtlich der Instrumente zur Durchsetzung umweltpolitischer Standards vier Instrumentengruppen: Auflagen, Abgaben und Steuern, Zertifikate und Kompensationen.

5.1.5.1 Auflagen

Unter Auflagen versteht man mit einer Genehmigung verbundene Handlungsanweisungen, die der Gesetzgeber dem Betreiber einer bestimmten Anlage für den Betrieb dieser Anlage auferlegt. Die in Deutschland bekannteste Auflage ist wohl die TA-Luft, in der für die einzelnen Verbrennungsvorgänge Höchstmengen für Schadstoffabgaben an die Umgebung vorgeben sind (Stähler, 1990: 180; Endres, 1994: 102f.).

Bezüglich der ökologischen Effektivität werden Auflagen gute Eigenschaften zugesprochen. Besonders kritisch ist aber ihre ökonomische Effizienz zu beurteilen. Allen Verursachern wird gleichermaßen vorgeschrieben, welche Technik und welche Emissionen maximal zulässig sind. Reduktionen werden damit nicht zwangsläufig dort durchgeführt, wo sie am kostengünstigsten möglich sind.

5.1.5.2 Steuern und Abgaben

Von einer Abgabe wird gesprochen, wenn die daraus erzielten Einnahmen wieder für Maßnahmen, etwa zur Verbesserung der ökologischen Gegebenheiten, verwendet werden. Bei einer Steuer ist dagegen kein zweckgebundener Mitteleinsatz vorgesehen. A priori entlastet eine Steuer nur den öffentliche Haushalt (Kopfmüller, 1993: 46).

Einige Staaten oder Staatengruppen, wie beispielsweise die Europäische Gemeinschaft, planen, eine CO_2-Abgabe einzuführen, um damit ihre Emissionsziele zu erreichen (Faross, 1993: 295ff.; Kabelitz, 1994: 264ff.). Abgaben gewährleisten ökonomische Effizienz, denn der Emittent hat jederzeit die Wahl, eine Einheit des Schadstoffs zu emittieren oder zu vermeiden. Dort, wo das Vermeiden billiger ist als die Abgabe pro Schadstoffeinheit, wird vermieden, andernfalls wird die Abgabe gezahlt. Je kostengünstiger ein Emittent die Emissionen vermeiden kann, desto eher wird er sich also entschließen, der Abgabenvermeidung durch Emissionsminderung auszuweichen. Im Idealfall gleichen sich die Grenzvermeidungskosten der Emittenten in der Höhe des Abgabensatzes an; das Kostenminimum wird realisiert.

Das Ausmaß der gewünschten Emissionsverringerung hängt folglich von der Höhe des Abgabensatzes ab. Wegen der unbekannten Verläufe der Grenzvermeidungskostenfunktionen der Emittenten kann nicht gesagt werden, wie hoch der Abgabensatz sein muß, um die gewünschte Emissionsvermeidung zu erreichen. Die gesamtwirtschaftlichen Kosten der Abgabenerhebung würden bei einer durch überhöhte Abgabensätze verursachten Übererfüllung des Verringerungsziels zunehmen, da die Grenzvermeidungskosten mit zunehmender Verringerung ansteigen. Bei einem zu niedrigen Steuersatz würde das gewünschte Emissionsverringerungsziel nicht erreicht. Die nötige Feinsteuerung des Abgabensatzes zur Erreichung des gewünschten Emissionsziels wäre folglich eine sehr komplexe Aufgabe (Michaelowa, 1995: 7.f.; Endres, 1994: 103ff.; Lerch, 1995: 188ff.).

Im Gegensatz zu anderen Instrumenten werden durch Steuern und Abgaben Vorleistungen zur Emissionsverringerung honoriert.

Eine globale Treibhausgassteuer stößt bezüglich der ökologischen Treffsicherheit und bei der Bestimmung der Abgabensätze auf die gleichen Schwierigkeiten wie eine nationale Abgabe. Der große Vorteil einer globalen Abgabe wäre, daß die befürchteten Wettbewerbsnachteile und Verlagerungseffekte eines nationalen Alleingangs durch die Preiserhöhung von emissionsintensiven Produkten ausbleiben würden.

Ein Problem der globalen Treibhausgassteuer sind die unterschiedlichen Auswirkungen auf die nationalen Märkte. Da verschiedene Volkswirtschaften in unterschiedlicher Weise von fossilen Energieträgern abhängen, hätte eine Besteuerung dieser Brennstoffe unterschiedliche soziale und wirtschaftliche Folgen, die von Land zu Land stark variieren würden. Als Konsequenz wird eine globale Treibhausgassteuer vor allem von den Entwicklungsländern abgelehnt. Zudem würde die Festlegung eines einheitlichen Steuersatzes durch Wechselkursschwankungen und unterschiedliche Inflationsraten sehr schwer fallen (Michaelowa, 1995: 7f.; Lerch, 1995: 188ff.).

5.1.5.3 Handelbare Emissionsrechte

Handelbare Emissionszertifikate sind bereits in den siebziger Jahren als effizientes ökonomisches Instrument zur Umsetzung umweltpolitischer Ziele vorgeschlagen worden. Sie werden seit Beginn der Debatte um die globale Erwärmung verstärkt und seit der Vertragsstaatenkonferenz in Kioto insbesondere diskutiert.

Zertifikate sind Berechtigungsscheine, die dem Inhaber erlauben, entweder ein auf dem Zertifikat vermerktes Niveau an Emissionen an die Umwelt abzugeben oder eine bestimmte Menge an fossilen Brennstoffen zu verbrauchen oder zu verkaufen. Ohne Besitz eines solchen Zertifikates ist es dann nicht erlaubt, fossile Brennstoffe zu verbrauchen oder zu verkaufen (Stähler, 1990: 179; Kölle, 1992: 294f.).

Grundsätzliche Voraussetzung für die Einführung von marktfähigen Emissionszertifikaten ist die ordnungsrechtliche Festlegung einer zulässigen Gesamtmenge (ökologisches Emissionsziel) für den Schadstoffausstoß durch eine staatliche Autorität, oder, im Falle internationaler Anwendung, durch eine supranationale Institution. Die fixierte Emissionsmenge wird gestückelt und nach einem festzulegenden Schlüssel an die beteiligten Staaten, beziehungsweise an die von dieser Regelung betroffenen Unternehmen verteilt. Insofern knüpft dieses Konzept auf internationaler Ebene an das Konzept eines CO_2-Budgets an, mit den entsprechenden internationalen Verteilungsproblemen. Die Frage, wie die Anfangsverteilung der Emissionsrechte aussehen soll, ist sicherlich bei der Einführung dieser Lösung das Hauptproblem. Es werden aber, ohne darauf näher eingehen zu wollen, kombinierte Verteilungsschlüssel diskutiert, die von möglichst vielen Staaten zukünftig akzeptiert werden könnten.

Ist ein Staat beziehungsweise ein Unternehmen im Besitz von mehr Emissionsrechten, als er zur Abdeckung seiner Emissionen benötigt, kann er die überschüssigen Rechte veräußern, im umkehrten Fall müssen die Emissionen reduziert werden oder weitere Emissionsrechte hinzugekauft werden.

Bei dieser vorgestellten Mengenlösung wird der Knappheitspreis für das öffentliche Gut nicht wie im Fall einer Abgabe staatlich festgelegt, sondern wird bei festgelegter Gesamtemissionsmenge vom Markt gebildet. Das vorgegebene Emissionsziel wird zu Minimalkosten mit hoher ökologischer Treffsicherheit erreicht. Damit stellen handelbare Emissionsrechte bei vollkommenen Märkten und bei harmonisierten Standards der Emissionsberechnung den wohl ökonomisch und ökologisch effizientesten Weg dar, ein vorgegebenes Emissionsniveau zu erreichen.

Der Handel mit Emissionsrechten hat gegenüber der Abgabenlösung Vorteile. Das Zertifikatmodell paßt sich flexibel an sich wandelnde äußere Umstände an, der nötige Verwaltungsaufwand ist deutlich geringer und der größere Entscheidungsspielraum der Halter von Emissionslizenzen könnte einen Innovationsschub auslösen (Kölle, 1992: 295ff.; Michaelowa, 1995: 9ff.; Endres, 1994: 106ff.; Kopfmüller, 1993: 59ff.).

5.1.5.4 Joint Implementation (Kompensationen)

Wie der Handel mit Emissionsrechten, kann auch Joint Implementation zu einer Flexibilisierung und Kostenoptimierung der Klimaschutzpolitik beitragen. Vor dem Hintergrund der Annahme, daß es zum Erzielen eines bestimmten globalen oder nationalen Reduktionsziels gleichgültig ist, in welchem Land die Reduktion erfolgt, bleibt es den jeweiligen Akteuren überlassen, diese dort vorzunehmen, wo es am günstigsten ist. Das heißt, Joint Implementation zielt darauf ab, die Vermeidungskosten bei gleicher Zielerfüllung quasi über die „Suchprozesse des Marktes" zu senken. Damit setzt Joint Implementation am globalen Charakter des Klimaproblems an.

Die Idee des Joint Implementation, wie es in der Klimadiskussion verstanden wird, besteht darin, eine kostenminimale Reduktion dadurch zu erreichen, daß die einzelnen Emittenten (insbesondere Unternehmen wie EVUs, Stahlproduzenten, etc.)

Emissionsminderungsmaßnahmen auch an Anlagen oder im Rahmen von Projekten, außerhalb des eigenen Unternehmens oder sogar außerhalb des eigenen Landes auf ihre wie auch immer kodifizierten Minderungsverpflichtungen gegenrechnen dürfen.[47] Denkbar ist auch die Durchführung von nicht-anlagenbezogenen Projekten, z.B. in Form von Aufforstungsmaßnahmen.

Je nach ordnungs-, beziehungsweise steuerrechtlichen Ausgangsbedingungen können Kompensationslösungen dabei ausgestaltungstechnisch die Form von Abzugsfähigkeit, Anrechenbarkeit bis hin zu genehmigungsrechtlicher Anrechenbarkeit nach TA-Luft annehmen. Entscheidend ist, daß Joint Implementation nicht als selbständiges Instrument angesehen werden darf. Notwendige Bedingung für Joint Implementation ist die Existenz nationaler Emissionsverringerungsziele im Inland, die durch steuer- oder ordnungsrechtliche Instrumente beziehungsweise durch gemischte Instrumentensets erreicht werden sollen. Als Grundlage für Kompensationen bieten sich mengenbezogene Vorgaben in Form von Auflagen (u.a. die Ausgabe von Emissionsrechten) oder Selbstverpflichtungsabkommen und Abgaben an. Die mengenbezogenen Vorgaben können jeweils branchen- und anlagenbezogen erfolgen (Abbildung 2). Insofern dient Joint Implementation also der Flexibilisierung bereits vorhandener Instrumente. Eine weitere Flexibilisierung des Kompensationskonzeptes kann erreicht werden, indem die Handelbarkeit von kompensierenden Mengen bei unterschiedlichen Kompensationslösungen in Form von Gutschriften zugelassen würde (Kopfmüller, 1993: 64ff.; Michaelowa, 1995: 13f.; Düngen, 1993: 649ff.; Schmitt, 1992: 271ff.; Rentz, 1995: 180ff.). Dieser Gedanke macht dann eine Abgrenzung zu den angesprochenen Zertifikaten erforderlich.

Das Instrumentarium der Kompensation ist von Zertifikaten insofern abzugrenzen, als daß Zertifikate mengenmäßig klar begrenzte Minderungspfade implizieren. Zertifikate bilden ein selbständig anwendbares mengenbegrenzendes Instrumentarium, d.h. durch sie werden maximale Emissionsziele in einem definierten Raum festgelegt. Joint Implementation besitzt dagegen quantitativ, räumlich und ausgestalterisch ein sehr viel offeneres Design und ist kein selbständiges Instrument (Schmitt, 1992: 272f.).

---

[47] Damit wird der Begriff der Kompensation nicht in der englischen Tradition der Entschädigung für einen Schaden oder Verlust verstanden, sondern im Sinne des Ersatzes einer ansonsten staatlich erzwungenen Verhaltensweise (Ordnungsrecht) oder Zahlungspflicht (Steuerrecht) durch Möglichkeiten gezielter Ersatzmaßnahmen beziehungsweise der gewollten Steuervermeidung.

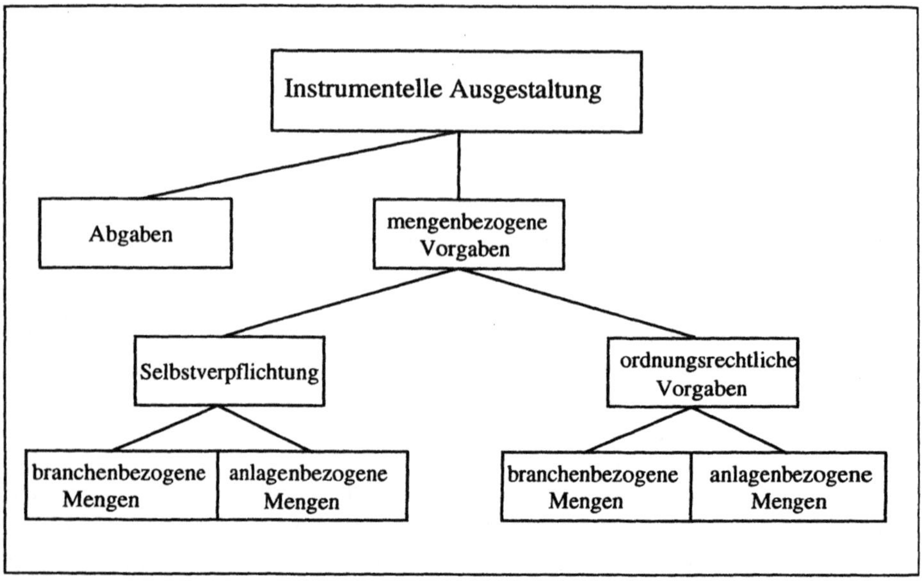

Quelle: Rentz, 1995: 184

Abbildung 2: Grundlegende instrumentelle Ausgestaltungsmöglichkeiten von JI

Ein Vorteil von Joint Implementation ist darin zu sehen, daß es nicht in dem Maße zu internationalen Verteilungsproblemen kommt, wie bei handelbaren Emissionsrechten oder bei Emissionssteuern. Allerdings ist bislang noch umstritten, inwieweit die in anderen Ländern erzielten Emissionsreduktionen dann auf die nationalen Emissionsziele angerechnet werden können. Natürlich ist trotz dieser Vorteile, die Kompensationslösung gegenüber einem System handelbarer Emissionsrechte nur eine „zweitbeste Lösung“. Sie ist jedoch die effizienteste Möglichkeit zur Erreichung nationaler Emissionsziele, wie sie sich beispielsweise die Bundesregierung gesteckt hat. Joint Implementation bietet die Option, Emissionsreduktionen unter Beibehaltung nationaler Souveränität zu geringsten Kosten zu erreichen. Zudem kann Joint Implementation im Fall einer Handelbarkeit von kompensierenden Mengen als Vorstufe für ein globales System handelbarer Emissionsrechte dienen.

5.2 Einführung in die Ökonomie der "Joint Implementation"

Vom 1.-10. Dezember 1997 fand im japanischen Kioto die dritte Vertragsstaatenkonferenz zur Klimarahmenkonvention der Vereinten Nationen statt. Neben der Festlegung quantitativer Treibhausgas-Reduktionsverpflichtungen für die Industriestaaten einigten sich die Vertreter der Vertragsstaaten auf die Schaffung eines 'Clean Development Mechanism'. Darunter ist ein Vertragsmechanismus zu verstehen, der Entwicklungsländer auf dem Weg zu ökologisch nachhaltiger Entwicklung unterstützen soll, und dabei gleichzeitig zur Entlastung der

Industrieländer bei der Umsetzung ihrer klimapolitischen Verpflichtungen führt.[48] Herzstück dieses Mechanismus ist das ökonomische Instrument der "Gemeinsamen Vertragsumsetzung", im internationalen Jargon als "Joint Implementation" bezeichnet. Der Grundgedanke dieses Ansatzes basiert auf der Tatsache, daß es aufgrund der global wirkenden Eigenschaften von Treibhausgasen (THG) für den Klimaschutz unerheblich ist, in welchem Land THG-Emissionen reduziert werden. Da aber die Kosten für Reduktionsmaßnahmen beträchtlich zwischen den Ländern variieren, ist es ökonomisch effizient, Klimaschutzmaßnahmen in jenen Ländern durchzuführen, in denen Reduktionen zu den niedrigsten Kosten erreicht werden können. Joint Implementation bedeutet nun, daß Länder, die sich hohen Grenzvermeidungskosten gegenübersehen, Klimaschutzmaßnahmen in Ländern mit niedrigeren Grenzvermeidungskosten durchführen. Die durch diese Maßnahmen vermiedenen Emissionen werden ihnen auf ihre Reduktionsverpflichtungen angerechnet, die sie in internationalen Klimaschutzverträgen eingegangen sind. Die niedrigsten Vermeidungskosten liegen in den Entwicklungsländern vor. So können die höchsten Effizienzgewinne durch JI-Projekte zwischen Industriestaaten mit hohen Vermeidungskosten und Entwicklungsländern erreicht werden. Die Investitionen in JI-Projekte führen darüber hinaus zu sogenannten positiven Externalitäten auf Seiten der Entwicklungsländer, unter anderem in Form eines Technologie- und Ressourcentransfers von Nord nach Süd. Ein solcher Technologietransfer ist jedoch für die Industrialisierungsziele der Entwicklungsländer (EL) von großer Bedeutung, da der Import von Hochtechnologien aufgrund von Zahlungsbilanzproblemen oft nicht möglich ist. Viele Autoren vertreten die These, daß JI eine win-win-Strategie für Industrie- und Entwicklungsländer sei, die einerseits kosteneffizienten Klimaschutz ermögliche, und andererseits zur Lösung entwicklungspolitischer Probleme und damit zur Armutsbekämpfung beitrage (vgl. u. a. Michaelowa, 1997).

5.3 Ökonomische Effizienz der JI

5.3.1 Kostenwirkungen in der statischen Analyse

Auch im Bereich des Klimaschutzes sollte eine wohlfahrtsoptimierende Allokation knapper Ressourcen und eine gesamtgesellschaftliche Kostenminimierung angestrebt werden. Folglich sollten unter dem Ziel der Kostenminimierung zunächst die kostengünstigsten Maßnahmen zur Emissionsreduktion durchgeführt werden. Abbildung 3 gibt den typischen S-förmigen Verlauf der Grenzvermeidungskosten für Emissionsreduktionen wieder. Danach existiert ein THG-Minderungspotential, welches zu negativen Kosten erschlossen werden kann. So können Maßnahmen zur Energieeffizienzsteigerung, die zu CO_2-Reduktionen führen, auch aus rein betriebswirtschaftlicher Sicht rentabel sein. Diese Maßnahmen werden als 'Ohne-

---

[48] Art. 12 des Kioto-Protokolls zur UN Klimarahmenkonvention. Vgl. Anhang 9.1.3.

Reue'-Maßnahmen bezeichnet.[49] Es folgt ein großer Bereich von Vermeidungsoptionen zu niedrigen Kosten, in dem die GVK nur langsam ansteigen. Schließlich existiert ein Bereich, in dem die Reduktion einer zusätzlichen Einheit THG mit überproportional steigenden Kosten verbunden ist.

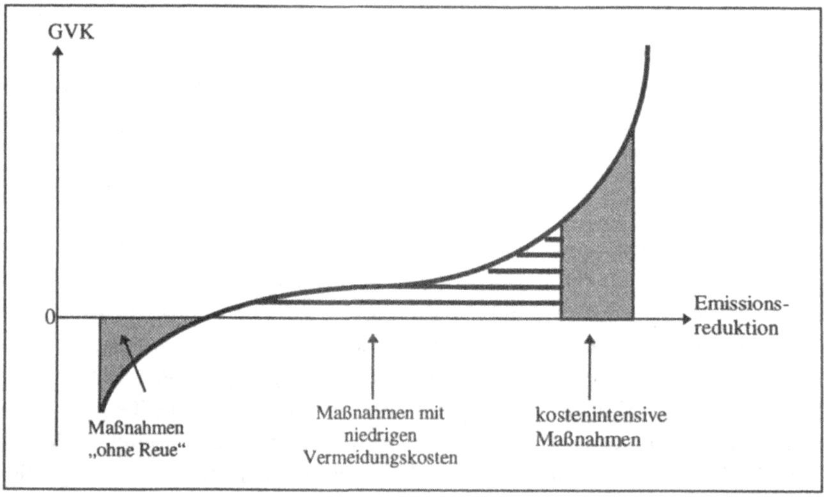

Quelle: Loske, 1996: 167

Abbildung 3: Typischer Verlauf der Grenzkosten der THG-Vermeidung

Die Grenzvermeidungskosten bei Treibhausgasen sind in den EL i.d.R. wesentlich niedriger als in Industrieländern (IL). Dies liegt hauptsächlich daran, daß in den IL Klimaschutzmöglichkeiten zu niedrigen Vermeidungskosten bereits in einem höheren Maße ausgeschöpft wurden als in den EL, wo z.B. weitaus weniger emissionsvermeidende Umwelttechnologien installiert sind. Das heißt, die EL befinden sich weiter links auf der in Abbildung 3 dargestellten GVK-Kurve.[50] In EL können da-

[49] Nach der neoklassischen Theorie existieren 'Ohne Reue'-Maßnahmen (engl.: 'no regrets') nicht, da die Unternehmen sie aus Gründen der Kostenminimierung längst durchgeführt hätten, was an den Witz über den Ökonom der Chicago-Schule erinnert, der mit seiner Enkeltochter spazieren geht und dabei einen 100 $ -Schein findet. Als die Enkeltochter sich danach bücken will, hält er sie zurück mit der Begründung: „Wenn er echt wäre, hätte ihn schon längst jemand aufgehoben." Die Existenz von 'Ohne Reue'-Maßnahmen, die nicht ergriffen werden, läßt sich empirisch nicht mehr leugnen. Das IPCC schätzt das Einsparpotential zu negativen und niedrigen Kosten auf 10-30 % des gesamten Energieverbrauchs (Loske 1996: 167).

[50] Zum anderen hängen die Kosten der Vermeidung auch vom Lohnniveau ab, welches in den EL wesentlich niedriger ist als in den IL. Aufforstungsmaßnahmen sind in den EL nicht etwa billiger, weil in den IL bereits mehr aufgeforstet wurde, sondern weil die Kosten der Bewirtschaftung aufgrund niedriger Löhne wesentlich unter dem IL-Niveau liegen.

her mit einer zusätzlichen Geldeinheit wesentlich mehr Emissionen reduziert werden als in jenen Ländern, die bereits über einen hohen umwelttechnologischen Standard verfügen. So kann mit demselben Budget, mit dem in einem Industrieland die Effizienz eines Heizkessels von 60% auf 65% gesteigert werden kann, die Effizienz eines veralteten Kessels gleicher Leistung in einem Entwicklungsland von 10% auf 25 % erhöht werden. Damit können also mit demselben Budget 10 Prozentpunkte mehr Emissionen reduziert werden. Diese Kostenunterschiede können nun nutzbar gemacht werden, indem ein Land seine aus internationalen Verträgen resultierenden Klimaschutzverpflichtungen gemeinsam mit einem Partnerstaat umsetzt. Danach investiert ein Unternehmen aus Land A, welches sich hohen Grenzkosten der Emissionsvermeidung gegenübersieht, in Klimaschutzprojekte in einem Land B mit niedrigeren GVK. Die durch die Projekte erreichte Emissionsreduktion wird dem Investor aus Land A auf seine Reduktionsverpflichtungen angerechnet (Emissionskreditierung). Dieser Ansatz macht nur dann Sinn, wenn im investierenden Land eine Emissionssteuer erhoben wird.[51] Diese Joint Implementation[52] läuft in zwei Stufen ab: Zunächst werden dem Investor aus Land A die im Land B (Gastland) verringerten Emissionen angerechnet. Im zweiten Schritt wird seine heimische Emissionssteuerschuld in Höhe der angerechneten Emissionen reduziert. Für den Investor stellt sich die Lage so dar: Er wird solange in Projekte im Ausland investieren, bis die Kosten für die ihm angerechnete Verringerung inklusive der Transaktionskosten niedriger sind als die zu zahlende heimische Emissionssteuerschuld. Abbildung 4 zeigt, wie durch JI eine kosteneffiziente Lösung erreicht werden kann. Es sei angenommen, daß im Inland eine Emissionssteuer in Höhe von t erhoben wird, während das Ausland zu keiner Emissionsreduktion verpflichtet ist und folglich keine Steuern erhebt.[53] Die GVK seien im Inland höher als im Ausland. Somit verläuft GVK_A steiler als GVK_B.

Die Einführung der Steuer führt beim inländischen Emittenten zu einer Emissionsverringerung von E_A auf E_{At}, da bis zu diesem Punkt die Kosten für Vermeidungsmaßnahmen geringer sind als die dazu korrespondierende Steuerzahlung. Besteht die Möglichkeit der gemeinsamen Umsetzung des Emissionszieles in Form von JI-Projekten, wird der inländische Emittent darüber hinaus im Ausland Emis-

---

[51] Möglich sind auch sogenannte Selbstverpflichtungsabkommen der Industrie. Für die Analyse von JI macht es keinen Unterschied, ob Emissionsreduktionen über Emissionssteuern oder über Selbstverpflichtungsabkommen erreicht werden sollen. (vgl. Rennings et al. 1997).

[52] In der Literatur werden die Begriffe 'Gemeinsamen Vertragsumsetzung', 'Kompensation' und 'Joint Implementation' synonym verwendet. Wir benutzen vor allem den englischen Terminus, um das dahinterstehende Konzept von sonstigen Kompensationsmechanismen und Vertragsumsetzungen abzugrenzen.

[53] Grundsätzlich sind auch JI-Projekte zwischen Industriestaaten möglich, die eine Reduktionsverpflichtung eingegangen sind. Solche Projekte folgen anderen Gesetzmäßigkeiten (Heister, 1997: 299) und werden hier nicht beleuchtet, da sich diese Arbeit auf Nord-Süd-JI beschränkt.

sionen in Höhe von E_B-E_{Bk} verringern, da bis zu Punkt B die GVK im Ausland niedriger sind als die heimische Steuer. Es verbleibt eine Reststeuerschuld in Höhe von $0tBE_{Bk}$.

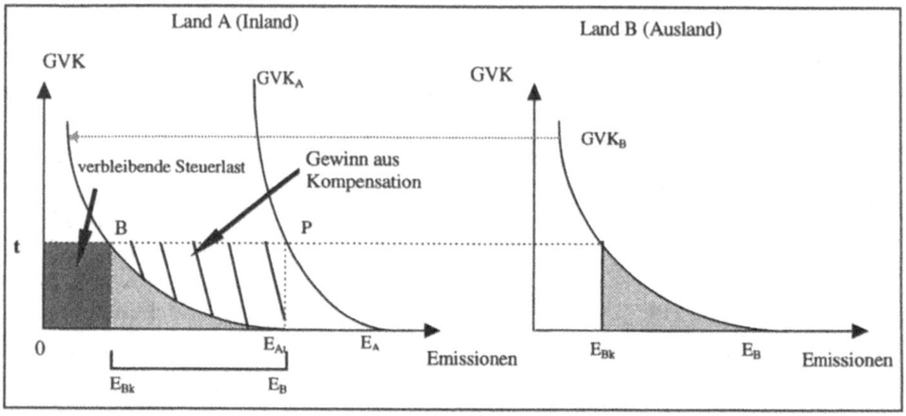

Quelle: Michaelowa, 1997

Abbildung 4: JI bei unterschiedlichen GVK-Kurven und einer Emissionssteuer im Inland

Durch die JI-Maßnahme entsteht der Gewinn von $E_{At}BP$ für den Investor, während dem Gastland kein Verlust entsteht. Es wird also eine pareto-superiore Situation erreicht (vgl. Cansier und Krumm, 1995). Ein Nord-Süd-JI-System kann auch dann aufrecht erhalten werden, wenn die EL zu einem späteren Zeitpunkt selbst Reduktionsverpflichtungen übernehmen (Abbildung 5).

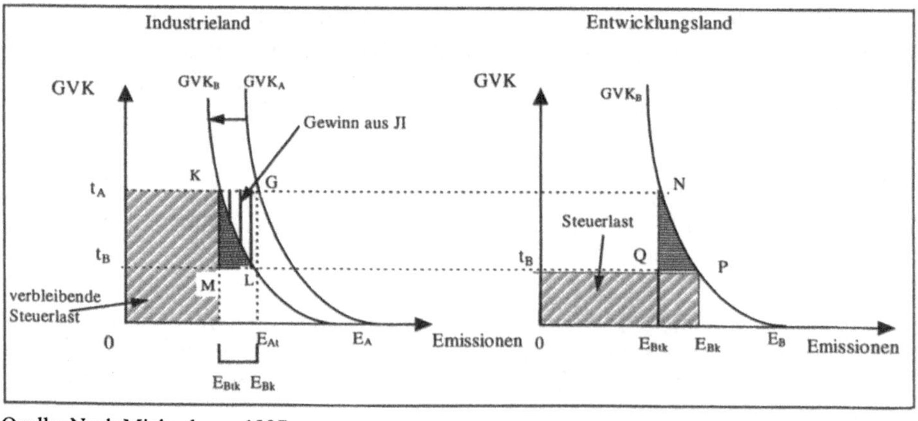

Quelle: Nach Michaelowa, 1997

Abbildung 5: JI zwischen Ländern mit Reduktionsverpflichtungen

Im Industrieland gelte der Steuersatz t_A, im Entwicklungsland der Steuersatz t_B, mit $t_A > t_B$. Emittenten im Entwicklungsland werden ihre Emissionen um E_BE_{Bk} reduzieren, während IL-Emittenten um E_AE_{At} reduzieren werden. Für einen Emittenten im IL besteht nun der Anreiz, weitere Emissionen in Höhe von $E_{Bk}E_{Btk}$ durch JI im Entwicklungsland zu reduzieren, da er hierdurch seine Steuerschuld um $GKE_{Btk}E_{Bk}$ verringert und einen Gewinn in Höhe von GKL erhält. Entscheidend ist hierbei, daß der Emittent im Entwicklungsland die durch das Industrieland reduzierten Einheiten nicht auf seine eigenen Reduktionsverpflichtungen anrechnen darf, da es sonst zu einer Doppelanrechnung in Höhe von $E_{Bk}E_{Btk}$ kommt.

5.3.2 Verteilung der Effizienzgewinne aus JI

Bisher wurden nur die globalen Effizienzgewinne durch JI betrachtet, jedoch noch nichts darüber gesagt, wie sich die Effizienzgewinne auf die beteiligten Akteure verteilen. Im bisher betrachteten Modell fallen die Gewinne beim Investor an. JI setzt jedoch Kooperation auf Seiten der EL voraus. Da die EL keinen Reduktionsverpflichtungen nachkommen müssen, besteht für sie innerhalb dieses Modells kein Anlaß zur Kooperation. Ein Anreiz ist dann gegeben, wenn das Gastland einen Anteil am Kooperationsgewinn erhält oder positive Externalitäten existieren, die dem Gastland zufallen. Es ist möglich, daß sich ein Markt für JI-Projekte herausbildet, auf dem Emissionskredite gehandelt werden.[54]

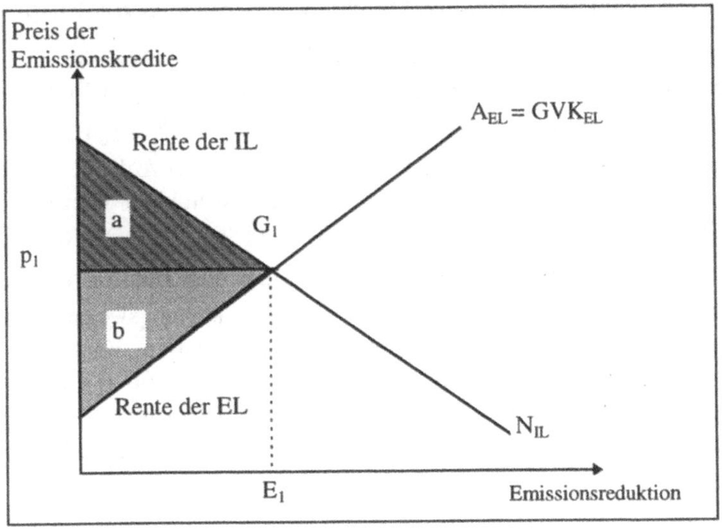

Quelle: Abgeändert nach Parikh, 1997b: 200

Abbildung 6: Verteilung der Effizienzgewinne aus Joint Implementation

---

[54] Im Gegensatz zu einem System handelbarer Emissionszertifikate werden hier keine Emissionsrechte, sondern Kredite realisierter Emissionsreduktionen gehandelt (siehe dazu Nentjes und Zhang, 1997).

In Abbildung 6 entspricht die N_{IL}-Kurve der Nachfrage der Industrieländer nach JI-Projekten. Die Nachfrage ist abhängig von den Grenzvermeidungskosten in den IL und der Höhe der Transaktionskosten, die durch ein JI-Projekt entstehen. Die Angebotskurve A_{EL} entspricht der Kurve der Grenzvermeidungskosten in den EL. Im Marktgleichgewicht G_1 werden E_1 Emissionskredite zu P_1 gehandelt. Nach PARIKH (1997b: 200) führt diese Marktlösung zu einer fairen Aufteilung der Gewinne aus JI-Projekten. Das Entwicklungsland erhält die Produzentenrente (Fläche b), die hier definiert ist als Differenz zwischen dem monetären Ertrag aus dem Verkauf der Emissionskredite und den Grenzvermeidungskosten oder Projektkosten.[55] Der Investor erhält die Konsumentenrente (Fläche a), die Differenz zwischen dem Preis der Emissionskredite und den Kosten, welche die THG-Vermeidung im eigenen Land verursachen würde (Gosh et a.l, 1994: 23). Ob es den EL gelingen wird, einen Marktpreis zu erzielen, der wesentlich über ihren eigenen GVK liegt, ist jedoch fraglich, da die Zahl der Nachfrager nach JI-Projekten (IL) wesentlich kleiner ist als die Zahl der Anbieter (EL). Solche nachfrageoligopolistischen JI-Märkte bergen die Gefahr der Preissetzung durch die IL. Die Errichtung eines Angebotskartells ist aufgrund der großen Zahl und der Heterogenität der EL jedoch sehr unwahrscheinlich.[56] Wenn aber kein Preis oberhalb der Projektkosten erzielbar ist, verbleiben den EL als Anreiz, sich an JI-Projekten zu beteiligen, nur die Existenz sogenannter positiver Externalitäten.

5.3.3 Joint Implementation bei Projekten mit diskreten Kostensprüngen

EVU A im Geberland sei aufgrund einer Auflage nur eine Emission in Höhe von E_0 erlaubt. Die Gesamtkosten belaufen sich bei einer alleinigen Reduktion durch EVU A auf K_A^2, da die geforderte Emissionsmenge von (E_A^{max} - E_0) auf zwei Stufen vermieden werden muß. Im gegebenen Beispiel kann EVU A die Emissionsreduktion dagegen kostengünstiger bei Energieversorger B erreichen. Hier fallen auf der ersten Reduktionsstufe nur Kosten in Höhe von K_B^1 an, die erste Reduktion wird also hier erfolgen. Da die gesamte geforderte Emissionsreduktion von (E_A^{max} - E_0) noch nicht erreicht ist, muß sie an anderer Stelle, beziehungsweise mit weitergehenden technischen Maßnahmenbündeln, vermieden werden. Es gilt abzuwägen, ob der zusätzliche Kostensprung X in EVU B im Gastland für EVU A im Geberland mehr oder weniger Kosten verursacht als eine Emissionsreduktion im eigenen Kraftwerkpark. Ist der Kostensprung X kleiner als K_A^1, wie in Abbildung 7 darge-

[55] Projektkosten seien hier die *inkrementellen Kosten* eines Klimaschutzprojektes. Hätte z.B. ein EL ein weniger effizientes Kraftwerk zum Preis x gebaut und ein umweltfreundlicheres Kraftwerk kostet x+y, so belaufen sich die inkrementellen Kosten auf y.

[56] Ebd.: 21. Nach der Theorie des kollektiven Handels wird es einer großen, heterogenen Gruppe nicht gelingen, sich zu einem Kartell zu organisieren, es sei denn, sie verfügt über selektive Anreize (vgl. Olson, 1968). Die Erfahrung der EL auf den Rohstoffmärkten läßt vermuten, daß solch selektiven Anreize fehlen, da es EL-Gruppen wie der G77 nie gelungen ist, ein Preiskartell zu bilden.

stellt, erfolgt auch die zusätzliche Emissionsvermeidung im Kraftwerkpark von Energieversorger B beispielsweise in China oder Indien. Im umgekehrten, nicht dargestellten Fall erfolgt sie im Kraftwerkpark von EVU A beispielsweise in Deutschland.

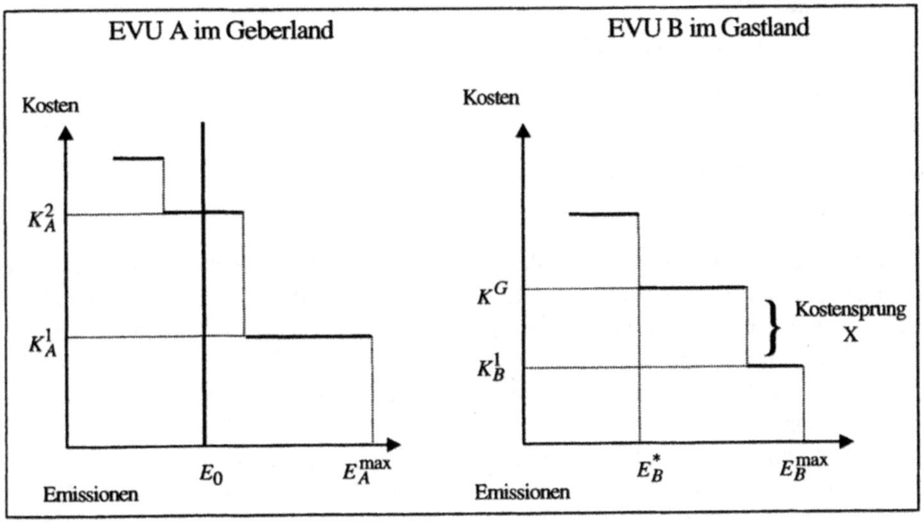

Quelle: Rentz, 1995: 188

Abbildung 7: Joint Implementation bei diskreten Kostensprüngen

Die Gesamtreduktion in Höhe von (E_A^{max} - E_0) wird nur zufällig erreicht, wenn E_0 genau mit einem Kostensprung zusammenfällt. In der Mehrzahl der Fälle wird das insgesamt zulässige Emissionsniveau von E_B^{max} plus E_0 unterschritten und damit das exogen festgelegte ökologische Ziel übererfüllt. Durch die Übererfüllung des Standards E_0 wird ein positiver Beitrag zur Erreichung der tatsächlichen ökologischen Erfordernisse geleistet. In Abbildung 7 wird diese Übererfüllung deutlich durch die Differenz der Strecken (E_B^{max} - E_B^*) und (E_A^{max} - E_0). Können die Emissionsrechte gehandelt werden, besteht für das EVU A die Möglichkeit, die überschüssigen Rechte an andere Unternehmen in Deutschland, die ihr Reduktionsziel nicht erfüllen können, zu verkaufen. Bezüglich der durchschnittlichen Vermeidungskosten kann in diesem Fall allein gesagt werden, daß sie sich zwar tendenziell angleichen, aber nur zufällig ausgleichen werden.[57]

[57] Im Fall diskreter Kostensprünge ist mit durchschnittlichen Vermeidungskosten zu argumentieren, da die Grenzvermeidungskosten, sofern die betrachtete marginale Einheit nicht gerade auf einem Kostensprung liegt, immer gleich Null ist (Rentz, 1995: 187f.).

5.3.4 Positive Externalitäten durch JI

JI-Projekte können neben Klimaschutzeffekten positive Externalitäten für das Gastland mit sich bringen.

- Technologietransfer
- Kapitaltransfer
- Bildung von Humankapital
- Devisenersparnis
- Schaffung von Arbeitsplätzen
- Reduzierung lokaler Schadstoffe
- Innovationseffekte.

Die Beschaffung von Hochtechnologie ist eine der wichtigsten Aufgaben bei der wirtschaftlichen Entwicklung der EL, die jedoch oftmals an akutem Devisenmangel scheitert. JI-Maßnahmen führen zu einem 'kostenlosen' Nord-Süd-Transfer von Hochtechnologien und technischem Know-how. Neben diesen Realtransfers kann sich ein Investor auch auf die Finanzierung eines Projektes in Form eines Kapitaltransfers beschränken. Dies ist vor allem dann sinnvoll, wenn die notwendige Technologie in den EL produziert werden kann. In EL werden viele ökologische Projekte, die langfristig auch betriebswirtschaftlich rentabel ('ohne Reue') wären und mit einheimischer Technologie durchgeführt werden könnten, aufgrund kurzfristiger Finanzierungsengpässe nicht umgesetzt. Stehen keine ausreichenden 'soft loans' von Seiten multilateraler Organisationen wie der Weltbank für solche Projekte zur Verfügung, können JI-Projekte eine Lösung für derartige Finanzierungsengpässe sein. Der Transfer von Technologie, Know-how und Kapital kann in den EL zur Schaffung von Arbeitsplätzen und damit zur Milderung der Armut führen. Schließlich verbessert sich durch JI-Projekte auch die lokale Umweltsituation in den EL. Bei zahlreichen Klimaschutzoptionen werden neben den Treibhausgasen auch lokal wirkende Schadstoffe wie Kohlenmonoxid, Schwefeldioxid oder Staub reduziert, die gerade in den ärmsten Bevölkerungsschichten der EL zu enormen Gesundheitsschäden führen. Im Idealfall stellt JI also ein Instrument dar, das gleichzeitig umweltpolitische und entwicklungspolitische Zielsetzungen erfüllt und die Chance bietet, „die Entwicklungsländer von vornherein auf einen klimaverträglicheren Entwicklungspfad zu bringen" (Michaelowa, 1997: 53). Welche positiven Externalitäten sich bei den diversen JI-Projektarten im einzelnen ergeben, wird vor allem anhand des Fallbeispiels Indien in dieser Studie untersucht.[58]

[58] Wenn JI-Projekte von privatwirtschaftlichen Akteuren ohne Prüfung der Regierungen durchgeführt werden, besteht die Gefahr, daß JI zu einer Wohlfahrtsverschlechterung im Land des Investors führt, da es zu einer Übertragung positiver Externalitäten von den IL in die EL (*rent-shifting*) kommt. Zwar können z.B. Aufforstungsmaßnahmen billiger in EL durchgeführt werden, allerdings fallen die Dienste, die ein Wald außer der CO_2-Reduktion liefert, nicht mehr im IL an. Nun kann es sein, daß der Wert dieser Externali-

Durch die Existenz positiver Externalitäten ändert sich die in Abbildung 6 dargestellte Situation. Es sei angenommen, es existiere ein vollkommener Wettbewerbsmarkt für Emissionskredite aus JI-Projekten. Dann werden die EL als Anbieter von JI-Projekten sich gegenseitig so lange unterbieten, bis die Grenzkosten dem Preis entsprechen. In der Kostenkalkulation der Anbieter werden die Externalitäten berücksichtigt, wobei positive Externalitäten aus Sicht des Projektanbieters im Entwicklungsland die Kosten der Emissionsvermeidung mindern. Treten Regierungen als Anbieter von JI-Projekten auf, so werden auch die gesamtgesellschaftlichen Externalitäten in den Preis internalisiert.[59] Die Angebotskurve A_{EL} in Abbildung 8 liegt daher unterhalb der GVK_{EL}-Kurve welche die Projektkosten angibt.

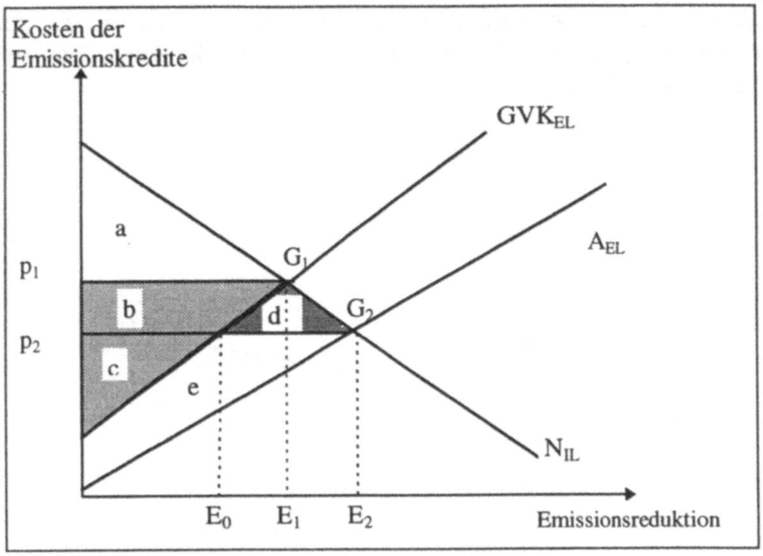

Abbildung 8: JI als Marktmechanismus bei positiven Externalitäten

Das Marktgleichgewicht liegt nun nicht mehr bei G_1 wie in Abbildung 6, sondern

täten für die Gesellschaft dieses Landes höher ist als die Kostenersparnis, die ein JI-Investor erzielt, wenn er dasselbe Projekt im Ausland zu niedrigeren Kosten realisiert.

59 In China und Indien ist diese Annahme plausibel, da ein Großteil der Kraftwerke, Industrieanlagen und Waldflächen, die für JI-Projekte in Frage kommen, in staatlicher Hand sind. Der indische Staat als 'Gesamtunternehmen' kann somit Externalitäten internalisieren. Wenn private Unternehmen den Preis für Emissionskredite aushandeln, so ist es wahrscheinlich, daß der Preis nicht wesentlich unter den inkrementellen Kosten liegt. Aber auch bei privaten Anbietern von JI-Projekten ist eine Internalisierung der Kosten möglich, wenn der Staat das Unternehmen in Höhe der durch das JI-Projekt entstehenden positiven Externalitäten kompensiert.

bei G_2. Der Preis der Projekte sinkt und die Menge der im Entwicklungsland vermiedenen Emissionen steigt. Hierdurch erhöht sich die Rente des Investors von a auf a+b+d. Bei Internalisierung der positiven Externalitäten durch das JI-Gastland werden diese also teilweise von den IL über den niedrigeren Preis abgeschöpft. Wie sich die Wohlfahrt des Entwicklungslandes durch die Internalisierung der Externalitäten ändert, ist uneindeutig, denn es verliert die Fläche b und gewinnt die Fläche e. In G_2 bietet das Gastland JI-Projekte zu einem Preis an, der teilweise unterhalb der Projektkosten liegt. Die These PARIKHs (1997b: 200), daß der sich auf einem JI-Markt ergebende Preis über den Projektkosten liegt und der Markt zu einer höheren Rente für die EL führt, ist daher nicht allgemein gültig, sondern hängt davon ab, wer der Anbieter von JI-Projekten ist und ob dieser die Möglichkeit hat, gesamtgesellschaftliche Externalitäten in den Preis zu internalisieren. Es ist möglich, daß Entwicklungsländer wie Indien besser gestellt werden, durch ein internationales JI-Regime in dem eine internationale Behörde die inkrementellen Kosten von JI-Projekten vollständig übernimmt und die Emissionskredite mit Nachfragern aus IL handelt.

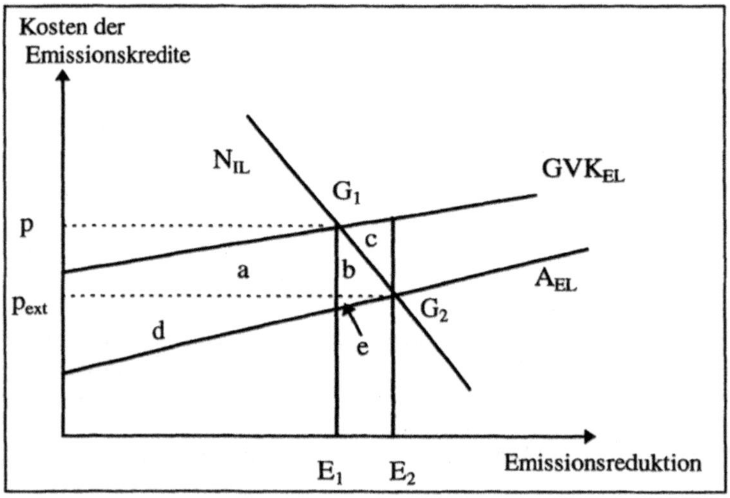

Abbildung 9: Wohlfahrtsverlust durch eine Marktlösung

Dies ist in Abbildung 9 dargestellt, wobei unterschieden wird zwischen der *Projektrente,* die sich als Differenz zwischen Marktpreis und Projektkosten ergibt, und der *Externalitätenrente* aus der Aneignung der positiven Externalitäten. Projektanbieter sei der Staat. Eine Marktlösung führt dann zu einer negativen Produzentenrente für das JI-Gastland in Höhe von -(a+b+c), da ein Preis unterhalb der Projektkosten erzielt wird. Gleichzeitig erzielt das Land jedoch eine Externalitätenrente in Höhe von a+b+c+d+e, so daß für den Staat eine Gesamtrente von d+e entsteht. Wenn zwischen Anbieter und Nachfrager eine Behörde geschaltet wird, die die Projektkosten trägt, erzielt das Gastland keine Projektrente; jedoch entsteht eine Externalitätenrente von a+d. Es kann nun wie in der Abbildung der Fall a > e eintreten, so daß durch eine Marktlösung das Entwicklungsland schlechter gestellt wird als durch die Entlohnung gemäß der inkrementellen Projektkosten durch eine internationale Behörde.

5.4 Ökologische Effektivität der JI

Ein umweltökonomisches Instrument muß sich daran messen lassen, wie genau umweltpolitische Ziele erreicht werden. Grundsätzlich kann durch JI ein Emissionsziel zielgenau erreicht werden. Wenn die GVK-Kurven der Länder bekannt sind, läßt sich der Steuersatz berechnen, der bei einer möglichen JI-Lösung zur Realisierung eines vorgegebenen Emissionsziels führt. In Abbildung 10 führt die Aggregation der GVK-Kurven von Industrie- und Entwicklungsländern zur globalen Grenzkostenkurve GVK_{IL+EL}. Durch den politischen Prozeß wird ein globales Reduktionsziel in Höhe von E_SE_Z vorgegeben. In den IL wird demzufolge ein Steuersatz in Höhe von t erhoben. Die IL werden nun $E_{At}E_A$ in den eigenen Ländern reduzieren und $E_{Bt}E_B$ durch Kompensationsprojekte in den EL, so daß das Emissionsziel exakt erreicht wird. Dies gilt jedoch nur unter der Annahme vollständiger Information. Bei der realen Durchführung eines JI-Projektes besteht die Gefahr, daß das Emissionsziel verfehlt wird, da Anreize und Möglichkeiten zum Betrug bestehen. So haben beide Seiten der an einem JI-Projekt beteiligten Partner Anreiz, höhere Reduktionsleistungen anzugeben, als tatsächlich erreicht wurden. Um dies zu verhindern, müssen alle Projekte einer Verifikation[60] durch eine unabhängige Behörde unterzogen werden. Dabei ist die exakte Verifikation weniger eine Frage der technischen Messung, als vielmehr ein Problem asymmetrischer Informationsverteilung zwischen den Projektpartnern und der verifizierenden Behörde. Für die Berechnung einer erbrachten Vermeidungsleistung wird eine fiktive Referenzsituation (Baseline) herangezogen. Um z.B. zu berechnen, wieviel Emissionen durch den Neubau eines effizienteren Kraftwerks vermieden werden, muß nicht nur bekannt sein, wieviel Emissionen das alte Kraftwerk emittiert, sondern auch wie lange und zu welcher Kapazitätsauslastung das alte Kraftwerk noch hätte betrieben werden sollen. Die Projektpartner haben nun einen Anreiz längere Laufzeiten anzugeben als tatsächlich geplant waren, um die Baseline zu ihren Gunsten zu manipulieren (Kotsch, 1997: 63; Zhang, 1997: 288). Noch schwieriger ist die Baselinebestimmung, wenn kein altes Kraftwerk ersetzt werden soll, sondern durch ein zusätzliches Kraftwerk eine Kapazitätserweiterung angestrebt wird. In diesem Fall weiß nur der Investor, welcher Kraftwerkstyp geplant war. Jedoch ist auch ohne Betrugsabsichten eine ex ante Bestimmung der Baseline oft sehr schwierig, da sie meist auf Prognosen über die zukünftige Entwicklung einer Branche oder eines Unternehmens basiert und damit von schwer zu prognostizierenden Variablen wie Änderungen der Konsumpräferenzen und technischer Neuheit abhängt.

[60] Unter Verifikation ist die korrekte Erfassung der tatsächlich reduzierten Emissionen und deren Zuordnung auf einen Investor zu verstehen.

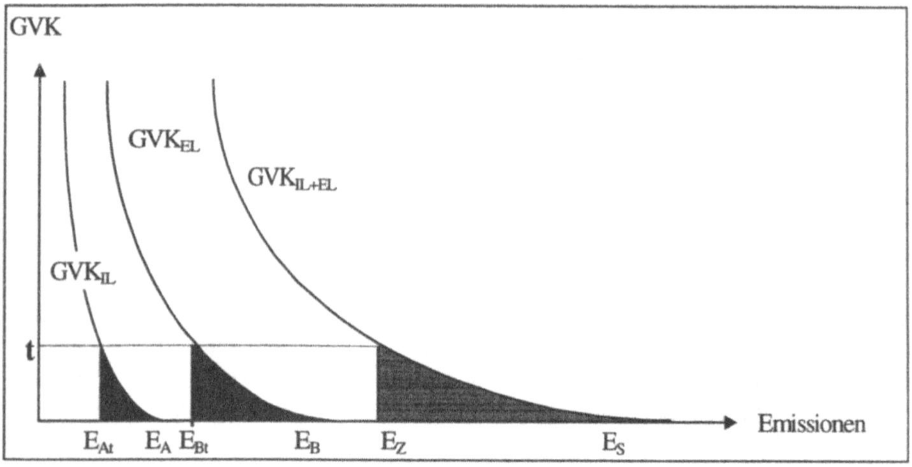

Abbildung 10: Herleitung des Emissionssteuersatzes für vermeidungspflichtige Staaten

Ein weiterer Schwachpunkt des JI-Konzeptes, der aus dem Informationsvorsprung der Projektpartner resultiert, ist das Problem der 'Zusätzlichkeit' von Projekten, welches insbesondere bei 'Ohne Reue'- Maßnahmen auftritt. Als JI-Projekte dürfen nur jene Projekte deklariert werden, die ohne JI auf keinen Fall realisiert worden wären. Werden umweltfreundliche Projekte als JI-Projekte anerkannt, die auch ohne dieses Instrumentarium von Seiten der EL verwirklicht worden wären, hat JI kontraproduktive Wirkungen: Empfängerstaaten lassen dann in ihren eigenen Leistungen nach und lassen sich den Umweltschutz ausschließlich vom Ausland finanzieren. Firmen, die ein Geschäft mit EL allein aus Rentabilitätsüberlegungen angestrengt hätten, werden dieses zusätzlich als JI-Projekt deklarieren lassen. Da hier zu additiven Kosten[61] von Null reduziert wird, kommt es zu einer Doppelanrechnung von Emissionsreduktionen. Ein Unternehmer kann vorgeben, an einer Energieeffizienzsteigerung seiner Produktion nicht interessiert zu sein, in der Hoffnung, die neue Technologie über den JI-Mechanismus finanziert zu bekommen. Angenommen, bestimmte Energieeinsparungsprojekte seien für das Entwicklungsland rentabel und Investitionen in solche Projekte seien geplant. Für das Entwicklungsland ist es nun rational zu behaupten, daß solche Investitionen nicht vorgesehen sind, um daraufhin das Projekt über den JI-Mechanismus finanziert zu bekommen. In solchen Fällen hat JI negative Auswirkungen auf den Klimaschutz, denn obwohl das Gastland die Maßnahme ohnehin durchgeführt hätte, bekommt der Investor nun die Vermeidungsleistung kreditiert.[62] Das Kriterium der Zusätz-

[61] Das Konzept der additiven Kosten meint in diesem Fall die über die Kostendeckung hinausgehenden Kosten. Wenn das Projekt, welches für den Klimaschutz förderlich wäre, Kosten mit sich bringt, die es betriebswirtschaftlich unrentabel machen, sind die additiven Kosten jene Kostendifferenz, ab welcher das Projekt rentabel wäre.

[62] Eine ausführlichere Diskussion zur Bestimmung der Baseline und Problemen der Additionalität führen Rentz, 1997; Gosh et al., 1994; Luhmann, 1995. Eine Analyse des Base-

lichkeit ist jedoch wenig operational, da der aus einem Projekt entstehende Nutzen die private Information des Empfängers ist und „dem Mitnahmeeffekt Tür und Tor geöffnet" sind (Heister, 1997: 301). Es ist daher sinnvoll, nur solche Maßnahmen als JI-Projekte zuzulassen, die für das Gastland betriebswirtschaftlich nicht rentabel sind. Aus Gründen der ökologischen Effektivität sollten 'Ohne Reue'-Maßnahmen von den EL selbst durchgeführt werden. Marktbarrieren wie mangelnde Liquidität könnten in diesem Bereich durch die GEF über die Bereitstellung zinsgünstiger Kredite beseitigt werden.[63]

Schließlich besteht das Problem, daß den Vermeidungsleistungen eines JI-Projektes an anderer Stelle Emissionssteigerungen gegenüberstehen können, die durch das Projekt verursacht werden und nicht gemessen werden. So können durch einen Energieträgerwechsel von Kohle auf Öl Emissionen bei der Stromerzeugung reduziert werden, da Öl weniger CO_2-intensiv ist. Gleichzeitig kann es jedoch in der Vorleistungskette zu einem CO_2-Anstieg kommen, z.B. im Transportsektor, wenn Öl über weitere Strecken transportiert werden muß als Kohle. Die Emissionsänderungen in der gesamten Vorleistungskette können aber nur sehr schwer in der Verifizierung eines JI-Projektes berücksichtigt werden, so daß es zu einer Verfehlung des Reduktionsziels kommen kann. Faßt man die theoretischen Ergebnisse zusammen, läßt sich konstatieren, daß JI zwar eine win-win-Strategie ist, daß die Verteilung der Gewinne jedoch von der Ausgestaltung des Systems und der Marktmacht der Akteure abhängt, und aufgrund unvollkommener und asymmetrischer Information die Gefahr sehr groß ist, das Emissionsziel zu verfehlen.

5.5 Organisationsformen der JI

Grundsätzlich lassen sich multilaterale und bilaterale Organisationsformen unterscheiden (vgl. Michaelowa, 1997):

5.5.1 Multilaterale Organisationsform

Bei der Fond-Lösung zahlen Annex-1-Staaten[64] gemäß ihren Verpflichtungen in einen internationalen JI-Fond ein (z.B. Mittel aus dem Erlös von nationalen CO_2-Steuern). Staaten mit niedrigen GVK bieten nun JI-Projekte an, und es entsteht ein Wettbewerb um die Fondmittel. Mit den Fond-Mitteln werden die effizientesten JI-Projekte durchgeführt, und jeder der einzahlenden Staaten bekommt eine Re-

---

line-Problems unter Einbeziehung asymmetrischer Informationsverteilung und strategischem Verhalten findet sich bei Hagem, 1996 und Greiner, 1997.

[63] Allerdings können JI-Projekte im Bereich der 'Ohne Reue'-Optionen sinnvollerweise als Demonstrationsprojekte dienen. Oft halten sich Unternehmen auch bei rentablen Investitionsmöglichkeiten in den Umweltschutz aufgrund mangelnder Erfahrung und Skepsis zurück. Ein Demonstrationsprojekt kann zur Überwindung solcher Skepsis führen.

[64] In Annex 1 der Klimarahmenkonvention sind jene Länder aufgeführt, die sich auf THG-Reduktionen verpflichtet haben. Als Nicht-Annex Staaten werden die übrigen Länder bezeichnet. Dabei handelt es sich um EL, Schwellenländer und ehemalige Ostblockstaaten.

duktionsgutschrift gemäß seines Fondanteils. Für die Durchführung der Projekte und die Anrechnung der Emissionen ist eine internationale, unabhängige Clearing-Stelle notwendig. Diese wäre zuständig für Sammlung und Distribution von Informationen über mögliche Projekte und interessierte Investoren (Projektbörse). Unter Beteiligung aller Vertragsstaaten würde sie Kriterien für die Durchführung von Projekten und die Anrechnung der Emissionen aufstellen. Die Verifikation kann entweder direkt durch die Clearing-Stelle oder durch private Prüfungsunternehmen erfolgen. Der Vorteil gegenüber einer bilateralen Lösung liegt in der politischen Unabhängigkeit der Clearing-Stelle. Bei zwischenstaatlichen Lösungen spielt das politische und wirtschaftliche Verhältnis der Staaten für die Projektfindung eine wesentliche Rolle, während bei einer multilateralen Organisationsform die Entscheidung darüber, welche JI-Angebote den Zuschlag bekommen, allein von der Kosteneffizienz der Projekte abhängt. Darüberhinaus kann durch eine Fond-Lösung der Gefahr begegnet werden, daß die positiven Externalitäten von den IL-Investoren abgeschöpft werden. Neben der Gefahr eines ausufernden bürokratischen Apparates ist der Nachteil einer multilateralen Lösung vor allem darin zu sehen, daß private Investoren Projekte nicht mehr gemäß ihren Präferenzen aussuchen können. Die Identifikation der Unternehmen mit den Projekten ist bei bilateralen Projekten wesentlich größer.

5.5.2 Bilaterale Organisationsformen

JI-Projekte sind nicht nur zwischen Staatsregierungen sondern auch zwischen Unternehmen, Nichtregierungsorganisationen (NRO oder englisch: NGO) und Kommunen denkbar. Bei allen Konstellationen ist zu klären, wie die Verifikation geregelt wird.

JI-Abkommen zwischen Regierungen

Bei zwischenstaatlichen Verträgen beschließen die Regierungen Art und Umfang von JI-Projekten. Die Projekte können entweder durch öffentliche Träger oder durch private Unternehmen und NRO durchgeführt werden. Die Regierungen handeln einen Rahmenvertrag aus, in dem geregelt ist, wem welcher Anteil am Projekt zukommt und wer für die Verifikation zuständig ist. In diesem Vertrag muß spezifiziert werden, unter welchen Bedingungen Emissionsreduktionen anrechenbar sind. Auch können Kriterien festgelegt werden, die das Projekt erfüllen muß. Im Gegensatz zu multilateralen Organisationsformen gibt es im bilateralen Bereich bereits einige Erfahrungen mit der Ausgestaltung von JI-Projekten. Zwischenstaatliche JI-Projekte gibt es bereits in zahlreichen Ländern.

JI zwischen Kommunen und mit NRO-Beteiligung

Unter dem Dach bilateraler Rahmenverträge sind auch JI-Projekte zwischen Kommunen denkbar. Die Kommunen sind oft Eigentümer von Energieversorgungsunternehmen und öffentlichen Gebäuden mit großen Energieeinsparungspotentialen. JI zwischen Kommunen basiert auf den freiwilligen Selbstverpflichtungsabkommen von westlichen Städten (Michaelowa, 1997: 119f.).

NROs haben zunächst keinen Anreiz, sich an JI zu beteiligen, da sie in der Regel keine THG-Emittenten sind und somit auch keine Steuerlast zu tragen haben. Ein Anreiz könnte jedoch geschaffen werden, indem NROs in Höhe ihrer Reduktionsleistung eine Vergütung erhalten, also eine Subvention statt einer Steuerermäßigung. Diese Subventionslösung belastet allerdings die nationalen Haushalte.

JI zwischen Unternehmen

Unternehmen haben, wie oben gezeigt, bei Existenz einer nationalen THG-Steuer ein großes Interesse an JI-Projekten. Die Unternehmen haben nun mehrere Möglichkeiten, JI-Projekte zu organisieren: Kapitalbeteiligungen, Übernahme der Zusatzkosten, Bereitstellung von Dienstleistungen, Bereitstellung von 'soft loans' oder Joint Ventures. Direkte Joint Ventures zwischen Unternehmen haben den Vorteil einer schlankeren Bürokratie und damit einer Minimierung der Transaktionskosten. Allerdings muß auch hier für die Projektverifizierung eine unabhängige Instanz eingeschaltet werden. Im Vertrag zwischen den Unternehmen müssen Projektziel, Projektphasen, Finanzierungsmodalitäten, Regelungen bei Abweichungen vom Projektverlauf, Haftungsregelungen und Sanktionsmechanismen exakt festgelegt werden. Um die Transaktionskosten zu senken, müssen Standardverträge entworfen werden. Der Anteil der Transaktionskosten sinkt mit der Größe des Projekts. Es ist daher zu befürchten, daß die Begünstigung großer Projekte und Projektpartner zu einer Monopolstellung großer Unternehmen und damit zu einer Wettbewerbsverzerrung führt. Die nationalen Regierungen müßten dafür sorgen, daß Projektverbünde entstehen, bei denen mehrere kleine Unternehmen in ein Großprojekt investieren und Emissionsreduktionen gemäß ihrer Anteile angerechnet bekommen.[65] Dies kommt zwar einer Fondlösung sehr nahe, jedoch haben die Unternehmen die Möglichkeit selbst zu entscheiden, in welches JI-Projekt sie investieren möchten.

HERMANN OTT (1997: 93) schlägt ein Mischsystem zwischen multi-und bilateraler Organisationsform vor; ein 'twin-cycle system' mit zwei Verantwortungsebenen. Danach handeln die Projektpartner den Preis für ein JI-Projekt aus. Erst wenn der Projektvorschlag zur Prüfung vorgelegt wird, tritt eine unabhängige internationale Behörde in Erscheinung, die entscheidet, ob ein JI-Projekt die Kriterien für die Anrechenbarkeit von THG-Reduktionen erfüllt (Abbildung 11).

Für die Verifikation sind die nationalen Agenturen zuständig. Dadurch wird die Belastung für die internationalen Behörden reduziert und lange bürokratische Wege werden verhindert. In den meisten Ländern existieren bereits Agenturen, welche über die institutionellen Voraussetzungen für ein effizientes Monitoring verfügen und deren Erfahrung auch für die Verifizierung von JI-Projekten genutzt werden sollten.

---

[65] Der Regierung würde also die Aufgabe der Losgrößentransformation zukommen. Dadurch wird das Risiko für den einzelnen Investor reduziert.

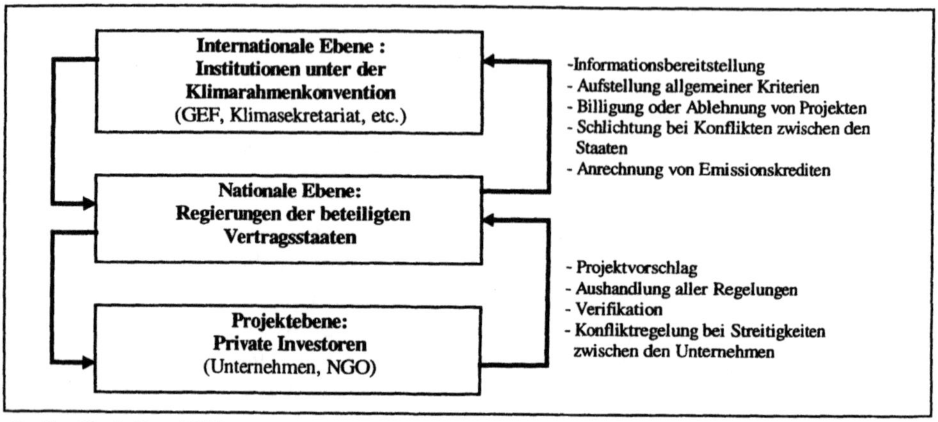

Quelle: Nach Ott, 1997

Abbildung 11: 'Twin-cycle' System für ein JI-Regime

6 JI im chinesischen Kraftwerkssektor

Im Fallbeispiel China wird der Schwerpunkt auf JI-Projekte im Kraftwerkssektor gelegt. Im Abschnitt 6.2 wird daher ein ausführlicher Exkurs über den neuesten Stand der Kraftwerkstechnik und über zukünftige Entwicklungsperspektiven gemacht, der auch für das Fallbeispiel Indien Gültigkeit besitzt.

6.1 Technische Optionen der CO_2-Reduktion

Den größten Anteil am anthropogenen Treibhauseffekt hat die energetische Nutzung der fossilen Energieträger. Maßnahmen zur Senkung des Kohlendioxidgehaltes der Atmosphäre können auf der Emissionsseite ansetzen, sie können aber auch darauf abzielen, bereits in der Atmosphäre enthaltenes CO_2 in Senken zu absorbieren. Beide Ansatzpunkte sind als gleichwertig zu betrachten, weil es letztendlich allein auf den CO_2-Gehalt in der Lufthülle ankommt.

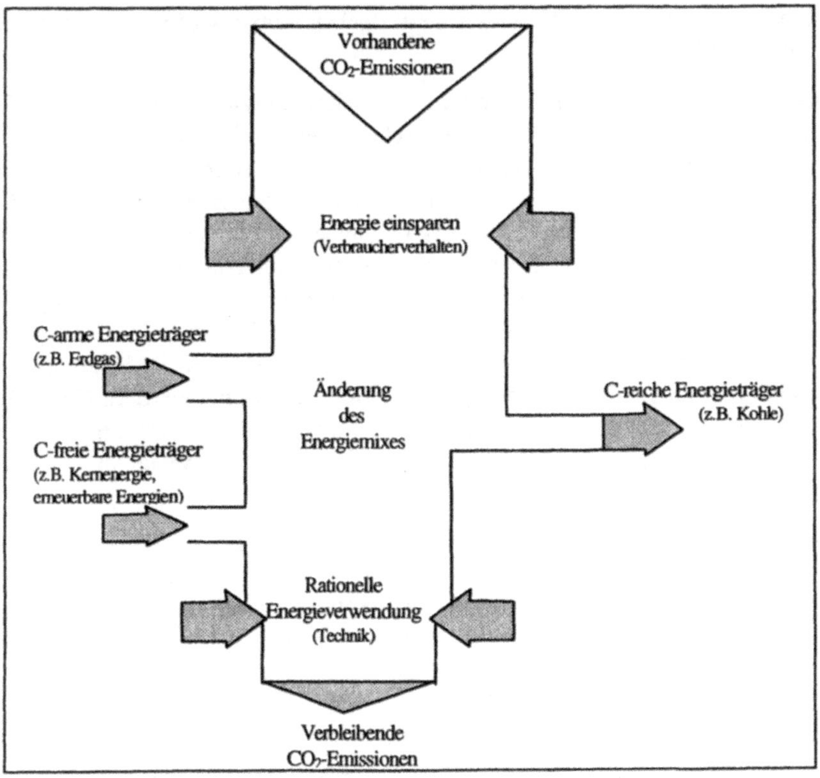

Quelle: Borsch, 1992: 134.

Abbildung 12: Grundsätzliche Möglichkeiten zur Verringerung der CO_2-Emissionen aus der Nutzung fossiler Energieträger

Die Reduktion von Kohlendioxidemissionen aus der Verbrennung fossiler Energieträger kann über drei Handlungsansätze erreicht werden (Abbildung 12): Energie einsparen, Änderung des Energieträgermixes und Steigerung der Energieeffizienz (Borsch, 1992: 131ff.; Heister, 1991: 23; Loew, 1990: 31). Neben diesen Möglichkeiten werden derzeit auch technische CO_2-Rückhalte- und Entsorgungsmaßnahmen entwickelt und auf ihre Anwendbarkeit geprüft (Kopfmüller, 1993: 68ff.).

Möglichkeiten zur Energieeinsparung und auch Maßnahmen zur Steigerung der Energieeffizienz können grundsätzlich die Energieangebotsseite als auch die Energienachfrageseite betreffen. Nachfrageseitige Effizienzmaßnahmen zielen darauf ab, die Endenergienachfrage von Haushalten, Gewerbe, und Industrie durch Bereitstellung effizienter Endenergienutzungsanlagen zu verringern und damit einen geringen Primärenergieeinsatz zu bewirken. Nachfrageseitige Energiesparmaßnahmen versuchen, die Nachfrage nach Energiedienstleistungen durch Einflußnahme auf die Verbraucherpräferenzen zu vermindern (Förstner, 1993: 150ff.; Lerch, 1995: 174f.). Allerdings müssen für Joint Implementation nachfrageseitige Maßnahmen aus folgenden Gründen weitestgehend ausgeschlossen werden (Heister, 1994: 12ff.):

Erstens sind die durch nachfrageseitige Maßnahmen erzielten Reduktionen kaum verifizierbar, beziehungsweise wäre ein sehr hoher administrativer Evaluierungsaufwand dazu erforderlich. So kann beispielsweise nur sehr schwer nachgewiesen werden, wieviel Emissionen durch die Finanzierung von Maßnahmen zur Wärmedämmung vermieden werden. Zweitens bedingen nicht-kostendeckende Energiepreise und Angebotsengpässe in vielen Entwicklungsländern, daß sich die Nachfrage nach Energie und Energiegeräten noch nicht an den realen Knappheiten ausrichten konnte. Drittens können nachfrageseitige Maßnahmen zur Verbesserung der Energieeffizienz und zur Nutzung von Einsparpotentialen in Haushalten weitestgehend ohne die Hilfe von Industrieländern durchgeführt werden. Diese Arbeit konzentriert sich aus den genannten Gründen auf die angebotsseitigen Maßnahmen, d.h. auf den Bereich der Energieerzeugung durch Kraftwerke, auch wenn das Einsparpotential auf der Nachfrageseite vermutlich viel größer ist.

Möglichkeiten zur CO_2-Minderung auf der Angebotsseite bestehen zum einen in der Steigerung der Energieeffizienz und in der Minimierung der erheblichen Umwandlungsverluste (zum Beispiel durch Kraft-Wärme-Kopplung), zum anderen in der Verringerung der Emissionen durch Substitution der CO_2-reichen Energieträger.

6.1.1 CO_2-Minderung durch Substitution von Energieträgern

Neben der schon erwähnten Substitution von CO_2-reichen durch CO_2-arme Energieträger kann auch der vermehrte Einsatz von nichtfossilen Energieträgern einen Beitrag zur Emissionsreduktion leisten.

6.1.1.1 Substitution durch CO_2-freie Energieträger

Zur Minderung der Kohlendioxidemissionen besteht die Möglichkeit der Substitution fossiler Brennstoffe durch Primärenergien, bei denen die Energiefreisetzung nicht mit CO_2-Emissionen verbunden ist. Als wichtigste CO_2-freie Energiequellen lassen sich neben der Kernenergie die Sonnen-, Wind-, Wasser- und Gezeitenenergie sowie die Erdwärme nennen. Weiterhin kann die Energieerzeugung aus Biomasse[66] als weitgehend CO_2-neutral bezeichnet werden (Loew, 1990: 30; Lerch, 1995: 174ff.; Heister, 1991: 24f.).

Von den genannten Energiequellen steht zur Zeit vor allem die Atomenergie in größerem Umfang zur Verfügung. Ob die mit dem Einsatz von Kernkraftwerken verbundenen zusätzlichen Gefahren und Kosten im Rahmen der Notwendigkeit von CO_2-Reduzierungen hingenommen werden, ist jedoch fraglich. Der Anteil der Kernenergie bei der Verstromung dürfte aber aufgrund der fehlenden gesellschaftlichen Akzeptanz, vor allem in der Bundesrepublik Deutschland, im Moment nicht weiter auszubauen sein. Daher erscheint im Rahmen eines Joint Implementation der Bau eines Kernkraftwerkes in einem Nehmerland durch ein Geberland wie beispielsweise der Bundesrepublik Deutschland, politisch schwer durchsetzbar zu sein.

Die regenerativen Energien sind nicht wie die Kernkraft mit ökologischen Risiken verbunden, bei ihnen variiert aber das Angebot je nach geographischen Gegebenheiten. Daher ist ihr Einsatz in der Regel auf bestimmte Standorte beschränkt.

Wasserkraft ist zur Zeit die am meisten genutzte erneuerbare Energiequelle. Neben Wasserkraft nimmt Biomasse noch eine nennenswerte Stellung ein, aber alle anderen werden zur Zeit global gesehen nur marginal genutzt. Haupteinwand gegen die Nutzung dieser Energieträger sind die, in Relation zu den fossilen Energieträgern, immer noch hohen Kosten. Trotz der in den letzten Jahren erzielten Verbesserungen im Bereich der Nutzung erneuerbarer Energiequellen, sind bisher nur wenige wirtschaftlich konkurrenzfähig. Weiterhin haben Anlagen, die erneuerbare Energieträger nutzen, eine sehr geringe Leistungsdichte. Kurz gesagt: Ein Kraftwerk auf Basis erneuerbarer Energieträger braucht sehr viel mehr Fläche, um die gleiche Energieleistung zu erbringen, als ein konventionelles Kraftwerk.[67]

Vor dem großflächigen Einsatz der regenerativen Energiequellen sind noch erhebliche technische Probleme zu lösen. Insbesondere im Bereich der Photovoltaik ist

---

[66] Die Energieerzeugung aus nachhaltig angebauter Biomasse kann als CO_2-neutral bezeichnet werden, weil nur die CO_2-Emissionen bei der Energieerzeugung freigesetzt werden, die zuvor durch Photosynthese beim Entstehen der Biomasse der Atmosphäre entnommen wurden.

[67] Zum Vergleich: Ein Kohlekraftwerk hat eine Leistungsdichte von 500 kW pro Quadratmeter, die Windenergie von weniger als 3 kW pro Quadratmeter, die Solarstrahlung von weniger als 1,35 und die Biomasseproduktion von ca. 0,0002 kW pro Quadratmeter (Langner, 1991: 902).

das technische Entwicklungspotential ebenso wie das Kostensenkungspotential noch keineswegs ausgeschöpft. Regenerierbare Energieträger stellen also unter den gegebenen wirtschaftlichen Rahmenbedingungen[68] zum globalen Energiebedarf noch keine wirtschaftlich tragfähige Alternative dar, daher sollten sie aus den genannten Gründen und auch vor dem Hintergrund der notwendigen Reduktion des Einsatzes fossiler Brennstoffe intensiv weiterentwickelt und, wo sinnvoll, auch eingesetzt werden. Unter den Rahmenbedingungen einer zukunftsfähigen Energiewirtschaft sind nach dem heutigen Kenntnisstand, langfristig gesehen, nur die erneuerbaren Energien in der Lage, die energiewirtschaftlichen Probleme einschließlich des Klimaproblems zu lösen (Voss, 1992: 37ff.; Loew, 1990: 30ff.; Heister, 1990: 24f.).

Kurz- bis mittelfristig sind also keine akzeptablen Alternativen zur fossilen Energieerzeugung verfügbar. Der World Energy Council (WEC) geht davon aus, daß die fossilen Energieträger selbst bis zum Jahr 2100 nicht vollständig durch regenerierbare Energieträger ersetzt werden können. Tatsächlich wird die Welt noch viele Jahrzehnte von fossiler Energie abhängig sein, nicht zuletzt weil die fossilen Energieträger als die Hauptquellen unserer gegenwärtigen und zukünftigen Energieversorgung anzusehen sind (WEC, 1993a: 88; WEC, 1993b: 53ff.).

6.1.2 Substitution zwischen fossilen Energieträgern

Aufgrund der unterschiedlichen Wasserstoff-Kohlenstoff-Zusammensetzung der einzelnen fossilen Energieträger entsteht bei ihrer Verbrennung unterschiedlich viel Kohlendioxid, bezogen auf dieselbe Energiemenge. Während Stein- und vor allem Braunkohle einen sehr hohen Kohlenstoffanteil besitzen, verfügen Erdöl und insbesondere Erdgas über einen niedrigen Kohlenstoffgehalt. In Tabelle 12 ist zu erkennen, daß sich der relative CO_2-Ausstoß (Steinkohle=100) durch die folgende Rangfolge der Substitutionswirksamkeit ausdrückt: Braunkohle > Steinkohle > Erdöl > Erdgas. Erdgas und Erdöl verfügen über einen nennenswerten Anteil an Wasserstoff, bei dessen rückstandsfreier Oxidation zu Wasser ebenfalls Energie freigesetzt wird. Erdgas erzeugt somit bezogen auf die erzeugte Energieeinheit rd. 40 % weniger Kohlendioxid als Steinkohle und rd. 50% weniger als Braunkohle (Loew, 1990: 32f.; Borsch, 1992: 134f.; Heister, 1991: 22f.; Voss, 1992: 37). Die in der Tabelle dargestellten Daten berücksichtigen nur eine Einsparung aufgrund der Brennstoffvariation, etwaige Wirkungsgradverbesserungen aufgrund des Gaseinsatzes sind in dieser Darstellung nicht erfaßt. Durch den Einsatz von Gas werden die höchsten Wirkungsgrade für Anlagen mit fossilen Brennstoffen erreicht; schon für die nahe Zukunft werden Werte von 60% erwartet (Hlubek, 1996: 8). Die weiteren Spalten geben an, wieviel Kilogramm Kohlendioxid pro Kilogramm des eingesetzten Brennstoffs pro Steinkohleeinheit und pro Kilowattstunde Heizwert emittiert werden.

---

[68] Würden die externen Kosten der konventionellen Energieversorgung berücksichtigt, kämen den regenerativen Energieträgern sicherlich eine größere Bedeutung zu.

Tabelle 12: Kohlendioxidkoeffizienten fossiler Energieträger

	Relative Werte bezogen auf Steinkohle	kg CO_2/kg Brennstoff	kg CO_2/kg SKE	kg CO_2/kWh Heizwert
Braunkohle	121	k.A.[69]	3,25	0,40
Steinkohle	100	2,60	2,68	0,33
Erdöl	88	3,15	2,30	0,29
Erdgas	58	2,75	1,50	0,19

Quelle: Heister, 1991: 23.

Diese sogenannten Kohlendioxidkoeffizienten werden zur indirekten Emissionsbestimmung auf Basis des Brennstoffinputs verwendet. Das bei der Verbrennung entstehende CO_2 kann unter der Annahme vollständiger Umsetzung[70] berechnet werden. Die indirekte Emissionsbestimmung bietet somit eine kostengünstige und wirkungsvolle Kontrollmöglichkeit, um durchgeführte CO_2-Vermeidungsmaßnahmen, wie im Rahmen von Kompensationen, auf ihre Wirksamkeit überprüfen zu können. Gegenüber der indirekten Emissionsbestimmung sind direkte Meßtechniken zur Emissionsbestimmung sehr viel aufwendiger und auch teuerer.[71]

Unter der Annahme eines konstanten Stromverbrauchs und gleicher Gesamtwirkungsgrade ergibt sich das größte Einsparpotential an CO_2-Emissionen in den bestehenden Anlagen durch einen Ersatz der Stein- und Braunkohle durch Erdgas. Die Substitution von Kohle durch Erdöl wird allgemein wegen der geringen Reichweite (Ressourcenschonung), aus Gründen der Versorgungssicherheit und aufgrund der hohen Erdölpreise nicht als sinnvoll erachtet. Im übrigen dürfte Erdöl für die Verbrennung in Kraftwerken ein zu wertvoller Energieträger sein. Voss schätzt das gesamte, durch einen verstärkten Einsatz von Erdgas, erzielbare CO_2-Minderungspotential im Kraftwerksbereich der Bundesrepublik Deutschland (alte Bundesländer) auf 108,7 Mio. t CO_2 bis zum Jahr 2005. Die spezifischen Minderungskosten werden beim Ersatz von Steinkohle durch Gas auf 11 DM/t CO_2[72] und

---

[69] Zu diesem Wert können keine Angaben gemacht werden, weil er je nach eingesetzter Braunkohleart stark variiert.

[70] Vollständige Umsetzung bedeutet in diesem Zusammenhang, daß als Verbrennungsprodukte der Kohlenwasserstoffe nur Kohlendioxid, Wasser und Energie auftreten.

[71] Die indirekte Emissionsbestimmung ist nur möglich, solange keine Rückhaltemaßnahmen zur Verminderung des CO_2 eingesetzt werden. Um auch dann die Emissionen indirekt bestimmen zu können, wäre es erforderlich, durch entsprechende direkte Messungen anlagenspezifische CO_2-Koeffizienten zu ermitteln. Die Methoden der direkten Emissionsmessung finden sich in Dreyhaupt, 1994: 703f.

[72] Die angegeben Minderungskosten basieren im Fall der Steinkohle auf den Importkohlepreisen. Die spezifischen Minderungskosten werden entscheidend durch die Relation der Energieträgerpreise beeinflußt. Die Entwicklung der Energieträgerpreise ist mit erheblichen Unsicherheiten behaftet. Insbesondere die Nachfragesteigerungen beim Erdgas können die Energiepreisrelation erheblich beeinflussen. Hierin liegt ein großes ökonomisches Risiko einer auf Erdgas setzenden Minderungsstrategie.

beim Ersatz von Braunkohle durch Gas auf 23 DM/t CO_2 beziffert (Voss, 1992: 37ff.).

Die Brennstoffsubstitution stellt zwar eine effiziente Möglichkeit zur Begrenzung des Kohlendioxidausstoßes dar, jedoch wird dieses vor dem Hintergrund der Schadstoffemissionen optimistische Bild durch eine Betrachtung der wirtschaftlich gewinnbaren Vorräte der Energieträger getrübt. Die Ressourcen an Erdgas sind im Vergleich zu den Ressourcen an Kohle sehr beschränkt.[73] Die wirtschaftlich gewinnbaren Reserven des Erdgases betragen in etwa ein Fünftel der Weltsteinkohlereserven. Allerdings sind die weltweit bekannten Vorräte an Erdgas in den letzten Jahren ständig angestiegen, was eine verstärkte Nutzung auch für die Zukunft als gesichert erscheinen läßt. Dabei bleibt zu bewerten, ob Erdgas langfristig nicht besser anderen Anwendungen, wie dem Einsatz als chemisches Vorprodukt, vorbehalten bleiben sollen. Zudem wird eine steigende Nachfrage nach Erdgas im Kraftwerksbereich mit der generell erhöhten Nachfrage nach Erdgas konkurrieren und zu unkalkulierbaren Preisentwicklungen beim Erdgas führen. Weiter könnten die in vielen Ländern vorhandenen Kohlesubventionen eine Substitution der Kohle durch Erdgas auf nationaler Ebene erschweren (Heister, 1991: 22ff.; Loew, 1990: 32f.; Borsch, 1992: 134f.; Voss, 1992: 37f.).

Als weiteres Problem der Substitution durch Gas ist zu berücksichtigen, daß bei der Förderung, dem Transport und dem unvollständigen Verbrennen von Erdgas Methan emittiert wird, dessen spezifisches Treibhauspotential knapp das 60fache von CO_2 beträgt. Die Methanverluste können durch entsprechende technische Maßnahmen stark reduziert werden, was allerdings wiederum Kosten verursacht. Im übrigen wird auch bei der Förderung von Erdöl und Kohle Methan freigesetzt (Heister, 1991: 24; Loew, 1990: 33.; Borsch, 1992: 135f.).

Erdgas allein stellt somit keine tragfähige Option zur Erreichung einer klimaverträglichen Energieversorgung dar. Die Brennstoffsubstitution durch Erdgas kann aber einen wichtigen Beitrag in der Übergangsphase auf eine klimaverträgliche Energieversorgung leisten. Im Rahmen von Kompensationsmaßnahmen besteht die Möglichkeit, Wirkungsgradverbesserungen bei bestehenden Kraftwerken mit Erdgas-Vorschaltturbinen zu erreichen. Diese Option dürfte aber wegen der Leitungsgebundenheit und der ungleichmäßigen geographischen Verteilung des Erdgases nur beschränkt in Frage kommen. Derartige Wirkungsgradverbesserungen und der Einsatz neuer Prozeßführungen sind Gegenstand des nächsten Unterkapitels.

6.1.3 CO_2-Minderung durch Steigerung der Energieeffizienz

Bei der Reduzierung des CO_2-Ausstoßes aus fossil gefeuerten Kraftwerken muß aus den genannten Gründen der Schwerpunkt auf eine Verbesserung oder einen Ersatz der konventionellen Kohlekraftwerke gelegt werden. Die Verbesserung der

[73] Die nachgewiesenen Reserven für Steinkohle betragen 712 Gt SKE, für Braunkohle 158 Gt SKE, für Erdöl 197 SKE und für Erdgas 155 SKE (WEC, 1993a: 88).

Wirkungsgrade hat hohe Priorität, da sie, auf vorhandenen Strukturen aufbauend, die CO_2-Emissionen wirkungsvoll mindern kann. Dazu bieten sich drei Lösungswege an:

1. Die in der Energieumwandlung der konventionellen Kraftwerke eingesetzten Grundkomponenten können durch neue, verbesserte Komponenten ersetzt werden, die somit entscheidend zu einer Erhöhung der Prozeßwirkungsgrade beitragen.
2. Die konventionellen Kraftwerksprozesse können durch neue effizientere Prozeßführungen ersetzt werden (Kombikraftwerke).
3. Die Kraft-Wärme-Kopplung kann sowohl im Industriebereich als auch bei der Fernwärmeversorgung ausgebaut werden.

Die Steigerung der Wirkungsgrade ist für die kraftwerksbauende Industrie nichts grundsätzlich Neues. Die Verbesserung der Effizienz von Kraftwerken war schon immer primäres Ziel aller ingenieurtechnischen Anstrengungen, wenn auch nicht aus Umweltaspekten, sondern aus Rentabilitätsüberlegungen. Die konventionelle Kohlekraftwerkstechnik konnte daher im Laufe einer stetigen Weiterentwicklung die Nettowirkungsgrade von der Jahrhundertwende bis heute von ca. 3% auf Bestwerte von ca. 45% steigern. Dies entspricht einer Verringerung des Kohleeinsatzes von 4 kg SKE/kWh auf 286 g SKE/kWh. Der CO_2-Ausstoß reduzierte sich entsprechend von 12 kg/kWh auf Werte unter 1 kg/kWh bei den neuesten Stein- und Braunkohleanlagen (Hlubek, 1996: 8; Langner, 1991: 899). Um zu verstehen, wie die einzelnen Wirkungsgradverbesserungen vorgenommen werden können, sind einige Grundlagen der Kraftwerkstechnik erforderlich.

6.2 Kraftwerke

Aufgrund der Nichtspeicherbarkeit der elektrischen Energie muß soviel Kraftwerksleistung bereitgestellt werden, daß die Höchstlast mit einer bestimmten angestrebten Versorgungssicherheit stets gedeckt werden kann, auch wenn der Maximalwert nur für relativ kurze Zeit auftritt. Dies macht in einem bestimmten Versorgungsgebiet unterschiedliche Kraftwerkstypen mit unterschiedlichen technischen und wirtschaftlichen Anforderungen erforderlich.

Der Dauerbedarf an Strom wird in Grundlastkraftwerken erzeugt, die sich durch hohe Kapitalkosten und relativ niedrige Betriebskosten auszeichnen. Grundlastkraftwerke benötigen für einen wirtschaftlichen Betrieb einen hohen Auslastungsgrad und müssen technisch für einen Dauerbetrieb ausgelegt sein. Typische Grundlastkraftwerke sind Braunkohlekraftwerke, Kernkraftwerke und Laufwasserkraftwerke.

Die technisch flexibleren Mittellastkraftwerke nehmen bezüglich der Kostenstruktur eine mittlere Stellung ein. Sie sind für eine wechselnde Fahrweise geeignet und werden überwiegend am Tag und in den Wintermonaten eingesetzt. Ihr Betrieb erfolgt meist auf der Basis von Steinkohle oder Gas.

Spitzenlastkraftwerke haben niedrige Investitionskosten, benötigen jedoch zur Deckung kurzzeitiger Stromspitzen teueren Brennstoff, im allgemeinen Öl oder Gas. Die Spitzenlastkraftwerke müssen für mehrfaches Anfahren pro Tag, kurze Anfahrzeiten und für hohe Leistungsänderungsgeschwindigkeiten ausgelegt sein. Hierfür sind schnellstartende Gasturbinen und Pumpspeicherkraftwerke geeignet (Kugeler, 1993: 335ff.; Förstner, 1993: 156).

Bei der Errichtung eines Kraftwerkes müssen also die eingesetzte Kraftwerkstechnik, die Kraftwerkskapazität und die einzusetzenden Primärenergieträger mit der entsprechenden Art des Einsatzes (Lastfall) abgestimmt werden.

Die thermischen Kraftwerksanlagen, auch Wärmekraftwerke genannt, sind weltweit die Hauptproduzenten von Energie, Wärme und Prozeßdampf. Thermische Kraftwerksanlagen wandeln die Primärenergie über den thermischen Energiepfad in die gewünschte Nutzenergieform um. Dabei wird immer die aufgrund spezieller Prozesse (Verbrennung fossiler Brennstoffe, Kernreaktionen oder Sonnenstrahlung) entbundene Wärmeenergie zunächst einem Arbeitsfluid (Gas, Wasser) übertragen. Das Arbeitsfluid strömt meist in einem geschlossenen Kreislauf, aus dem die Prozeßenergien (Wärme, industriell benötigter Prozeßdampf) und/oder Arbeit für den Energiewandler Turbine ausgekoppelt werden. Die Kraftwerke lassen sich somit, abhängig vom Einsatz der Kraftwerke, unterteilen in: Heizkraftwerke (Wärmeerzeugung und elektrische Energie), Industriekraftwerke (Prozeßdampf, Prozeßwärme und elektrische Energie) und Kondensationskraftwerke (Erzeugung von elektrischer Energie). Nahezu die gesamte weltweite Stromabgabe stammt aus sogenannten Kondensations-Dampfkraftwerken (Loth, 1993: 4f.; Förstner, 1993: 156ff.).

6.2.1 Konventionelle Dampfkraftwerke

Mutter der Technik der Dampfkraftwerke ist die Dampfmaschine, im 18. Jahrhundert erfunden, damals zunächst mit einem Wirkungsgrad von nur wenigen Prozent zum mechanischen Antrieb von Pumpen, Webstühlen, Lokomotiven und Dampfschiffen eingesetzt. Erst gegen Ende des 19. Jahrhunderts gewann diese Technik auch Bedeutung zum Antrieb von Generatoren zur Erzeugung von elektrischer Energie.

6.2.1.1 Der Wasser-Dampfkreislauf

Bei Dampfkraftanlagen ist der Wasser-Dampfkreislauf die thermische Zwischenstufe bei der Umwandlung der chemischen Bindungsenergie durch den Verbrennungsprozeß in mechanische Energie. Es soll zunächst der einfache Dampfkraftprozeß, wie er in Abbildung 13 zu sehen ist, vom Prinzip her dargestellt werden. Dies ist sinnvoll, um die Ansatzpunkte für Verbesserungen des Wirkungsgrades und der Prozeßführung zu erkennen. Der einfache Dampfturbinenprozeß, auch als Clausius-Rankine-Kreisprozeß bezeichnet, bildet die Grundlage für alle Dampkraftprozesse und enthält alle Grundkomponenten eines realen Dampfkraftprozesses.[74]

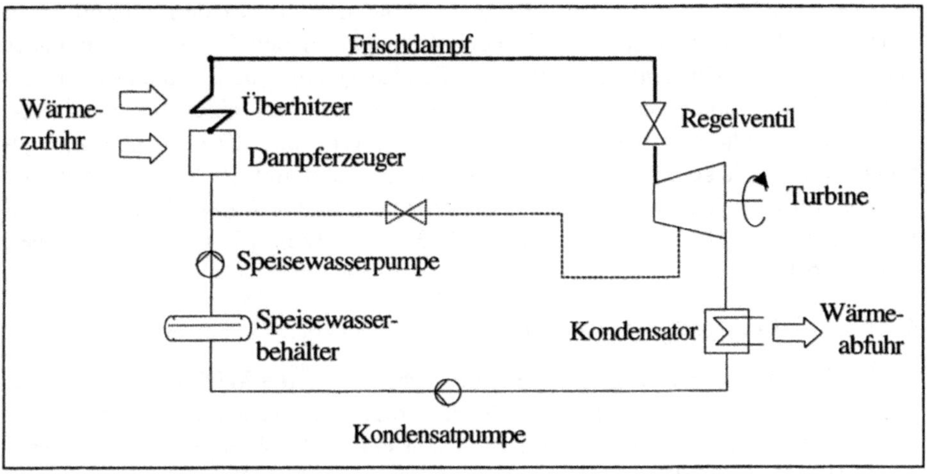

Quelle: Kugeler, 1993: 43

Abbildung 13: Vereinfachter Wasser-Dampfkreislauf (Rankine-Prozeß)

Die Speisewasserpumpe fördert das Wasser aus dem Speisewasserbehälter unter Druckerhöhung in den Dampferzeuger. Im Dampferzeuger wird das Wasser erwärmt und bis zum Sättigungszustand[75] verdampft. Der Sattdampf wird in einem sich anschließenden Überhitzerteil bei gleichbleibendem Druck überhitzt. Vom Überhitzer strömt der jetzt als Frischdampf bezeichnete Dampf durch eine Reihe

[74] In der Realität sind Dampfkraftprozesse wesentlich komplexer als die Darstellung in Abbildung 13. Die Darstellung des Clausius-Rankine-Kreisprozesses hilft jedoch, die Arbeitsweise von Wärmekraftwerken grundsätzlich zu verstehen. Zudem enthält der Rankineprozeß alle wichtigen Komponenten eines realen Dampfkraftprozesses. Dadurch können alle Verbesserungsmaßnahmen der Komponenten und auch in der Prozeßführung deutlich gemacht werden.

[75] Man unterscheidet bei der Verdampfung von Wasser vier Zustände. Der Ausgangszustand zu Beginn der Erwärmung ist reines Wasser ohne eine Dampfphase. Ab einer vom Druck abhängigen Temperatur (Siedetemperatur) beginnt das Wasser zu verdampfen. Im Dampferzeuger liegen dann zwei Phasen vor, erzeugter Dampf und noch nicht verdampftes Wasser. Dieser Dampfzustand wird als Naßdampf bezeichnet. Die Temperatur und der Dampfdruck im Dampferzeuger bleiben während der Verdampfung solange konstant, bis das gesamte Wasser vollständig verdampft ist. Ist gerade alles Wasser verdampft und liegt folglich nur noch Dampf vor, dann ist der sogenannte Sättigungszustand des Dampfes erreicht. Der trocken gesättigte Dampf wird entsprechend als Sattdampf bezeichnet. Sättigungsdruck und Sättigungstemperatur stehen über die Dampfdruckkurve des Wassers in Verbindung. Daher liegt mit der Temperatur zugleich auch der Druck fest. Wird der Sattdampf nun durch Wärmezufuhr weiter erhitzt, erhält man überhitzten Dampf, dieser wird als Frischdampf bezeichnet.

von Regelventilen der Turbine zu. In der Turbine expandiert der zur Verfügung stehende Frischdampf hohen Drucks und hoher Temperatur bis zu dem im Kondensator erzeugten Vakuum[76] (um ein möglichst großes Wärmegefälle auszunutzen), wo er kühlt und wieder verflüssigt wird. Das jetzt als Kondensat bezeichnete Wasser wird mittels sogenannter Kondensatpumpen in den Speisewasserbehälter zurückgepumpt. Mit dem Abdampf der Turbine gelangt auch unkondensierbare Luft in den Kondensator. Luftansammlungen müssen mit einer Vakuumpumpe (nicht eingezeichnet in der Abbildung) kontinuierlich aus dem Kondensator gepumpt werden, da sonst das Kondensatorvakuum, und damit der Wirkungsgrad der Anlage, verschlechtert würde. An dieser Stelle beginnt der Wasser-Dampfkreislauf von vorne (Loth, 1993: 17ff.; Kugeler, 1993: 43ff.; Beer, 1981: 135ff.; Förstner, 1993: 156ff.).

6.2.1.2 Wirkungsgrad bei konventionellen Kraftwerken

Für die Diskussion der Möglichkeiten zur Verbesserung der Wirkungsgrade bei JI-Kraftwerksprojekten ist es erforderlich, ein Referenzkonzept für ein Dampfkraftwerk festzulegen. Als Referenzkraftwerk soll ein im Rankineprozeß betriebenes Steinkohle-Dampfkraftwerk mit einer Leistung von 600 MW und einem Frischdampfzustand von 180 bar und 530 C° dienen. Üblicherweise sind für die Festlegung eines Referenzzustandes deutlich mehr Parameter erforderlich. Für diese Arbeit sind die gemachten Angaben aber ausreichend, weil die wirtschaftlich rentablen Verbesserungsmaßnahmen nur größenordnungsmäßig aufgezeigt und erklärt werden sollen. Selbstverständlich wurde aber bei der Auswertung der Literatur immer auf die Vergleichbarkeit der angegebenen Werte mit dem festgelegten Referenzzustand geachtet.

Der Bruttowirkungsgrad[77] eines Dampfkraftwerks des Referenztyps liegt, je nach eingesetztem Kühlverfahren (siehe nächster Abschnitt), bei höchstens 38%. Häufig liegt der Bruttowirkungsgrad sogar unter 25%[78], zieht man noch den Energiebedarf

---

[76] Die eigentlich treibende Kraft beim Kondensationsvorgang ist die Schrumpfung des riesigen Abdampfvolumens, die einen großen Unterdruck im Kondensator schafft. Dadurch wirkt der Kondensator als eine kontinuierlich arbeitende riesige Saugpumpe. Ein Kondensator eines 700 MW Steinkohlekraftwerks (elektrische Leistung) muß eine Wärmeleistung von über 1059 MW abführen, dazu ist eine Wärme abgebende Fläche von 50000 m^2 erforderlich.

[77] Eine Bewertung energetischer Prozesse geschieht mit Hilfe des energetischen Wirkungsgrades. Der energetische Wirkungsgrad der Energieumwandlung ist definiert als Verhältnis von energetischem Nutzen zu energetischem Aufwand. Bei Kraftwerken wird der Wirkungsgrad daher als Verhältnis von elektrischer Leistung zu eingesetzter Brennstoffleistung (Heizwert) definiert. Bei einem Dampfkraftwerk errechnet sich der Gesamtwirkungsgrad h_{ges} aus dem Produkt der Teilwirkungsgrade. Wird der Eigenbedarf der Anlage berücksichtigt, spricht man von Gesamtwirkungsgrad oder auch Nettowirkungsgrad der Anlage. Der Bruttowirkungsgrad entspricht dem Gesamtwirkungsgrad ohne Berücksichtigung des Eigenbedarfs der Anlage.

[78] Dies gilt vor allem für Kraftwerke, die in Entwicklungsländern betrieben werden.

ab, der für den Bedarf der Kraftwerksanlagen (Pumpen, Kohlemühlen, etc.) notwendig ist, so bleiben von der eingesetzten Primärenergie im günstigsten Fall noch 33% (Nettowirkungsgrad des Kraftwerks) in Form von elektrischer Energie übrig (Kugeler, 1993: 44f./100f.; Loth, 1993: 7f.; Förstner, 1993: 156f.).

Für ein Dampfkraftwerk wird der Gesamtwirkungsgrad h_{ges} in folgende Teilwirkungsgrade zerlegt: Thermischer Wirkungsgrad des Wasserdampf-Kreislaufs h_{th}, Dampferzeugerwirkungsgrad h_D, Innerer Wirkungsgrad der Turbine und der Verdichter h_i, Elektrischer Wirkungsgrad des Generators h_{el}, Mechanischer Wirkungsgrad der Turbine (Reibungsverluste) h_m, Eigenbedarf der Anlage an Energie h_{eigen}. Verbesserungsmaßnahmen des Gesamtwirkungsgrades[79] eines Kraftwerkes setzen an den Teilwirkungsgraden an (Kugeler, 1993: 34ff./259ff.; Loth, 1993: 7f.). Verbesserungen der Teilwirkungsgrade sind durch eine Reihe von unterschiedlichen Maßnahmen, die im folgenden erläutert werden, möglich.

6.2.2 Wirkungsgradverbesserungen bei konventionellen Kraftwerken

In diesem Unterkapitel sollen, ohne Anspruch auf Vollständigkeit, die wichtigsten technischen Maßnahmen zur Verbesserung der Wirkungsgrade von konventionellen fossilbefeuerten thermischen Kraftwerken dargestellt und erklärt werden. Die folgenden Maßnahmen lassen sich grob unterteilen in Maßnahmen, welche den thermischen Wirkungsgrad verbessern und in Maßnahmen, die an der Verbesserung der einzelnen Komponentenwirkungsgrade des Clausius-Rankine-Kreisprozeßes ansetzen. Der thermische Wirkungsgrad eines Kreisprozesses hängt im wesentlichen von den Kondensationsbedingungen, von der Zahl regenerativer Speisewasservorwärmungen und Zwischenüberhitzungen sowie vom Frischdampfzustand und den Möglichkeiten zur Reduktion von Abgasverlusten durch Verbrennungsluftvorwärmung und Regulierung des Luftüberschußes ab. Die Maßnahmen zur Verbesserung der Komponentenwirkungsgrade setzen vor allem am Dampferzeuger, an den Turbinen, Generatoren, Pumpen und Frischdampfleitungen an.

6.2.2.1 Kondensationsbedingungen und Kühlverfahren

Der thermische Wirkungsgrad des Dampfturbinenprozesses hängt unter anderem von den Kondensationsbedingungen, also von den Wärmeabfuhrmöglichkeiten, ab. Je tiefer die Kondensationstemperatur beziehungsweise der Kondensationsdruck[80], um so besser ist der thermische Wirkungsgrad des Dampfkreisprozesses und damit auch der Nettowirkungsgrad des Kraftwerks (Tabelle 13). Der mögliche Kondensationsdruck richtet sich entsprechend der Dampfdruckkurve des Wassers nach der Umgebungstemperatur als möglichem unterem Grenzwert.

---

[79] Zur Bewertung eines Dampfkraftwerkes dient der Gesamtwirkungsgrad $h_{ges} = h_D * h_{th} * h_i * h_{el} * h_m * h_{eigen}$.

[80] Kondensationstemperatur und -druck sind über die Dampfdruckkurve des Wassers gekoppelt.

Die Abwärme des Dampfturbinenprozesses, die bei der Kondensation des entspannten Dampfes hinter der Turbine anfällt, wird über verschiedene technische Kühlverfahren abgegeben. Bei der Entscheidung für ein geeignetes Kühlverfahren müssen neben dem Gesamtwirkungsgrad Aspekte des Umweltschutzes (Umwelterwärmung), der Wirtschaftlichkeit (Investitionskosten) und der speziellen Standortbedingungen (Verfügbarkeit von Kühlwasser) gegeneinander abgewogen werden (Gelbe, 1987: 10ff.; Kugeler, 1993: 98ff.; Eßer, 1994: 181f.).

Tabelle 13: Nettowirkungsgrad eines 600 MW Steinkohlekraftwerks in Abhängigkeit vom Kondensatordruck bei sonst gleichen Bedingungen

Kondensatordruck (bar)	0,02	0,04	0,1	0,2	0,3	0,4	0,5	0,6
Nettowirkungsgrad h_{ges} (%)	40,5	40	38,5	34	32,5	30,5	29,5	28,5

Quelle: Kugeler, 1993: 102

Grundsätzlich werden Naßkühlverfahren (Frischwasserkühlung, Wasserrückkühlung), Trockenkühlverfahren (direkte und indirekte Luftkühlung) und Hybridsystem unterschieden, bei denen unterschiedliche Kondensatordrücke bei entsprechenden Sättigungstemperaturen erreicht werden.

Bei der Frischwasserkühlung wird Frischwasser aus einem Gewässer (sogenannter Vorfluter) in den Turbinenkondensator gepumpt und nach der Wärmeaufnahme wieder in den Vorfluter zurückgeleitet. Dieses Verfahren erreicht die niedrigsten Kondensationstemperaturen, beziehungsweise -drücke und somit auch die besten Wirkungsgrade. Bei Frischwasserkühlung wird im Durchschnitt ein Kondensatordruck von 0,02 bar bei einer entsprechenden Sättigungstemperatur von 17,5 C° erreicht. Der Nachteil dieses Kühlverfahrens ist die starke Erwärmung des Vorfluters.[81] Frischwasserkühlung ist dort, wo sie anwendbar ist, die wirtschaftlichste Lösung bei höchsten Wirkungsgraden und den geringsten Zusatzinvestitionen.

Bei der Wasserrückkühlung wird das im Kondensator aufgewärmte Wasser in einem Kühlturm im Gegenstrom großflächig verrieselt, dadurch wird die Wärme durch Konvektion und Verdunstung an die durchziehende Luft abgegeben. Ein Teil des Kühlwassers verdunstet und muß ersetzt werden (offener Kreislauf). Die Verdunstung des Kühlwassers führt zu einer starken Schwadenbildung über dem Naßkühlturm.[82] Bei Rückkühlung wird ein Kondensatordruck von 0,05 bar (32,9 C°) erreicht. Bei dieser Kühllösung wird das Kraftwerk bezogen auf die Nettoleistung um 5% teuerer, und der Nettogesamtwirkungsgrad ist entsprechend

[81] Dies macht die Erstellung von Wärmelastplänen erforderlich, die Aussagen über die Erwärmung von Gewässern machen. Die Wärmelastpläne müssen auch bei der Standortbestimmung für den Bau weiterer Kraftwerke berücksichtigt werden. In Deutschland und in anderen Ländern kommt dieses Verfahren deshalb nicht mehr in Frage.

[82] Die Schwadenbildung hat schon zur Verweigerung von Baugenehmigungen für Naßkühltürme in der Bundesrepublik geführt.

dem höheren Kondensatordrucks um rd. 1% schlechter als bei Frischwasserkühlung. Trotzdem ist dieses Verfahren heute die Standardlösung für ein deutsches Wärmekraftwerk.

Bei der Trockenkühlung ist kein Zusatzwasser erforderlich, folglich entstehen auch keine Dampfschwaden. Trockenkühltürme machen somit auch Großkraftwerke völlig unabhängig von der Verfügbarkeit von Kühlwasser. Nachteilig sind die um 12% höheren Investitionskosten und ein bis zu 2% schlechterer Wirkungsgrad als bei Frischwasserkühlung. Man unterscheidet direkte und indirekte Luftkühlung.

Bei der direkten Luftkühlung wird der Abdampf der Turbine unmittelbar in das Rohrbündel eines luftgekühlten Oberflächenkondensator[83] geleitet und abgekühlt, wobei die Wärme an vorbeiströmende Luft eines Naturzugkühlturms abgeben wird.[84] Der Nettowirkungsgrad dieser Anlage sinkt mit steigender Umgebungstemperatur stark ab. Zur Kühlung von großen Kraftwerksblöcken ist dieses Verfahren daher nicht geeignet.[85] Der niedrigste erreichbare Kondensatordruck dieses Verfahrens liegt bei 0,07 bar (39 C°).

Bei der indirekten Luftkühlung wird Kühlwasser aus einem geschlossenen Kühlkreislauf verwendet. Der Dampf wird entweder an den von Kühlwasser durchströmten Rippenrohrbündeln eines Oberflächenkondensators kondensiert oder das Kühlwasser wird, bei Verwendung eines Mischkondensators[86], in den Abdampf eingespritzt. Während das Wasser die eigentliche Kühlung übernimmt, führt die Luft im Luftkühler eines Naturzugkühlturms die endgültige Wärme ab. Zusatzwasser wird nicht benötigt, weil das gesamte Wasser in geschlossenen Kreisläufen geführt wird. Der niedrigste erreichbare Kondensatordruck dieses Verfahrens liegt bei 0,1 bar (45,8 C°).

Bei einem Hybridsystem versucht man, die Vorteile von Naß- und Trockenkühlung miteinander zu verbinden. Insbesondere die hohe Kühlleistung der Naßkühltürme werden mit der Schwadenfreiheit bei Trockenkühltürmen kombiniert. Nach einer Vorkühlung im Trockenbereich (rd. 20% der Kühlleistung) erfolgt die

---

[83] Beim Oberflächenkondensator erfolgt die Niederschlagung des Turbinenabdampfes, je nach Kühlungsart, an oder in durchströmten Rippenrohrbündeln.

[84] Häufig reicht der Naturzug zur Kühlung nicht aus. Dann wird der Einsatz von Ventilatoren erforderlich, deren Eigenverbrauch den Nettowirkungsgrad der Anlage verschlechtert.

[85] Sinnvoll ist dieses Verfahren bei Anlagen bis maximal 200 MW elektrischer Leistung.

[86] Beim sogenannten Misch- oder auch Einspritzkondensator wird die Kondensation durch Einspritzen von feinverteiltem Kühlwasser in den Abdampf der Turbine erreicht. Durch dieses Verfahren können je nach Kondensatordruck größere Wärmedurchgangszahlen erreicht werden als beim Oberflächenkondensator. Höhere Wärmedurchgangszahlen ermöglichen eine schnellere Wärmeabfuhr. Da die Phasengrenzfläche pro Volumeneinheit ebenfalls größer ist, sind die Abmessungen von Mischkondensatoren kleiner als die von Oberflächenkondensatoren. Daher sind auch Ein- und Umbauten zur Erhöhung der Kontaktflächen im Kondensator relativ billig.

Hauptkühlung im Naßkühlturm (Gelbe, 1987: 10ff.; Kugeler, 1993: 98ff.; Eßer, 1994: 181f.).

Beim Bau eines neuen Kraftwerkes ist es wichtig, unter Abwägung der oben genannten Aspekte das bezüglich des Nettowirkungsgrades optimale Kühlverfahren einzusetzen. Eine indirekte Möglichkeit der Wirkungsgradverbesserung wäre, vorhandene behördliche Wärmelastpläne mit Rücksicht auf das CO_2-Problem nochmals zu überdenken. Dadurch könnte in einigen Ländern der Anteil der Kraftwerke mit Frischwasserkühlung ausgeweitet werden.

Bei älteren bestehenden Kraftwerken werden die bei den verschiedenen Kühlverfahren angegebenen Kondensatordrücke in den seltensten Fällen erreicht. Somit kann die Verbesserung der thermischen Wirkungsgrade von bestehenden Anlagen durch eine Vergrößerung der Kondensatorflächen (neue Rohrbündelgeometrie, Ausnutzung vorhandener Einbaumaße, kleinere Rohrdurchmesser), durch Einsatz der Kondensatorart (Oberflächenkondensatoren oder Mischkondensatoren), die für die vorhandenen Verhältnisse (Kondensatordruck) am besten geeignet ist, durch Verbesserung des Wärmeübergangs bei Oberflächenkondensatoren[87] oder durch weitere optimal angepaßte Umrüstungen des Kühlsystems erreicht werden (Hebel, 1990: 77f.; Riedle, 1990: 67; Wiesegart, 1990: 217.). Wie groß die durch die einzelnen Umbaumaßnahmen zu erreichende Wirkungsgradverbesserung ist und welche Kosten dafür anfallen, hängt vom Einzelfall ab und kann nicht allgemein angegeben werden.

6.2.2.2 Regenerative Speisewasservorwärmung

Im Falle der regenerativen Speisewasservorwärmung wird eine Teilmenge des Abdampfes aus der Turbine zur Vorwärmung des Speisewassers, vor der eigentlichen Erwärmung im Dampferzeuger, unter vollständiger Nutzung der Kondensationswärme des Entnahmedampfes eingesetzt. Eine einfache regenerative Speisewasservorwärmung, in Form einer Dampfentnahme aus der Turbine und einer Zumischung zum Speisewasser, ist in Abbildung 13 gestrichelt eingezeichnet. Neben der, wegen unterschiedlicher Druckverhältnisse eher seltenen direkten Zumischung von Turbinendampf in das Speisewasser mittels eines Mischvorwärmers, ist eine Wärmeübertragung durch einen im Gegenstrom betriebenen Wärmeaustauscher (Oberflächenvorwärmer) eher üblich.

Durch die regenerative Speisewasservorwärmung kann Brennstoff im Dampfer-

[87] Die Wärmeübergangskoeffizienten können durch verbesserte Anströmbedingungen der Rohre erreicht werden. Die Anströmbedingungen lassen sich auf der Kühlmittelseite leicht verbessern durch Erhöhung der Kühlmittelgeschwindigkeit und der Kühlmenge und durch Vermeidung sowie Entfernung von Schmutzschichten. Schwieriger ist die Verbesserung der Rohranströmrichtung (eindeutige Dampfströmung hin zum Kühlerbündel). Weiterhin ist ein besserer Wärmeübergang vom Dampf an die Rohre durch eine gleichmäßige Dampfversorgung aller Rohre und durch einwandfreien Kondensatablauf von oben nach unten zu erreichen.

zeuger eingespart werden. Da der Brennstoff exergetisch[88] höher ist als der Entnahmedampf aus der Turbine, läßt sich insgesamt eine Steigerung des thermischen Wirkungsgrades erreichen. Durch eine regenerative Speisewasservorwärmung wird eine merkliche Verbesserung, im Grenzfall (durch mehrfache gestufte Speisewasservorwärmung) sogar eine annähernde Beseitigung der Nichtumkehrbarkeiten erzielt. Die Beseitigung der Irreversibilitäten wird in erster Linie dadurch erreicht, daß die Temperaturdifferenz zwischen dem Speisewasser und den Verbrennungsgasen bei der Wärmezufuhr im Dampferzeuger verringert wird. Die optimale Speisewasservorwärmtemperatur muß dabei so eingestellt werden, daß die Exergieverluste im Vorwärmer und in der Turbine geringer sind als der Exergiegewinn durch das Anheben der Speisewassertemperatur. Eine weitere Verbesserung des Wirkungsgrades wird durch die Entlastung der Speisewasserpumpe und durch die Verminderung des Aufwands (Transport, Rückkühlung des Kühlwassers, etc.) bei der Kondensation des restlichen Abdampfes erreicht.

Die Exergieverluste sinken, beziehungsweise die Wärmeersparnis steigt, mit der Anzahl der Vorwärmstufen, der Anstieg ist jedoch nicht proportional. Ein Optimum ergibt sich in der Regel bei acht Vorwärmstufen.[89] Der zusätzliche Gewinn, der durch eine weitere Vorwärmstufe erreicht werden kann, ist dann kleiner als 0,1%. Bei einem Einbau von acht Vorwärmstufen kann durch Erreichen einer optimalen Vorwärmendtemperatur von 300 C° der thermische Wirkungsgrad einer Anlage ohne Vorwärmstufen um bis zu 15% angehoben werden (Kugeler, 1993: 48f.). Allerdings ist dann eine Unterteilung der Expansionsmaschine in mehrere Stufen erforderlich, was aber bei Dampfturbinen die Regel ist.[90] Den expandierten

[88] Der Teil der insgesamt in einem Körper enthaltenen Energie, der in der jeweiligen Umgebung in eine beliebige andere Energieform umgewandelt werden kann, wird als Exergie bezeichnet, die nicht beliebig umwandelbare Energie als Anergie. Die Exergie ist ein Maß für die Nutzarbeit (technische Arbeitsfähigkeit), die bei einem Kreisprozeß gewonnen werden kann. Bei Kreisprozessen ist die gewinnbare Nutzarbeit um so größer, je mehr sich die einzelnen zusammenhängenden Zustandsänderungen der völligen Umkehrbarkeit nähern, je geringer also die Verluste durch Irreversibilitäten sind. Innere Exergieverluste entstehen durch Reibung, durch endliche Temperaturdifferenzen bei der Wärmeübertragung, durch Mischung von Stoffströmen und bei chemischen Reaktionen (Verbrennung). Äußere Exergieverluste entstehen durch Wärmeverluste an die Umgebung. Die Exergieverluste durch Irreversibilitäten sind um so höher, je größer die Temperaturdifferenzen bei der Wärmeübertragung oder bei der Mischung von Stoffströmen sind.

[89] Je größer die Anzahl der Stufen, um so geringer werden die Temperaturunterschiede und damit auch die Nichtumkehrbarkeiten beim Wärmeaustausch. Es lohnt sich aber kaum, über acht Vorwärmstufen hinaus zu gehen. Für jede Stufenzahl findet man ein ausgeprägtes Optimum der Wirkungsgradverbesserung, abhängig von der Speisewassertemperatur; es verschiebt sich mit steigender Stufenzahl zu höheren Kesseleintrittstemperaturen. Die durch die achte Vorwärmstufe erreichte zusätzliche Wirkungsgradverbesserung ist in der Regel gerade noch wirtschaftlich (Grenznutzen = Grenzkosten).

[90] In der Regel werden statt einer Turbine, wie in Abbildung 13, drei verschiedene Turbinen eingesetzt. Es wird unterschieden zwischen einer Hochdruck-, einer Mitteldruck- und

Dampf zwischen jeder Stufe benutzt man zur stufenweisen Vorwärmung des im Gegenstrom von der Speisewasserpumpe angelieferten Speisewassers.

Die regenerative Speisewasservorwärmung hebt den thermischen Wirkungsgrad des Rankine-Kreisprozesses an, aber noch nicht den Gesamtwirkungsgrad des Kraftwerks. Eine Steigerung des Nettogesamtwirkungsgrades um 3% gegenüber dem ursprünglichen Dampfprozeß ist erst dann erreichbar, wenn die zusätzlich verfügbare Rauchgaswärme des Dampferzeugers für andere Zwecke eingesetzt wird, beispielsweise zur Verbrennungsluftvorwärmung oder zur Zwischenüberhitzung des Turbinendampfes (Kugeler, 1993: 45ff.; Loth, 1993: 21ff.; Oeljeklaus, 1995: 245f.; Beer, 1981: 135ff.).

6.2.2.3 Anhebung der Frischdampfparameter

Weitere Wege zur Steigerung des Wirkungsgrades sind die Verbesserung des Wasser-Dampfkreislaufs durch die Erhöhung der Frischdampfparameter (Druck und Temperatur) sowie durch Zwischenüberhitzung des Turbinendampfes. Je höher Druck und Temperatur des Frischdampfes, um so höher ist der thermische Wirkungsgrad des Dampfkreisprozesses. Der thermische Wirkungsgrad steigt bei Anhebung der Frischdampftemperatur um rd. 1% pro 30 C°.

Einer Verbesserung des einfachen Dampfturbinenprozesses durch Anheben von Frischdampftemperatur und -druck ist sowohl durch den Werkstoff als auch aus Wirtschaftlichkeitsgründen Grenzen gesetzt. Beim einfachen Dampfturbinenprozeß sind durchschnittliche Dampfparameter von 530 C° und 180 bar üblich. Die Werkstoffgrenzen[91] der in Dampferzeugern, Frischdampfleitungen und Turbinen verwendeten Werkstoffe liegen bei ferritischen Werkstoffen bei maximal 550 C° und bei austenitischen Werkstoffen bei maximal 650 C°, für die entsprechende Belastung im Kraftwerksprozeß. Der Übergang zu höheren Frischdampftemperaturen beim einfachen Dampfprozeß würde also den Einsatz von austenitischen Werkstoffen erforderlich machen. Austenitische Werkstoffe sind aber, je nach gewünschter Festigkeit, noch sehr teuer und die Ausschöpfung der vollen Möglichkeiten dieser Werkstoffe wäre erst bei steigenden Kosten für den Brennstoffeinsatz (Brennstoffpreis beziehungsweise Abgabenbelastung) zu rechtfertigen. Daher ist die Wirtschaftlichkeitsgrenze für die Anhebung der Frischdampfparameter durch

---

einer Niederdruckturbine. Je nach Bauart der Turbinen sind diese nochmals in sich gestuft.

[91] Als Werkstoffgrenze gilt in erster Linie die 100000-Stunden-Zeitstandfestigkeit. Die Zeitstandfestigkeit bei einer bestimmten Prüftemperatur ist die Beanspruchung (Spannung) eines Werkstoffes, die nach einer bestimmten Beanspruchungsdauer zum Bruch der Probe führt. Die in den Turbinen und sonstigen Komponenten eingesetzten Werkstoffe eines Dampfkraftprozesses sind so zu wählen, daß die Werkstoffgrenzen unter Berücksichtigung von bestimmten Sicherheiten nicht überschritten werden.

den Einsatz neuer Werkstoffe derzeit bei 580 C° und rd. 270 bar erreicht.[92] Dies würde aber immerhin eine Verbesserung des Netto-Wirkungsgrades um bis zu 3% bewirken, bezogen auf die im Durchschnitt üblichen Frischdampfparameter. Läßt man angesichts der CO_2-Problematik Wirtschaftlichkeitsgesichtpunkte außer acht, ist durch eine Verbesserung der Dampfparamter auf 650 C° und 350 bar eine Steigerung des Nettowirkungsgrades von insgesamt 5% realistisch (Kugeler, 1993: 45ff.; Loth, 1993: 29f.; Oeljeklaus, 1995: 245f.; Hlubek, 1996: 8; Riedle, 1990: 67f.). Diese Möglichkeiten der Wirkungsgradverbesserung sind aber nur im Rahmen eines Kraftwerkneubaus interessant. Dagegen ist die Umrüstung von Kraftwerken durch die Einführung einer einfachen oder zweifachen Zwischenüberhitzung auch für den Umbau von bestehenden Kraftwerken von Bedeutung.

6.2.2.4 Einführung der Zwischenüberhitzung

Der ursprüngliche Clausius-Rankine-Prozeß wird bei Einführung der Zwischenüberhitzung so modifiziert, daß statt Verwendung einer einzigen Turbine die in der Realität übliche Unterteilung der Expansionsmaschine in eine Hoch-, eine Mittel,- und eine Niederdruckturbine erfolgt. Die Prozeßführung wird so abgeändert, daß der Dampf nach einer Teilentspannung in der Hochdruckturbine in einen Zwischenüberhitzer geführt wird, in dem er nochmals bei konstant gehaltenem Druck (50 bar) auf die maximal zulässige Temperatur von 600 C° erhitzt wird. Der Dampf wird anschließend, im Fall der einfachen Zwischenüberhitzung, in der Mittel- und Niederdruckturbine bis zum Kondensatordruck entspannt. Im Fall der zweifachen Zwischenüberhitzung wird der Dampf nach der Mitteldruckturbine nochmals überhitzt. Üblicherweise werden für die Zwischenüberhitzung heute rauchgasbeheizte Zwischenüberhitzer verwendet, deren Heizflächen in den Dampferzeuger integriert sind beziehungsweise integriert werden können (Kugeler, 1993: 48ff.; Beer, 1981: 142f.).

Eine wirtschaftliche Zahl von Zwischenüberhitzungen ist eins oder zwei, wobei die thermische Wirkungsgradverbesserung 3 bis 5% bei einfacher und 5% für zweifache Zwischenüberhitzung beträgt. Die Einführung einer einfachen Zwischenüberhitzung, bei welcher der Dampf nochmals auf 600 C° erhitzt wird, bringt eine Steigerung des Nettowirkungsgrades um 1,5 bis 2% gegenüber dem Referenzkraftwerk. Eine zweite Zwischenüberhitzung würde eine Steigerung des Nettowirkungsgrades um ein weiteres Prozent mit sich bringen, diese Maßnahme wird aber aufgrund des hohen Investitionsaufwandes für Rohrleitungen zur Zeit nur selten genutzt (Riedel, 1990: 67; Weinzierl, 1992: 177f.).

Die Zwischenüberhitzung kann sich nachteilig auf die Ersparnis durch die regene-

---

[92] Welcher Werkstoff mit welchen Werkstoffkennwerten in einem bestimmten Kraftwerk noch wirtschaftlich eingesetzt werden kann, wird im Rahmen einer Optimierungsrechnung durch den Kraftwerksbauer anhand der vorliegenden Rahmenbedingungen ermittelt (Kugeler, 1993: 353ff.; Weinzierl, 1992: 177f.; Oeljeklaus, 1995: 245f. und Kallmeyer, 1995: 10ff.

rative Speisewasservorwärmung auswirken. Der Grund dafür ist, daß sowohl bei der Zwischenüberhitzung als auch bei der regenerativen Speisewasservorwärmung die Wirkungsgradverbesserung durch die Minderung der Exergieverluste erzielt wird. Eine Kombination von Zwischenüberhitzung und regenerativer Speisewasservorwärmung ist dennoch sinnvoll, es besteht aber die Notwendigkeit, im Rahmen einer Optimierungsrechnung die optimale Anzahl von Zwischenüberhitzungen und Speisewasservorwärmungen zu ermitteln. Durch beide Maßnahmen gemeinsam kann eine wirtschaftliche Verbesserung des Nettowirkungsgrades der Anlage von bis zu 5% gegenüber der Referenzanlage erreicht werden.

Ein zusätzlicher Vorteil der Zwischenüberhitzung ist, daß durch die Zwischenüberhitzung die Dampfnässe[93] in den Endstufen der Turbinen verringert wird. Dies wirkt sich günstig auf den inneren Turbinenwirkungsgrad aus und verhindert eine Erosionskorrision der Turbinenschaufeln durch Wassertropfen (Kugeler, 1993: 45ff.; Loth, 1993: 29f.).

6.2.2.5 Dampferzeugerwirkungsgrad

Als eine der zentralen Komponenten eines fossil befeuerten Kraftwerks gilt der Dampferzeuger. Im Dampferzeuger wird die durch die Feuerung freigesetzte Wärme durch Strahlung sowie durch Konvektion über das Rauchgas an die Kesselzüge und Heizflächen zur Nutzung der entstehenden Wärme übertragen. Die Dampferzeuger bestehen neben der Brennstoffaufbereitung und dem Brennraum aus mehreren Wärmetauschereinheiten, die in verschiedenen Zonen längs des Rauchgasweges angeordnet sind.[94] Entsprechend dem heutigen Stand der Technik wird das Speisewasser im Economiser auf die Verdampfungstemperatur vorgewärmt, im Verdampfer verdampft und im Überhitzer überhitzt. In der Regel enthält der Dampferzeuger noch mindestens einen Zwischenüberhitzer und einen Luftvorwärmer, der die Abgasverluste reduzieren soll (Kugeler, 1993: 81ff.; Loth, 1993: 32ff.).

Die Wirkungsgrade von modernen Dampferzeugern sind mit h_D=94% bei Vollastbetrieb kaum noch zu verbessern. Bei Teillast oder bei häufigem An- und Abfahren sind diese Werte allerdings viel ungünstiger. Wichtige Parameter, die den Dampferzeugerwirkungsgrad beeinflussen, sind die Abgastemperatur, der Brennstoffausbrand, Verluste durch Wärmestrahlung und Wärmeleitung, Ascheverluste und Luftvorwärmung (Riedle, 1990: 66f.; Kugeler, 1993: 85).

---

93 Bei Dampfkraftprozessen besteht die Gefahr, durch die Expansion und die dadurch bedingte Abkühlung des Dampfes zu stark in das Naßdampfgebiet zu gelangen. Der Wassergehalt in den letzten Stufen der Turbine sollte in jedem Fall unter 15% gehalten werden. Höhere Endwerte des Wassergehaltes könnten an den Turbinenschaufeln zu starken Erosionsschäden führen.

94 Die Anordnung erfolgt so, daß die Verluste durch Irreversibilitäten beim Wärmeübergang minimal werden.

Eine nähere Betrachtung lohnt sich hier nur für die Abgasverluste im Fall einer zu hohen Abgastemperatur nach dem Luftvorwärmer. Die Abgastemperatur liegt bei Kraftwerken vom Referenztyp bei über 130 C° oder noch höher. Diese Temperatur könnte bis auf 105 C° abgesenkt werden, wenn gleichzeitig die Lufteintrittstemperatur mit Hilfe eines zusätzlichen Luftvorwärmers angehoben würde. Der Mehrbedarf an Luftvorwärmerheizfläche ist aber beträchtlich und je nach vorhandener Abgastemperatur nicht mehr wirtschaftlich.

Der Abgasstrom selbst läßt sich reduzieren, wenn der für eine vollständige Verbrennung notwendige Luftüberschuß optimiert wird. Der Luftüberschuß l[95] muß bei einem möglichst kleinen Abgasstrom so groß sein, daß der eingesetzte Brennstoff gerade vollständig verbrannt wird. Diese beiden Maßnahmen zusammen vermindern den Abgasverlust bei modernen Dampferzeugern, je nach ursprünglich vorhandener Abgastemperatur und Abgasstrom, um lediglich ein weiteres Prozent. Bei älteren installierten Dampferzeugern sind durch diese Maßnahmen aber je nach Ausgangssituation beträchtliche Verbesserungen des Gesamtwirkungsgrades möglich (Kallmeyer, 1995: 11; Riedle, 1990: 68f.).

Ein starke Verbesserung der Gesamtwirkungsgrade um 5% und mehr läßt sich an bestehenden Kraftwerken durch den Austausch von veralteten Kesseln[96] erzielen, die nicht selten einen Wirkungsgrad von unter 50% besitzen (Riedle, K. (1990), S 66 f.; Kugeler, 1993: 84ff.; Wiesegart, 1990: 217).

6.2.2.6 Mechanischer und innerer Wirkungsgrad der Dampfturbinen

Die Wirkungsgrade der Dampfturbinen (mechanischer Wirkungsgrad h_m und innerer Wirkungsgrad h_i)[97] konnten in den letzten Jahren strömungstechnisch erheblich verbessert werden. Die Optimierung der Eintrittsquerschnitte und die Entwicklung neuer aerodynamischerer Schaufelprofile sowie verbesserter Spaltabdichtungen ermöglichten einen Turbinenwirkungsgrad von 90 bis 95%. Durch die Entwicklung neuer Berechnungsmethoden und Fertigungsmöglichkeiten sowie durch die Durchführung umfangreicher Laborversuche konnten die genannten Verbesserun-

---

[95] In technischen Verbrennungsprozessen wird immer mit einem Luftüberschuß, gekennzeichnet durch Wert l>1, gearbeitet, um sicher zu gehen, daß der Brennstoff vollständig (rückstandsfrei) verbrennt. Der Luftüberschuß l ist definiert als das Verhältnis von tatsächlicher Luftmenge zu theoretisch für die Verbrennung erforderlicher Luftmenge.

[96] Ursprünglich war der Dampferzeuger nur ein beheizter Dampfkessel, also ein beheizter Behälter. In vielen Ländern werden diese Dampfkessel noch verwendet. Daher wird hier das Wort Kessel statt Dampferzeuger verwendet.

[97] Der innere Wirkungsgrad und der mechanische Wirkungsgrad der Turbine sind hier einfachheitshalber zusammengefaßt. Im mechanischen Wirkungsgrad der Turbine spiegeln sich die Reibungsverluste in der Turbine wider. Der innere Wirkungsgrad ist stark von der Turbinenlast und dem Zustand des Dampfes abhängig. Im inneren Wirkungsgrad spiegeln sich die thermischen Verluste der Turbine wieder, weshalb er auch häufig in den thermischen Wirkungsgrad des gesamten Kraftwerks eingeht.

gen ermöglicht werden. Bezogen auf Turbinentypen der 70er Jahre, die heute weltweit in thermischen Kraftwerken verbreitet sind, lassen sich Nettowirkungsgrade von thermischen Kraftwerken erzielen, die im Durchschnitt 2% höher sind. Fast alle Neuentwicklungen lassen sich ohne Schwierigkeiten bei älteren Kraftwerken wirtschaftlich nachrüsten, so daß diese auf einen technischen Stand gebracht werden könnten, der dem neuer Turbosätze nahekommt. Die Verbesserung des erreichbaren Gesamtwirkungsgrades ist noch beträchtlicher, wenn die neuen Turbinenkomponenten aus Werkstoffen bestehen, die höhere Frischdampfparameter zulassen (Oeynhausen, H. (1992), S. 147 ff.; Hebel, 1990: 76f.; Riedle, 1990: 67f.).

6.2.2.7 Weitere Verbesserungsmaßnahmen

Die großen Frischdampfleitungen und die Ventilgehäuse werden üblicherweise für Dampfgeschwindigkeiten von 60 m/s ausgelegt, was zu Druckverlusten von bis zu 10 bar führen kann. Eine großzügigere Auslegung der Rohrleitungen könnte die Druckverluste um die Hälfte senken, was eine Verbesserung des Nettowirkungsgrades des Referenzkraftwerkes von 0,5% mit sich bringen würde. Durch eine Optimierung zwischen dem Druckverlust und den Kosten der Rohrleitungen läßt sich der angesichts der Materialkosten und des CO_2-Problems tolerierbare Druckverlust ermitteln.

Für den Generator sind durch Verringerung der Verluste in Läufer und Ständer sowie durch den Übergang zu verbesserter Kühlung durch Wasserstoff oder Wasser ebenfalls deutliche Verbesserungen erreicht worden. Der Komponentenwirkungsgrad konventioneller Generatoren liegt derzeit, je nach Lastfall, bei h_{el}=97% für Viertellast und bei fast 99% für Vollast. Der Übergang auf supraleitende Generatoren würde erlauben, deren Komponentenwirkungsgrad noch einmal um etwa 0,8 % bei Vollast anzuheben, und gleichzeitig würde der Abfall der Kennlinie bei Teillast stark reduziert. Der Austausch von Generatoren kann eine erhebliche Steigerung des Gesamtwirkungsgrades bringen und ist in den meisten Fällen auch wirtschaftlich sinnvoll.

Bei den Komponentenwirkungsgraden von Kondensat- und Speisewasserpumpe sind durch eine verbesserte Hydraulik und Strömungsführung in der letzten Zeit Verbesserungen erreicht worden, die den Gesamtanlagenwirkungsgrad von Kraftwerken um 0,1% erhöhen könnten.

Der Eigenbedarf für Pumpen, Kühlventilatoren, Kohlemühlen usw. von rd. 5% dürfte nicht mehr stark zu verbessern sein.

Über diese Maßnahmen hinaus wird der Gesamtwirkungsgrad durch Parameter wie Anlagenleistung, Anlagenauslastung, Anlagenzustand und Betriebsweise beeinflußt. Diese Einflüsse sind aber nur durch langjährige Erfahrung mit der Anlage und durch intensive Schulung des Kraftwerkspersonals ableitbar (Oeynhausen, 1992: 147ff.; Riedle, 1990: 66f.; Hebel, 1990: 76f.).

6.2.2.8 Gesamtes Potential der Verbesserungsmaßnahmen

Die für die einzelnen Verbesserungsmaßnahmen angegebenen Wirkungsgradverbesserungen sind Erwartungswerte, die nicht in jedem Fall erreicht werden können. Den rechnerisch möglichen Wirkungsgraden stehen in allen Fällen die anlagetechnischen Realitäten gegenüber. Zudem können auch die Wirkungsgradverbesserungen der Einzelmaßnahmen nicht einfach aufsummiert werden, denn die genannten Maßnahmen behindern sich zum Teil gegenseitig.[98] Daher muß das Potential der einzelnen Verbesserungsmaßnahmen im technischen Gesamtzusammenhang gesehen werden, d.h. erreichbare Wirkungsgradverbesserungen können, wenn überhaupt, nur für ein Maßnahmenbündel angegeben werden.

In diesem Sinn würden die folgenden Maßnahmen den Nettowirkungsgrad von 33% des ursprünglichen Referenzkraftwerkes anheben:

- Optimierung der Kühlmöglichkeiten (Kondensatordruck 0,03 bar)
- Anhebung der Frischdampfparameter auf bis zu 270 bar/580 C°
- Regenerative Speisewasservorwärmung (Nutzung von bis zu acht Vorwärmstufen bei einer optimalen Vorwärmendtemperatur von 300 C°)
- Einfache Zwischenüberhitzung auf bis zu 600 C°
- Einsatz von modernen Dampferzeugern mit h_D=94%
- Einsatz von modernen Turbosätzen (Hoch-, Mittel-, und Niederdruckturbine) mit Wirkungsgraden zwischen 90 und 95%
- Verwendung von Generatoren mit $h_{el} > 97\%$
- Einsatz von Kondensat- und Speisewasserpumpen mit höchsten Wirkungsgraden

Alle diese Maßnahmen zusammengenommen ermöglichen es, konventionelle Dampfkraftwerke unter Einhaltung der gesetzlichen Emissionsvorschriften in der Bundesrepublik Deutschland und unter Beachtung von wirtschaftlichen Kriterien für Nettowirkungsgrade von 45 bis 46% auszulegen. Allerdings ist zu beachten, daß sich diese Nettowirkungsgrade nur bei günstigen Kondensatorzuständen ergeben. Diese Verbesserungsmaßnahmen bedeuten gegenüber dem Referenzkraftwerk eine Einsparung an Brennstoff und damit an CO_2-Emissionen von 17 bis 18%. Somit stellt die Nutzung der fortschrittlichen konventionellen Kraftwerkstechnik ein enormes Potential für eine CO_2-Minderungsstrategie dar.

In der technischen Realität können die erreichbaren Verbesserungen bis zu 3% unter dem genannten theoretisch erreichbaren Wirkungsgrad liegen. Bei Einsatz von Braunkohle statt Steinkohle ergibt sich eine weitere Verschlechterung von

---

[98] Die erläuterte Behinderung von regenerativer Speisewasservorwärmung und Zwischenüberhitzung sind hier als Beispiel zu nennen.

etwa 2 bis 2,5%. Dagegen liefert Erdgas Werte, die um etwa 1 bis 2% höher liegen können.

Die genannten Werte sind nicht nur beim Neubau von Kraftwerken zu erreichen, sondern sind auch die Meßlatte für mögliche Verbesserungsmaßnahmen an Altanlagen (Hebel, 1990: 76). Im nächsten Unterkapitel werden Angaben zu den Investitionskosten von Kraftwerken mit einer derartigen Ausstattung gemacht.

Eine weitere Verbesserung des Nettowirkungsgrades um 2 bis 3% über 45% hinaus ist durch folgende Maßnahmen möglich, wenn das Kriterium der Wirtschaftlichkeit vernachlässigt wird (Riedle, 1990: 65ff.):

- Anhebung der Frischdampfparameter auf 300 bar/600 C°
- Zweifache Zwischenüberhitzung auf bis zu 600 C°
- Absenkung der Abgastemperatur bis auf 105 C° mit Hilfe eines zusätzlichen Luftvorwärmers
- Zusätzliche Maßnahmen zur Optimierung des Luftüberschußes
- Minderung der Druckverluste durch großzügigere Auslegung der Frischdampfleitungen und der Ventilgehäuse

Die zusätzliche Wirkungsgradverbesserung dieser Maßnahmen beträgt bestenfalls 3%, was eine Durchführung dieser Maßnahmen unter Wirtschaftlichkeitsgesichtpunkten nicht rechtfertigt. Konkret heißt dies, daß sich die zuletzt genannten Maßnahmen erst rechnen, wenn auch die externen Kosten der Energieerzeugung beispielsweise durch Emissionen berücksichtigt werden. Ein Ausgleich der zusätzlichen Anlagekosten durch die zu heutigen Weltmarktpreisen bewerteten Brennstoffe im Laufe der Betriebszeit ist aber derzeit nicht möglich.

6.2.2.9 Investitionskosten von konventionellen Kraftwerken

Um einen Eindruck von den Investitionskosten für ein modernes Dampfkraftwerk mit der erläuterten Technik zu geben, sollen an dieser Stelle beispielhaft die Investitionskosten für zwei kürzlich in der Bundesrepublik Deutschland errichtete Kraftwerke angeführt werden. Die Angaben stammen aus einer vergleichenden Gegenüberstellung der Firma Krupp Koppers, bei der die Investitionskosten von zwei konventionellen Dampfkraftwerken mit den Investitionskosten eines Kombiblocks mit integrierter Kohlevergasung verglichen wurden (Tabelle 14). Um die Vergleichbarkeit zu gewährleisten, wurden die Kosten für die eingesetzte Technik (Staudinger 5, Lübeck, Puertollano) auf einen 640 MW Block mit 6500 Jahresnutzungsstunden bezogen. Die dabei verwendeten Daten basieren auf Erhebungen vom Oktober 1990. Krupp Koppers geht davon aus, daß die Kohle 130 DM/t SKE kostet und die Zinsen 9% pro Jahr betragen. Weiterhin wird angenommen, daß die Abschreibungszeit über 20 Jahre läuft und die Personalkosten 100000 DM pro Person und Jahr betragen. Auf dieser Grundlage ergeben sich, bei spezifischen Investitionskosten von 2234 DM/kW, für das Kraftwerk Staudinger 5 mit einem

Nettowirkungsgrad von 43% und mit einer Leistung von 500 MW Stromgestehungskosten von 10 Pf/kWh bei einer Benutzungsdauer von 6000 Stunden pro Jahr. Zu den selben Stromgestehungskosten kommt das Hochtemperaturkraftwerk[99] Lübek bei einem Nettowirkungsgrad von 45,5% und einer Leistung von 400 MW. Beide Blöcke können Fernwärme auskoppeln, was einen Brennstoffnutzungsgrad[100] von 62,5% möglich macht.

Tabelle 14: Investitionskosten von modernen konventionellen Kraftwerken (640 MW) kalkuliert für die Technik von Staudinger 5 und für das Hochtemperaturkraftwerk Lübeck (incl.Bauwerke und Montage)

	Kraftwerk Staudinger 5 (h_{el} = 43%/500MW) Mio. DM	Hochtemperatur-KW Lübeck (h_{el} = 45,5%/400MW) Mio. DM
Anlagen zur Lagerung, zum Transport und zur Vorbereitung von Kohle	20	20
Dampferzeuger mit Feuerungssystem	500	580
Dampfturbinen und elektrotechnische Anlagen	450	470
Anlagen zur Entstickung und Entschwefelung des Rauchgases	300	290
Anlagen zur Versorgung und Entsorgung	160	160
Gesamtinvestition	1430	1520
spezifische Investitionskosten (DM/kW)	2234	2375

Quelle: Energiespektrum, 1993: 16

Die für die Bundesrepublik vergleichsweise niedrigen Investitionskosten für konventionelle Kraftwerke ergeben sich dadurch, daß auf eine doppelte Sicherheitsauslegung der Komponenten verzichtet wurde.[101] Damit sinken die Investitionskosten und der Eigenverbrauch der Anlage. Da die Investitionen auf die Verhältnisse in der Bundesrepublik angepaßt sind, kann davon ausgegangen werden, daß die Investitionskosten und die Stromgestehungskosten beispielsweise in China schon aufgrund der geringeren Lohnkosten niedriger liegen würden.

Oeljeklaus (1995: 245ff.) gibt die spezifischen Investitionskosten für den Neubau eines konventionellen Steinkohlekraftwerk mit einem Nettowirkungsgrad von 38%

[99] Als Hochtemperaturkraftwerk werden Kraftwerke bezeichnet, die austenitische Werkstoffe (z.B. P 91) verwenden, um höchste Frischdampfparameter zu erreichen. Beim Hochtemperaturkraftwerk Lübek liegt die Frischdampftemperatur bei 560 C° bei einem Druck von 250 bar. Der Block hat eine einfache Zwischenüberhitzung (560 C°/60 bar).

[100] Der Nutzungsgrad oder auch Brennstoffnutzungsgrad eines Kraftwerkes ist definiert als das Verhältnis von elektrischer und thermischer Leistung des Kraftwerks zur Brennstoffleistung (meist Heizwert) des eingesetzten Brennstoffes.

[101] Dies ist aufgrund der 100jährigen Erfahrung mit konventionellen Dampfkraftwerken möglich. Allerdings könnte die drohende Konkurrenz zwischen Konventionellen- und Kombi-Kraftwerken für den Verzicht auf die doppelte Sicherheitsauslegung verantwortlich sein.

mit 2200 DM/kW an. Von diesem Wert ausgehend errechnet er eine MehrInvestition von 185 DM/kW für den Neubau eines entsprechenden Kraftwerkes mit 45% Nettowirkungsgrad.

Zusätzliche Kosten von 185DM/kW für eine Wirkungsgradverbesserung um 7% für den Neubau eines Kraftwerks erscheinen als sehr gering, zumal für Wirkungsgradverbesserungen von exponentiell ansteigenden Grenzkosten ausgegangen werden kann.[102] Es ist allerdings vorstellbar, daß die zusätzlichen Kosten für die Wirkungsgradverbesserung in Relation zu den Kosten für die Grundkomponenten und die Infrastruktur gering ausfallen, wenn entsprechende Verbesserungsmaßnahmen schon bei der Planung berücksichtigt werden. Schwieriger und damit teuerer werden Wirkungsgradverbesserungen, wenn ein schon bestehendes Kraftwerk umgerüstet werden muß.

Leider ist es im Rahmen dieser Arbeit nicht möglich, genaue Angaben zu den Kosten für die Durchführung von wirkungsgradsteigernden Maßnahmen an Altanlagen zu machen. Die Kosten für Umrüstungsmaßnahmen sind sehr schwer zu ermitteln, da sie von Kraftwerk zu Kraftwerk stark variieren. Die Umrüstungskosten sind abhängig vom Ausgangszustand der Anlage (Alter, Wirkungsgrad, Zustand, eingesetzte Technik, etc.), von den Standortbedingungen und von der wirtschaftlich erreichbaren Wirkungsgradverbesserung.

Wiesegart (1990a: 218) geht davon aus, daß die spezifischen Investitionskosten für die Umrüstung einer Altanlage um mindestens 50% niedriger sind als die spezifischen Investitionskosten für den Neubau eines Kraftwerkes. Er begründet dies vor allem durch die schon vorhandene Infrastruktur der Altanlagen. Er schätzt die Umrüstungskosten für Kraftwerke in Asien auf 300 bis 450 US $/kW. Ein zusätzlicher Vorteil der Umrüstung von Kraftwerken liegt in der Umrüstungszeit, die mit 1 bis 2 Jahren nur einen Bruchteil der Zeit beträgt, die für den Neubau eines Kraftwerkes erforderlich ist. Die Tatsache, daß Nachrüstungsmaßnahmen einen alten Kapitalstock betreffen, der eine geringere Lebensdauer aufweist als Kraftwerksneubauten, wird von Wiesegart als nicht dominant erachtet. Er begründet dies dadurch, daß sich die wirtschaftliche Restnutzungsdauer der Altanlage um 20 Jahre erhöht.

---

[102] Dieser Kostenverlauf läßt sich beispielhaft für die regenerative Speisewasservorwärmung erläutern. Die erste in den Clausius-Rankine-Prozeß eingebrachte Vorwärmstufe ist, weil es sich um eine Niederdruckanzapfung handelt, sehr kostengünstig und kann eine Anhebung des thermischen Wirkungsgrades um bis zu 6% erbringen. Dagegen erbringt die neunte Vorwärmstufe nur eine zusätzliche Verbesserung des thermischen Wirkungsgrades von 0,1%. Zudem muß die neunte Vorwärmstufe aufgrund der schon recht hochliegenden Vorwärmendtemperatur eine Hochdruckanzapfung sein, die sehr viel teurer ist als eine Niederdruckanzapfung.

6.2.2.10 *Zukünftiges Entwicklungspotential des konventionellen Dampfprozesses*

Die weitere Entwicklung des Dampfprozesses stößt derzeit bei Dampfzuständen von 580 C° an seine thermodynamischen und wirtschaftlichen Grenzen, weil preiswerte hochtemperaturfeste Werkstoffe fehlen. Die bei Temperaturen über 550 C° eingesetzten dickwandigen austenitischen Bauteile sind wegen ihres Einflusses auf das Laständerungsverhalten und die dadurch bedingte Verlängerung der Anfahrzeit nur bei Grundlastkraftwerken wirtschaftlich einsetzbar (Weinzierl, 1990: 41). Bei den konventionellen Kraftwerken ist bei einer maximal möglichen Dampfturbineneintrittstemperatur von 580 C° eine weitere Steigerung des Wirkungsgrades über 47% hinaus nicht möglich (Weinzierl, 1992: 178).

Aus heutiger Sicht ist für eine weiterführende zukünftige Entwicklung eine Veränderung des thermodynamischen Anlagenkonzeptes hin zu höheren Prozeßtemperaturen erforderlich. Diese thermodynamisch günstigeren Anlagekonzepte sind in technischer Hinsicht sehr viel komplexer als konventionelle Kraftwerkskonzepte und stellen damit nach dem heutigen Stand ein größeres wirtschaftliches Risiko dar. Dies ist damit zu begründen, daß Kombikraftwerke mit neuartiger Prozeßführung ihre Wirtschaftlichkeit und ihre Betriebssicherheit in Konkurrenz zu fortschrittlichen konventionellen Kraftwerken erst noch beweisen müssen (Kallmeyer, 1995: 12).

Bei den Anlagen mit neuen Grundkonzepten handelt es sich im wesentlichen um die im nächsten Kapitel beschriebenen Gas-/Dampfturbinen-Kombiprozesse.

6.2.3 Kombi-Kraftwerke

Im Kombikraftwerk werden durch Kombination eines Gasturbinen- und eines Dampfturbinen-Prozesses fossile Brennstoffe unter hohem Wirkungsgrad bei geringen Emissionen zur Stromerzeugung genutzt. Bei den bereits beschriebenen konventionellen Kraftwerken auf Grundlage des Dampfturbinenprozesses beträgt die den thermischen Wirkungsgrad bestimmende nutzbare Temperaturdifferenz zwischen einer Dampfturbineneintrittstemperatur von 580 C° und der Kühlwassertemperatur höchstens 560 Kelvin. Mit der bei allen Kombiprozessen verwendeten Gasturbine wird eine wesentlich höhere Prozeßeintrittstemperatur von bis zu 1150 C° und eine nutzbare Temperaturdifferenz von über 1100 Kelvin ermöglicht (Dreyhaupt, 1994: 716; Loth, 1993: 58).

Die Schlüsseltechnologie für alle Kombikraftwerke ist die Gasturbinentechnologie, die noch ein hohes Entwicklungspotential besitzt. Die weltweit führenden Anbieter im Bereich der Gasturbinentechnologie sind derzeit die in der Bundesrepublik Deutschland ansässigen Kraftwerksbauer Siemens KWU und ABB, die unabhängig voneinander eine neue, noch nicht eingesetzte, Gasturbinengeneration entwikkelt haben. Es handelt sich dabei um die Hochtemperaturgasturbine V94.3A (Wirkungsgrad 38%; 240 MW) der Siemens KWU und um die GT 26 (Wirkungsgrad 37,8%; 240 MW) der Firma ABB-Kraftwerke (Hauenschild, 1995: 487ff.; Siemens, 1995: 8ff.).

Für die Kombination von Gas- und Dampfturbinen gibt es vier grundsätzliche Möglichkeiten, nämlich den Kombiprozeß mit Erdgas-/Heizölbefeuerter Gasturbine, den Kombiprozeß mit Erdgas-/Heizölbefeuerter Gasturbine und zusätzlich fossilbefeuertem Dampferzeuger, den Kombiprozeß mit integrierter Kohlevergasung und den Kombiprozeß mit Druckwirbelschichtfeuerung. Diese vier Typen von Kombikraftwerken sollen in dieser Reihenfolge nach den Grundlagen der Gasturbinenprozesse dargestellt werden.

6.2.3.1 Grundlagen der Gasturbinenprozesse

Der Gasturbinenprozeß (GT-Prozeß) hat seinen Namen von dem beim Prozeß verwendeten Arbeitsfluid. Bei Gasturbinenprozessen behält das Arbeitsmedium, im Gegensatz zum Wasser-Dampfkreislauf, immer den gasförmigen Aggregatzustand bei. Es werden Gasturbinenprozesse mit offenem und mit geschlossenem Kreislauf unterschieden.

Beim geschlossenen GT-Prozeß wird die Wärme dem im Kreislauf geführten Arbeitsmittel über einen Gaserhitzer[103] übertragen, also nicht durch Verbrennung des Brennstoffes im eigentlichen Kreislauf. Dadurch ist man in der Wahl des Arbeitsmittels (in der Regel Luft oder ein anderes Gas) frei und auch im Einsatz des Brennstoffs, d.h. man kann auch Kohle im Gaserhitzer verbrennen. Im Prinzip ist der geschlossene GT-Prozeß dem Wasser-Dampfprozeß ähnlich, abgesehen vom verwendeten Arbeitsfluid. Für die Kombiprozesse, die nachfolgend erläutert werden, besitzen die geschlossenen GT-Prozesse keine Relevanz.

Beim offenen Gasturbinenprozeß (GT-Prozeß) wird die von einem Verdichter angesaugte Frischluft einer Brennkammer zugeführt. Der Brennstoff (z.B. Erdgas oder Heizöl) wird über Düsen in die Brennkammer geleitet und mit der komprimierten Luft verbrannt. Die heißen Verbrennungsgase werden vor Eintritt in die Turbinenstufe durch Zumischen von komprimierter Luft auf eine für die Gasturbine zugelassene Heißgastemperatur abgekühlt. Nach dem heutigen Stand der Technik sind Temperaturen von max. 1150 C° zulässig, Steigerungen sind absehbar. Die Heißgase entspannen, unter Verrichtung von Arbeit, in der Turbine und treten als heiße Abgase mit einer Temperatur zwischen 450 und 550 C° aus. Die hohen Abgastemperaturen werden meist ausgenutzt zur Erzeugung von Heizwärme, Prozeßdampf oder in Verbindung mit Kombikraftwerken. In Abbildung 14 ist ein offener GT-Prozeß abgebildet.[104] Die kurze Anfahrzeit des offenen GT-Prozesses, in 5 min. von kalt auf Vollast, ist ideal für den Einsatz in Spitzenlastkraftwerken. Soll

---

[103]Der Gaserhitzer entspricht dem Dampferzeuger beim Clausius-Rankine-Prozeß.

[104]Zum Anfahren einer Gasturbine wird der dafür ausgelegte Generator als Anlaßmotor benutzt. Die Gasturbine muß mit einem Anlasser betätigt werden, weil der Verdichter, der die komprimierte Luft in der Brennkammer bereitstellt, im Betrieb direkt von der Gasturbine angetrieben wird. Ab einer bestimmten Turbinendrehzahl wird der Verdichterantrieb schließlich von der Gasturbine übernommen. Dies ist der Grund für die Verbindungslinie (Wellenstrang) zwischen Verdichter, Gasturbine und Generator in Abbildung 14.

dagegen die Gasturbine in einem Grundlastkraftwerk eingesetzt werden, ist dies nur im Kombiprozeß sinnvoll (Kugeler, 1993: 56 ff.; Loth, 1993: 58ff.).

6.2.3.2 Kombiprozeß mit Erdgas/Heizöl-befeuerter Gasturbine (GuD)

Beim kombinierten Gas- und Dampfturbinenprozeß (GuD-Prozeß)[105] wird ausgenutzt, daß die mittlere Temperatur der Wärmezufuhr beim GT-Prozeß sehr hoch ist und daß beim Dampfturbinenprozeß (DT-Prozeß) eine niedrige mittlere Temperatur der Wärmeabfuhr in der Nähe der Umgebungstemperatur erreicht wird. Der GuD-Prozeß erreicht einen sehr hohen thermischen Wirkungsgrad, weil die Wärmezufuhr auf hohem Temperaturniveau im Gasturbinenprozeß erfolgt, während die Wärmeabfuhr auf niedrigem Temperaturniveau am kalten Ende (Kondensator) eines nachgeschalteten DT-Prozesses geschieht. Es handelt sich genau genommen um einen Zweikreisprozeß, bei dem die auf hohem Niveau anfallende Abwärme des einen Prozesses zur Beheizung des anderen Prozesses verwendet wird.[106]

Die Kopplung beider Kreisläufe erfolgt über einen Abhitzedampferzeuger, dem sogenannten Abhitzekessel, der ohne oder mit zusätzlicher Befeuerung betrieben werden kann.[107] Der Abhitzekessel ersetzt also beim DT-Prozeß den Dampferzeuger einschließlich des Überhitzers (Kugeler, 1993: 56ff.; Loth, 1993: 71ff.; Dreyhaupt, 1994: 716ff.; Weinzierl, 1992: 176f.).

Die Abgaswärme des Gasturbinenprozesses mit Temperaturen von bis zu 550 C° wird somit genutzt, um bei einem Dampfturbinenprozeß nach Clausius-Rankine die üblichen Frischdampftemperaturen zu erreichen. Das Leistungsverhältnis zwischen Gas- und Dampfturbine ist ohne Zusatzfeuerung im Bereich zwischen 3 : 1 bis 2 : 1 wählbar. Bei Einsatz von Erdgas und einem Leistungsverhältnis von 2 : 1 können diese Prozesse bis in einen Bereich des Nettowirkungsgrades von 55% vorstoßen, wenn die Gasturbinentemperatur auf 1200 C° angehoben wird und der Gasturbinenwirkungsgrad wie derzeit bei 34% liegt. Schon in der nahen Zukunft werden Nettowirkungsgrade von 60% erwartet, die durch neue Gasturbinentypen mit höheren Gasturbinenwirkungsgraden von mehr als 38% erreicht werden können. Für den Einsatz von Heizöl werden geringfügig niedrigere Nettowirkungsgrade als beim Erdgaseinsatz erreicht.

Die hohen Wirkungsgrade und die geringen spezifischen Emissionen von Kohlendioxid aus der Verbrennung von Erdgas erlauben es, daß erdgasbefeuerte Kombikraftwerke mit h_{ges}=55 im Vergleich zu konventionellen Steinkohle-

---

[105]Die Firma Siemens bezeichnet kombinierte Gas- und Dampfprozesse ohne beziehungsweise mit nur geringer Zusatzfeuerung mit dem geschützten Namen GuD. Diese Abkürzung hat sich bei Technikern als gängige Bezeichnung für diesen Prozeß durchgesetzt.

[106]Im Zusammenhang mit dem GuD-Prozeß wird der GT-Prozeß auch als „topping cycle" und der DT-Prozeß als „bottoming cycle" bezeichnet.

[107]Die Abhitzekesselvariante ohne Zusatzfeuerung ist lediglich ein Wärmetauscher mit vorwiegend konvektiver Wärmeübertragung.

Dampfkraftwerken (h_{ges}=45) um bis 50% geringere Kohlendioxidemissionen aufweisen (Schilling, 1996: 8; Dreyhaupt, 1994: 716ff.; Weinzierl, 1992: 176f.). Damit sind GuD-Anlagen ein deutliches Potential zur CO_2-Minderung unter der Voraussetzung, daß am Kraftwerksstandort eine hundertprozentige Substitution von Steinkohle durch Erdgas möglich ist.

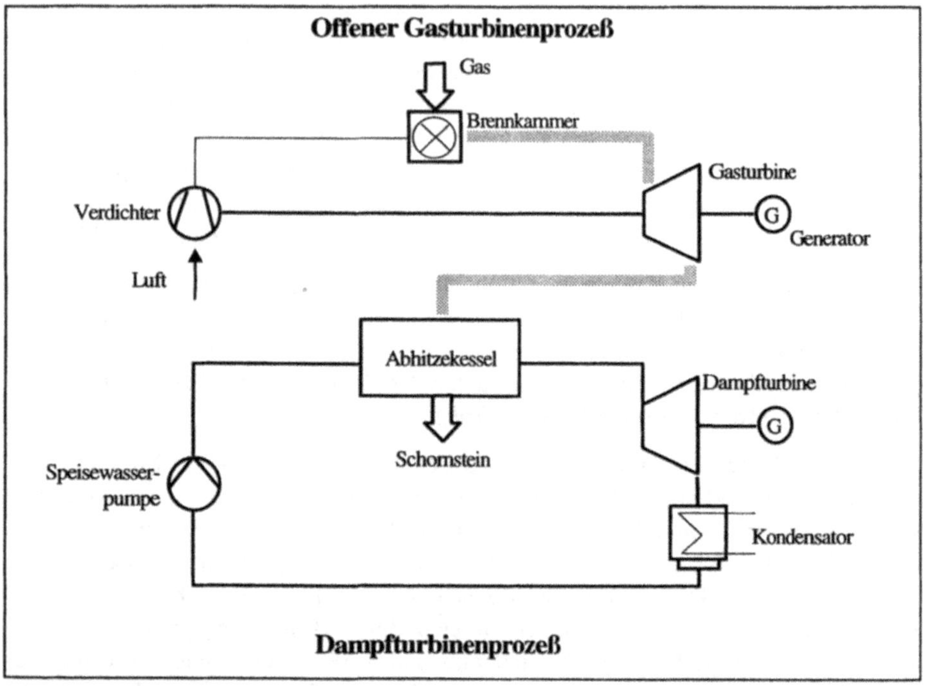

Quelle: Dreyhaupt, 1994: 716

Abbildung 14: Schaltbild eines Kombikraftwerks mit Erdgas-/Heizöl-befeuerter Gasturbine und ungefeuertem Abhitze-Dampferzeuger (GuD-Kraftwerk)

GuD-Kraftwerke sind der einzige Kraftwerkstyp, der sich von den im Kombiprozeß betriebenen Kraftwerken wirklich durchgesetzt hat. GuD-Kraftwerke stellen mittlerweile kein wirtschaftlich-technisches Risiko mehr dar und können in einer Größenordnung von 100 bis 720 MW (Siemens, 1995) überall dort gebaut werden, wo Gas zur Verfügung steht. Zu den Investitionskosten konnten in der Literatur keine direkten Angaben gefunden werden, aber die spezifischen Investitionskosten für die GuD-Anlage beim 640 MW Kombikraftwerk mit integrierter Kohlevergasung würden bei etwa 1300 bis 1700 DM/kW[108] liegen. Dies ist deutlich weniger als die Kosten für ein konventionelles Kohlekraftwerk. Die geringeren Kosten

[108]Dieser Wert ergibt sich, wenn man für das Kombikraftwerk mit integrierter Kohlevergasung sämtliche Kosten für die Kohlevergasung abzieht und nochmals 300 Mio DM für die Entstickung und Entschwefelung des Rauchgases dazu addiert (vgl. Tabelle 14).

können aber durch die einfachere Handhabung und durch die fast rückstandsfreie Verbrennung von Gas erklärt werden.

6.2.3.3 Kombiprozeß mit Erdgas/Heizöl-befeuerter Gasturbine und fossil befeuertem Dampferzeuger

Wie schon erwähnt, ist es möglich, den Abhitzekessel des GuD-Prozesses zusätzlich zu befeuern oder mit einem mit Stein- oder Braunkohle befeuerten Dampferzeuger zu kombinieren. Allerdings wird bei der Verwendung eines befeuerten Abhitzekessels nicht mehr von einem GuD-Prozeß gesprochen. Erfolgt die Verbindung des GT-Prozesses mit dem DT-Prozeß abgasseitig, wird von einem Kombiblock (Abgasverbund) gesprochen, beispielsweise Erdgas/Kohle-Kombi. Beim Kombi-Block dient das entspannte heiße Abgas der Gasturbine mit einem Restsauerstoffgehalt von 15% als Verbrennungsluft für den kohlebefeuerten Dampferzeuger des DT-Prozesses.

Die häufiger angewendete dampfseitige Verknüpfung wird als Verbundblock (Dampfverbund) bezeichnet.[109] Hierbei wird der durch die Gasturbinenabwärme im Abhitzekessel erzeugte Dampf dem Dampfstrom eines konventionell befeuerten Kohlekraftwerksblocks mit eigenem Hauptdampferzeuger zugeführt. Diese Vorschaltung einer Gasturbine vor einen konventionellen Prozeß wird als „Topping" bezeichnet und kann auch an bestehenden konventionellen Kraftwerken zur Hebung des Nettowirkungsgrades angewendet werden. Allerdings ist dies nur unter der Bedingung möglich, daß Gas (Erdgas, Kohlegas, etc.) oder Heizöl am Kraftwerksstandort verfügbar ist.

Der Vorteil des Verbundblocks gegenüber dem Kombiblock liegt in der stärkeren prozeßtechnischen Entkopplung durch die Nutzung von Abhitzekessel und Dampferzeuger. Die prozeßtechnische Entkopplung ermöglicht eine flexible Wahl des Leistungsverhältnisses und der DT-Prozeß kann unter Umständen selbständig betrieben werden (Kugeler, 1993: 56ff.; Loth, 1993: 56ff.).

Ob das Vorschalten einer Gasturbine vor einen vorhandenen Kraftwerksblock insgesamt eine Effizienzsteigerung mit sich bringt und ob diese Maßnahme letztlich auch einer wirtschaftlichen Betrachtung standhält, ist von einer Reihe technischer Faktoren und Zusammenhänge abhängig, die im Rahmen dieser Arbeit nicht geklärt werden können.[110] Sicher ist, daß für die Entscheidung zur Durchführung einer solchen Maßnahme ein Know-how erforderlich ist, wie es nur bei Kraftwerksbauern aus Industrieländern vorhanden ist, die zudem eine große Erfahrung mit der Gasturbinentechnologie besitzen.

---

[109]Leider werden in der Literatur die erläuterten Bezeichnungen nicht immer korrekt verwendet. Daher kommt es häufiger vor, daß keine Unterscheidung zwischen einem Erdgas/Kohle-Kombi und einem Erdgas/Kohle-Verbundkraftwerk erfolgt.

[110]Eine gute Darstellung der Problematik bei der Steigerung des Wirkungsgrades bei bestehenden Anlagen durch Vorschalten einer Gasturbine findet sich in Schulz, 1992: 131ff.. Eine theoretische Betrachtung findet sich in Loth, 1993: 56ff..

Beim Neubau eines Kraftwerkes mit Abgas- oder Dampfverbund können die Anlagenteile optimal aufeinander abgestimmt werden, so daß der Verbundbetrieb thermodynamisch und wirtschaftlich ein Optimum erreichen kann. Der erreichbare Wirkungsgrad eines neu errichteten Verbundkraftwerks liegt leicht über dem einer herkömmlichen Dampfturbinenanlage. Es wird von erreichbaren Wirkungsgraden von bis zu 50% ausgegangen, wenn das Leistungsverhältnis zwischen GT-Prozeß und Hochtemperaturdampfprozeß mit Steinkohlefeuerung 1 : 4 beträgt (Loth, 1993: 5ff.; Dreyhaupt, 1994: 717).

In jüngster Zeit wird in der Literatur jedoch häufig kritisiert, daß die Wirkungsgradsteigerung bei Kombi- und Verbundblöcken in Wirklichkeit nur dem Primärenergiewechsel von ausschließlich Kohle auf Kohle und Erdgas zuzurechnen ist. Der Wirkungsgrad eines solchen Kraftwerks liegt selbstverständlich über dem eines reinen Kohleblockes, jedoch nicht über dem einer separaten Aufstellung von Kohleblock und GuD-Anlage. Eigenständige GuD-Anlagen, die mit konventionellen Kohlekraftwerken im Stromverbund betrieben werden können, weisen heute Wirkungsgrade von 52% auf. Das um 2% schlechtere Ergebnis des Abgas- beziehungsweise Dampfverbundes ist vor allem auf die exergetischen Verluste beim Wärmeaustausch zwischen den GT-Abgasen und dem Wasser-Dampfkreislauf zurückzuführen. Weiterhin entfallen beim Stromverbund betriebliche Abhängigkeiten zwischen dem Steinkohlekraftwerk und dem GuD-Block, und außerdem ist bei getrennten Systemen aufgrund der technischen Erfahrung das technisch-wirtschaftliche Risiko geringer (Kallmeyer, 1995: 13). Somit kann letztendlich nicht schlüssig geklärt werden, ob der Kombiprozeß mit Erdgas/Heizöl-befeuerter Gasturbine und fossilbefeuertem Dampferzeuger einen Beitrag zur Lösung des CO_2-Problems leisten kann. Diese Frage kann nur im Zusammenhang mit Alternativen getroffen werden, wobei wie üblich anhand der Kriterien Wirtschaftlichkeit, Versorgungssicherheit und Auswirkungen auf die Umwelt entschieden werden muß.

Die spezifischen Investitionskosten eines Verbundkraftwerkes mit 640 MW würden nach eigenen Berechnungen bei 2812 DM/kW liegen. Damit liegen die spezifischen Investitionskosten für ein Verbundkraftwerk deutlich über den spezifischen Investitionskosten für ein konventionelles Kraftwerk, was sich aber durch die zusätzlichen Kosten von 370 Mio. DM für Gasturbinenanlage und Abhitzekessel erklären läßt (Tabelle 15).

6.2.3.4 Kombiprozeß mit integrierter Kohlevergasung

In den laufenden Entwicklungen für eine neue Stromerzeugungstechnik aus Kohle nimmt der kombinierte GuD-Prozeß mit integrierter Kohlevergasung den weitesten Raum ein. Dieser Kombiprozeß entspricht weitgehend dem Prozeß mit erdgasbefeuerter Gasturbine, wobei anstelle von Erdgas gereinigtes Brenngas aus einer Kohlevergasungsanlage eingesetzt wird (Abbildung 15). Neben dem noch heißen Abgas nach der Gasturbine wird auch die Rohgaswärme aus der Kohlevergasung (bei Temperaturen über 1000 C°, s.u.) zur Dampferzeugung für den Dampfturbinenprozeß genutzt. Dieser Prozeß zeichnet sich gegenüber der konventionellen Kraftwerkstechnik grundsätzlich durch den Vorteil aus, daß er das weitere Entwicklungspotential der Gasturbinentechnologie nutzen kann.

Die Gaserzeugung kann auf zwei Wegen geschehen (Loth, 1993: 11ff.; Bertmann, 1995: 55ff.):

1. Durch einen Verkokungsprozeß (Erhitzen der Kohle unter Luftabschluß), wobei ein Teil der Kohle in Gas umgewandelt wird.
2. Durch Umwandlung der Kohle unter Hinzufügen eines Vergasungsmittels (Dampf sowie Sauerstoff aus einer Luftzerlegungsanlage oder Luft) bei Temperaturen oberhalb von ca. 800 C° in Kohlegas und Asche. Im Idealfall wird dabei der organische Kohlebestandteil in Gas umgewandelt, und es bleiben die mineralischen Bestandteile als Asche zurück.

Die zweite Möglichkeit hat im Kraftwerkseinsatz eindeutig die größere Bedeutung. Die Luft für den Gaserzeugungsprozeß beziehungsweise für die Luftzerlegung wird aus dem Gasturbinenverdichter entnommen. Der bei der Luftzerlegung anfallende Stickstoff wird in die Gasturbine eingegeben und dient dort einer Reduzierung der Stickoxidbildung. Neben den heißen Abgasen der Gasturbine wird auch die Rohgaswärme aus der Kohlevergasung zur Dampferzeugung im Dampfturbinenprozeß genutzt. Sofern beim Vergasungsprozeß Restkoks übrig bleibt, d.h. wenn keine vollständige Umsetzung der Kohle erreicht wird, kann ein mit diesem Brennstoff nachgefeuerter zusätzlicher Dampferzeuger eingesetzt werden (Bertmann, 1995: 55ff.; Weinzierl, 1992: 170ff.; Loth, 1993: 11ff.).

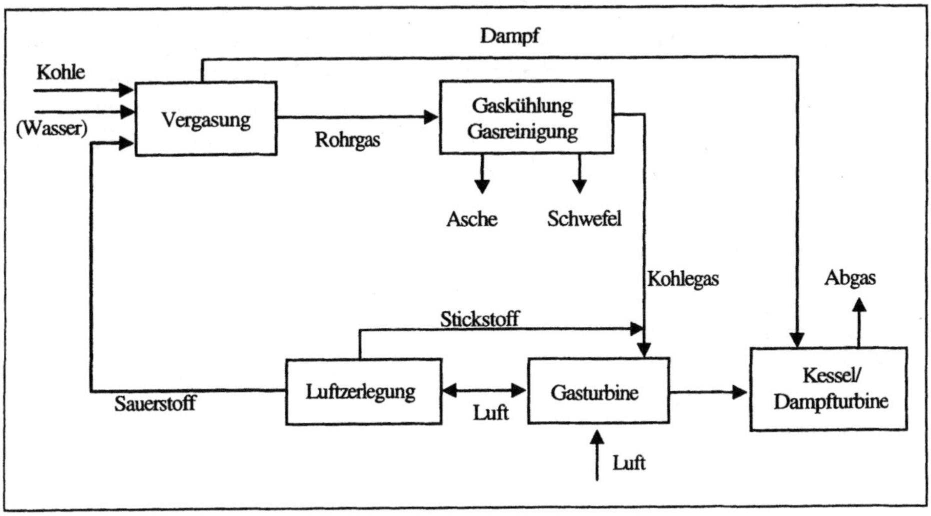

Quelle: Bertmann, 1995: 55

Abbildung 15: Vereinfachtes Schema einer Kohlevergasung

In der Gasreinigung lassen sich die einzelnen Begleitstoffe (Stäube, Verunreinigungen, etc.), die nicht emittiert werden dürfen, abscheiden. Die Gasvolumenströme, welche die Gasreinigungsanlage unter Druck durchlaufen, sind im Vergleich mit den zu reinigenden Abgasströmen bei den konventionellen Prozessen sehr gering. Dem Aufwand für die Vergasereinheit steht der Vorteil gegenüber, daß die aufwendige Rauchgasreinigung bei hohen Temperaturen entfallen kann. Im Vergaser kann eine Entschwefelung des Kohlegases durch eine Methanolwäsche bei tiefen Temperaturen erfolgen. Der durch die Methanolwäsche abgeschiedene Schwefel kann von der chemischen Industrie weiterverarbeitet werden. Zudem ist der Abfall des Gesamtwirkungsgrades der Anlage geringer als bei einer nachgeschalteten Rauchgasreinigung. Somit ist ein Vorteil des Kombiprozesses mit integrierter Kohlevergasung eine besonders effektive Schadstoffvermeidung und -rückhaltung, die eine weitere Minderung der bei fortschrittlichen konventionellen Anlagen erreichten Emissionswerte ermöglicht (Bertmann, 1995: 55ff.; Hlubek, 1996; 8f.; Weinzierl, 1992: 170ff.).

Außerdem besteht beim Kombikraftwerk mit integrierter Kohlevergasung die Möglichkeit der CO_2-Abtrennung aus dem unter Druck stehenden Kohlegas. Das aus der Gasreinigung austretende gekühlte, entstaubte und entschwefelte Gas kann einer sogenannten CO_2-Wäsche[111], bei relativ geringen Wirkungsgradverlusten, unterzogen werden. Bei 88% CO_2-Rückhaltung und einer gasförmigen CO_2-Ausschleusung errechnet sich der Nettowirkungsgrad des Kraftwerkes noch zu 39,9%. Wird eine flüssige CO_2-Rückhaltung vorgesehen, reduziert sich der Wirkungsgrad der Gesamtanlage auf insgesamt 37%. Unter Wirtschaftlichkeitsgesichtspunkten kann dieses Verfahren bei einer erforderlichen Mehrinvestition von 600 DM/kW für die CO_2-Abtrennung erst ab 270 DM/ t SKE eingesetzt werden. Die Kosten je vermiedene Tonne CO_2-Emission würden bei diesem Verfahren bei rd. 70 DM liegen. Zudem erfordern sämtliche Techniken zur CO_2-Rückhaltung weitere Entwicklungsarbeiten, bis eine großtechnische Umsetzung möglich wird. Das Verfahren der CO_2-Wäsche steht somit vermutlich in den Zeiträumen, in denen der Joint Implementation Ansatz seine Tauglichkeit unter Beweis stellen muß, nicht zur Verfügung (Oeljeklaus, 1995: 245ff.).

Für den Einsatz in Kohlevergasungs-Kraftwerken haben sich drei Vergasertypen als besonders aussichtsreich herausgestellt, die nach dem Bewegungszustand des Feststoffes unterschieden werden (Förstner, 1993: 158f.):

- Festbettvergasung (Firma Lurgi): Im Festbettvergaser kann Steinkohle als auch Braunkohle mit Korngrößen von 3 bis 30 mm eingesetzt werden. Die Kohle wird im Gegenstrom zum Vergasungsmedium bei 800 bis 1000 C° und bei einem Druck zwischen 10 und 100 bar getrocknet und vergast. Als Nebenprodukte entstehen Teer und Öle.

---

[111] Näheres zur CO_2-Wäsche findet sich in Pruschek (1992 und 1993) und Oeljeklaus (1995).

- Wirbelbettvergasung (Firma Winkler): Bei der Wirbelbettvergasung kann relativ feingemahlene (Korngrößen < 10 mm) Stein- und Braunkohle bei Temperaturen von 800 bis 1000 C° und ca. 10 bis 25 bar vergast werden.
- Flugstromverfahren (Firma Koppers-Totzek): Beim Flugstromverfahren kann nur feinstgemahlene Steinkohle (Korngrößen < 0,1 mm) bei 1500 bis 1900 C° und ca. 25 bis 40 bar vergast werden.

Als Vergasungsmedium wird Sauerstoff mit Dampf in den Gasgenerator eingeblasen. Hierdurch läßt sich ein Produktgas (Kohlegas) bestehend aus Wasserstoff, Kohlenmonoxid, Kohlendioxid und Kohlenwasserstoff erzielen, das einen Heizwert um 12000 kJ/m3 hat. Setzt man statt Sauerstoff nur Luft als Vergasungsmittel ein, so ist mit einem etwa halb so großen Heizwert zu rechnen, da der in der Luft enthaltene Stickstoff zur Gasverdünnung führt.

Tabelle 15: Kombikraftwerk mit integrierter Kohlevergasung (640 MW) kalkuliert für die Technik der Prototypenanlage Puertollano (Bauwerke und Montage sind in den Kosten für die Teilanlagen enthalten)

	Prototypenanlage Puertollano/Spanien (h_{el} = 45,5%/300 MW) Mio. DM
Anlagen zur Lagerung, Transport und zur Vorbereitung von Kohle	50
Luftzerlegungsanlage	160
Kohlevergasungsmodule mit Gasentschwefelungsanlage und Schwefelgewinnungsanlage	650
Gasturbinen mit Abhitzekesseln und elektrotechnischen Anlagen	370
Dampfturbine und elektrotechnische Anlagen	300
Anlagen zur Versorgung und Entsorgung	150
Gesamtinvestition	1680
spezifische Investitionskosten (DM/kW)	2625

Quelle: Energiespektrum, 1993: 16.

Gegenwärtig können mit dem Kombiprozeß mit integrierter Kohlevergasung in Pilotanlagen Nettowirkungsgrade von 46% bei niedrigsten Schwefeldioxid- und Stickoxidemissionen erreicht werden. Nettowirkungsgrade von über 50% sind in Sicht, wenn eine weitere Steigerung der Gasturbineneintrittstemperatur in Zukunft möglich wird. Die angegebenen Wirkungsgrade können sowohl mit Braunkohle als auch mit Steinkohle erreicht werden. Somit werden durch die Vergasung von Braunkohle schon heute um 4% bessere Wirkungsgrade erreicht als mit fortschrittlichen konventionellen Verfahren (Bertmann, 1995: 55ff.; Hlubek, 1996: 8f.; Loth, 1993: 11ff.; Weinzierl, 1992: 170ff.). Die spezifischen Investitionskosten werden derzeit mit 2625 DM/kW und die Stromgestehungskosten mit 10,4 Pf/kW angegeben. Nach diesen Angaben ist ein Kombikraftwerk zwischen 250 bis 400 DM/kW teuerer als ein konventionelles Kraftwerk in der selben Leistungskategorie. Krupp Koppers geht davon aus, daß in naher Zukunft eine weitere Kostenreduzierung um 250 DM pro installiertem Kilowatt möglich ist. EVUs in

Deutschland gehen allerdings derzeit noch von einem Investitionskostenunterschied von 1000 bis 1500 DM je kW aus (Energiespektrum, 1993: 16ff.). Die EVUs in Deutschland scheuen derzeit noch die Investition in diese Technik, weil das Risiko besteht, daß die ersten Prototypen nicht ohne Störungen betrieben werden können. Aus diesem Grund ist in der Bundesrepublik Deutschland beim Bau von Kombikraftwerken mit integrierter Kohlevergasung derzeit noch eine Unterstützung mit öffentlichen Geldern erforderlich. Die Kraftwerkshersteller schätzen das wirtschaftlich-technische Risiko für den Bau von Kombikraftwerken mit integrierter Kohlevergasung in der Bundesrepublik Deutschland als gering ein, zumal auch ein Erdgasbetrieb der GuD-Kombianlage im Falle einer Funktionsstörung der Kohlevergasungsanlage möglich ist (Kallmeyer, 1995: 12ff.; Energiespektrum, 1993: 11ff.).

Im Bereich der Kohlevergasungstechnologie nehmen in Deutschland ansässige Firmen weltweit eine bedeutende Stellung ein, was sicherlich auch auf ein umfangreiches Förderprogramm dieser Technologie durch das BMFT in den siebziger und achtziger Jahren zurückzuführen ist (Bertmann, 1995: 55f.).

Das Kombikraftwerk mit integrierter Kohlevergasung kann kurz- bis mittelfristig in eine Strategie zur Minderung der CO_2-Emissionen im Kraftwerksbereich aufgenommen werden. Diese Technik stellt eine Alternative zu der mittlerweile kaum noch verbesserungsfähigen konventionellen Kraftwerkstechnik dar. Die zur Zeit erreichbaren Wirkungsgrade werden, vor allem im Bereich der Braunkohleverstromung, von keiner anderen Technik erreicht. Neben einem hohen Wirkungsgradverbesserungspotential besitzt diese Technik ein hohes Kostensenkungspotential. Außerdem besteht die berechtigte Hoffnung, daß heute gebaute Anlagen im Verlauf ihrer Betriebszeit mit einer CO_2-Rückhaltung ausgestattet werden können, falls dies die Klimaproblematik erfordert. Bei der Planung von Kombikraftwerken mit integrierter Kohlevergasung sollten Vorkehrungen (Anschlüsse, Platzbedarf, etc.) getroffen werden, die später beim Einbau von CO_2-Wäschen zusätzliche Kosten vermeiden können. Bei der Planung und beim Bau von GuD-Anlagen mit erdgasbefeuerten Gasturbinen sollte die Möglichkeit, später eine Kohlevergasung vorzuschalten, berücksichtigt werden. Der Kraftwerkshersteller sollte also Vorkehrungen treffen, die es ermöglichen, ein Kombikraftwerk mit integrierter Kohlevergasung und CO_2-Wäsche nach dem Prinzip des „Phased Construction", also durch eine schrittweise Errichtung und Inbetriebnahme, abzuwickeln.

Einen zusätzlichen Vorteil bietet das Kombikraftwerk mit integrierter Kohlevergasung in Ländern, in denen Umweltprobleme bisher nicht im Vordergrund standen. In diesen Ländern kann ein weiterer starker Anstieg von Schadstoffemissionen vermieden werden, ohne daß besonders hohe zusätzliche Kosten wie bei der Rauchgasreinigung entstehen.

6.2.3.5 Kombiprozeß mit Druckwirbelschichtfeuerung

Die klassische Feuerungsart für konventionelle Großdampferzeuger ist die Staubfeuerung. Für die Staubfeuerung wird die Kohle in Kohlemühlen auf Korngrößen von weniger als 50 mm gemahlen und mit vorgewärmter Luft mit speziellen Brennern im Kessel verbrannt. Der Kohlenstaub wird dabei in der Schwebe verbrannt, in einer sogenannten Flugstaubwolke. Bei der Staubfeuerung werden Temperaturen zwischen 1200 und 1400 C° erreicht. Die Staubfeuerung kann bis zu einer thermischen Leistung von 2000 MW eingesetzt werden (Kugeler, 1993: 89ff.; Martin, 1990: 24ff.).

Neben der Staubfeuerung und der für diese Arbeit nicht erläuternswerten Rostfeuerung[112] ist die Wirbelschichtfeuerung ein weiterer Weg zur Verbrennung von Kohle in Dampferzeugern. Bei der Verbrennung in Wirbelschichten wird zwischen stationären und instationären, beispielsweise zirkulierenden Systemen unterschieden.

Bei der stationären Wirbelschichtfeuerung wird ein Bett aus feinkörniger fester Kohle (Korngröße max. 10 mm) mit Luft von unten über einen Düsenboden durchströmt. Abhängig von der Geschwindigkeit der Luft können sich drei verschiedene Zustände einstellen. Bei niedrigen Luftgeschwindigkeiten lockert die Luft das Schüttgut lediglich auf. Ab der sogenannten Fluidisierungsgeschwindigkeit geht das Schüttgut in einen wirbelnden Zustand über. Es entsteht eine sogenannte Wirbelschicht. Dieser Wirbelbettzustand wird auch bei weiter zunehmender Gasgeschwindigkeit aufrechterhalten. Ab der sogenannten Auftragsgeschwindigkeit geht das Wirbelbett in eine Flugstaubwolke über. Bei der Wirbelschichtfeuerung wird die Luftgeschwindigkeit so reguliert, daß die besagte Wirbelschicht entsteht. Die stationäre atmosphärische Wirbelschicht kann vorteilhaft in kleineren Industriefeuerungsanlagen und in Heizkraftwerken mit Feuerungswärmeleistungen bis 50 MW eingesetzt werden.

Bessere Ergebnisse im Hinblick auf Ausbrandgüte und erreichbare Emissionsminderung werden bei der instationären Wirbelschichtfeuerung erreicht. Bei der instationären Wirbelschichtfeuerung wird ein Teil des Materialaustrags, vor allem nicht ausgebrannte Kohlebestandteile und Asche, nach der Abscheidung in einem Zyklon[113] in den Brennraum zurückgeführt. Diese Anlagen sind heute vorteilhaft einsetzbar in Industrie- und Heizkraftwerken im Leistungsbereich bis zu einer thermischen Leistung von 200 MW.

Die Wirbelschicht besteht zum größten Teil aus Asche und Kalkstein. Der Kohle-

---

[112]Die Anwendung der Rostfeuerung ist auf Kessel mit einer Leistung von 100 MW thermisch beschränkt. Sie besitzt somit für die in dieser Arbeit wichtigen Technologien zur Verstromung fossiler Energieträger nur untergeordnete Bedeutung.

[113]Beim Zyklon werden Abgase durch tangentiales Einblasen in Rotationsbewegung versetzt. Durch die entstehenden Zentrifugalkräfte werden auch kleinste Staubteilchen abgeschieden.

anteil in der Wirbelschicht ist gering. Kalkstein wird zur Bindung des Schwefels aus dem Brennstoff zugesetzt und sorgt so für eine in-situ-Entschwefelung. Die Verbrennungstemperatur in der Wirbelschicht beträgt rd. 800 bis 950 C°. Der dadurch entstehende thermodynamische Nachteil einer niedrigen Verbrennungstemperatur kann durch die guten Wärmeübergangsbedingungen in der Wirbelschicht ausgeglichen werden (Dreyhaupt, 1994: 1323ff.; Kugeler, 1993: 89ff.; Martin, 1990: 28ff.). Durch die niedrigen Temperaturen in der Wirbelschicht ist die Entstehung von Stickoxiden stark begrenzt. Zudem wird verhindert, daß Asche im Feuerraum schmilzt oder anbackt, was eine relativ unproblematische Reinigung der Rauchgase von Staub und Aschebestandteilen erlaubt. Mit der Wirbelschichtfeuerung wird ein guter Ausbrand auch mit minderwertigen Brennstoffen, wie z.B. von ballastreicher Kohle erzielt. Nachteilig an der niedrigen Verbrennungstemperatur ist, daß die Emissionen von Kohlenmonoxid und von Distickstoffoxid (Lachgas; N_2O) stark ansteigen.[114] Maßnahmen zur Reduzierung des klimarelevanten Spurengases N_2O befinden sich zwar in der Entwicklung, sind aber derzeit noch nicht großtechnisch verfügbar. Die Problematik der Lachgasentstehung bei der Wirbelschichtfeuerung wird in der Literatur häufig nicht diskutiert. Die durch den Verbrennungsprozeß entstehende Wärme wird zum Teil durch Heizflächen, die in die Wirbelschicht eintauchen, zum Teil durch Heizflächen im Rauchgasstrom abgeführt. Kalkstein und Kohle werden bei der Wirbelschichtfeuerung durch Dosierungssysteme zugeführt (Kugeler, 1993: 90f.).

Die Vorteile moderner Wirbelschichtfeuerungen im Vergleich zur Kohlenstaub- und Rostfeuerung sind ein einfacher Aufbau der Gesamtanlage, eine hohe Betriebssicherheit, die effiziente Nutzung von auch minderwertigen Brennstoffen sowie die niedrigen Schwefeldioxid- und Stickoxidemissionen ohne aufwendige sekundäre Abgasreinigungseinrichtungen. Nachteilig ist, daß die stationäre und die instationäre atmosphärische Wirbelschichtfeuerung gegenüber der Kohlenstaubfeuerung nur für vergleichsweise kleine thermische Leistungen vorteilhaft einsetzbar ist (Dreyhaupt, 1994: 1322ff.; Kugeler, 1993: 90f.; Martin, 1990: 23ff.).

Eine Leistungssteigerung auf Leistungen bis 1000 MW thermisch ist durch eine Wirbelschichtfeuerung unter Druck möglich. Es wird dann von einer druckaufgeladenen Wirbelschichtfeuerung im Gegensatz zur atmosphärischen Wirbelschichtfeuerung gesprochen. Je höher der Druck im Feuerraum ist, um so günstiger sind der Ausbrand der Kohle, die Schwefeldioxidbindung an das Absorptionsmittel Kalk und der Rückgang der Stickoxidbildung im Verbrennungsbereich. Dreyhaupt (1994: 1323f.) erläutert, daß bei der Wirbelschichtverbrennung unter Druck auch die N_2O-Emissionen zurückgehen, in der sonstigen Fachliteratur wird dies nicht erwähnt.

---

[114]Die zur Erniedrigung verschiedener Schadstoffemissionen notwendigen Randbedingungen sind komplex. Die Mechanismen ihrer Bildung stehen nicht selten im Konflikt zueinander. So steigt die Stickoxidbildung mit der Temperatur an, wogegen die Lachgas- und Kohlenmonoxidbildung mit steigender Temperatur sinken (Loth, 1993: 7ff.).

Bei der Verbrennung unter Druck reduzieren sich auch die Abmessungen des Brennraumes, was zu niedrigeren Investitionskosten als bei der atmosphärischen Wirbelschichtfeuerung führt. Gegenwärtig werden druckaufgeladene Wirbelschichten nur mit stationärer Wirbelschicht betrieben (Loth, 1993: 7ff.; Martin, 1990: 28f.). Die Verbrennung in der druckaufgeladenen Wirbelschicht bildet die Grundlage für das Kombikraftwerk mit Druckwirbelschichtfeuerung (Abbildung 16). Der Verdichter der Gasturbinenanlage liefert dabei ausschließlich Verbrennungsluft für eine Druckfeuerung bei bis zu 20 bar. Das bei der Verbrennung entstehende Rauchgas wird unter Überdruck stehend in einem Zyklon entstaubt und direkt einer Gasturbine zugeführt. Dadurch werden die Verluste, die sich durch Einsatz eines Wärmetauschers ergeben würden, umgangen. Der Nachteil dieses Prozesses ist die Begrenzung der Gasturbineneintrittstemperatur auf rd. 850 C°, was auf die niedrigen Temperaturen in der Wirbelschicht zurückzuführen ist. Mit dieser niedrigen Eintrittstemperatur bleibt dieses Verfahren um 350 Kelvin unter der maximal möglichen Gasturbineneintrittstemperatur. Die Folge ist ein recht niedriger Anteil der Gasturbinenleistung in Höhe von etwa 20% der Leistung der Gesamtanlage.

Das Druckwirbelschichtkraftwerk mit stationärer Wirbelschicht und einem Leistungsanteil der Gasturbine von etwa 20% arbeitet mit einem Wirkungsgrad von etwa 43%. Aufgrund des hohen Leistungsanteils der Dampfturbine (80%) bestimmen die Dampfzustände entscheidend den Kraftwerkwirkungsgrad. Durch die Realisierung höchster Dampfzustände sind Wirkungsgrade um 45% erreichbar.

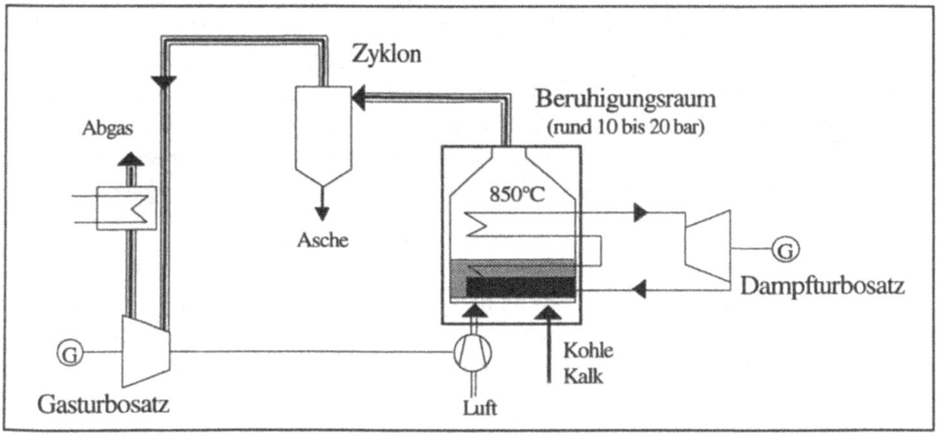

Quelle: Loth, 1993: 10

Abbildung 16: Anlagenschema einer Druckwirbelschichtfeuerung

Eine weitere Verbesserung des Wirkungsgrades, durch Erhöhung des Leistungsanteils der Gasturbine, läßt sich durch eine Nacherhitzung des Rauchgases mit Erdgas oder Kohlegas auf die gewünschte Gasturbineneintrittstemperatur erzielen. Dieses Verfahren wird auch als Hybridprozeß bezeichnet. Allerdings hebt eine

Nachfeuerung mit Erdgas oder Heizöl nicht den Wirkungsgrad der Kohleverstromung an (Bertmann, 1995: 57ff.; Riedle, 1990: 71.; Kallmeyer, 1995: 10ff.).

Der zukünftige Einsatzbereich für Kombikraftwerke mit Druckwirbelschichtfeuerung ist im Bereich kleiner bis mittlerer Kraftwerksleistungen zu sehen. Die bisher mit Druckwirbelschichtfeuerung gebauten Anlagen sind vornehmlich Heizkraftwerke mit thermischen Leistungen von 100 MW und einer elektrischen Leistung von 42 MW. Die spezifischen Investitionskosten pro kW installierter elektrischer Leistung[115] liegen bei 4000 DM, was in der Leistungsklasse bis 100 MW für ein Heizkraftwerk als günstig anzusehen ist. Kraftwerke mit einer thermischen Leistung von 800 MW, beziehungsweise 350 bis 380 MW elektrisch, befinden sich derzeit im Bau. ABB-Kraftwerke AG, der derzeit führende Anbieter von Kombikraftwerken mit Druckwirbelschichtfeuerung, geht von spezifischen Investitionskosten von 2400 bis 2800 DM pro kW installierter Leistung für ein Kombikraftwerk mit druckaufgeladener Wirbelschichtfeuerung dieser Größe aus. Diese Investitionskosten liegen in der Größenordnung von konventionellen fortschrittlichen Kraftwerken bei rd. 2400 DM pro kW installierter Leistung (Energiespektrum, 1993: 28ff.).

Ein möglicher Beitrag von Kraftwerken mit Wirbelschichtfeuerungssystemen zum Klimaschutz läßt sich nur schwer beurteilen. Die durch die hohen erreichbaren Wirkungsgrade bedingten niedrigen CO_2-Emissionen müssen in Relation zu höheren N_2O-Emissionen, die ein spezifisches Treibhauspotential von 206 besitzen, gesehen werden. Zudem ist das in stärkerem Maße frei werdende Kohlenmonoxid (CO) ein indirekt klimawirksames Spurengas. Um die Bedeutung der Wirbelschichttechnik hinsichtlich ihrer Eignung zum Klimaschutz beurteilen zu können, sind Angaben über die Größenordnung dieser zusätzlich frei werdenden klimawirksamen Spurengase erforderlich. Diese Angaben waren aber im Rahmen dieser Arbeit nicht verfügbar, daher muß die endgültige Beurteilung in dieser Hinsicht offen bleiben. Allerdings sollte dieses Problem in Erinnerung bleiben, wenn über einen Beitrag der Druckwirbelschichtfeuerung zur CO_2-Minderung gesprochen wird.

Ein großer Vorteil der Wirbelschichtfeuerungen sind die niedrigen Schadstoffemissionen von SO_2 und NO_x, die ohne hohe Zusatzkosten für Sekundärmaßnahmen erreicht werden können. Ein weiter Vorteil ist, daß mit Hilfe der Wirbelschichttechnik auch bei Verbrennung einer qualitativ minderwertigen Kohle gute Ergebnisse erzielt werden können, was von großer Bedeutung für Länder ist, die vorwiegend minderwertige Kohle fördern.

---

[115]Die spezifischen Investitionskosten beziehen sich immer auf die elektrische Nettoleistung eines Kraftwerks. Dies soll hier aber zusätzlich deutlich gemacht werden, um zu vermeiden, daß die spezifischen Investitionskosten auf die thermische Leistung bezogen werden.

6.2.4 Zukünftige Entwicklungslinien der fossilen Kraftwerkstechnik

Der zuvor beim Kombikraftwerk mit Druckwirbelschichtfeuerung dargestellte Nachteil der Begrenzung der Eintrittstemperatur (850 C°) der Gasturbine wird durch die neue Entwicklungslinie der Druckkohlenstaubfeuerung umgangen. Dieses Verfahren stellt Nettowirkungsgrade von bis zu 50% in Aussicht. Das entscheidende Problem liegt hier jedoch in der Reinigung der 1200 C° heißen Rauchgase von Flüssigasche und Alkalien[116]. Die Rauchgasreinigung macht eine Heißgasfiltertechnologie erforderlich, die derzeit noch nicht verfügbar ist. Es laufen aber derzeit eine Reihe vielversprechender technischer Entwicklungsarbeiten, beispielsweise zeigen keramische Filterkerzen gute Resultate. Beim Kombikraftwerk mit druckaufgeladener Wirbelschichtfeuerung können schon heute statt der Zyklone die kostengünstigeren Staubfilterkerzen bei der Reinigung der Abgase eingesetzt werden (Weinzierl, 1992: 168f.; Kallmeyer, 1995: 12; Bertmann, 1995: 57).

Eine weitere neue Entwicklungslinie im Kraftwerksbau ist der sogenannte Zweifachdampfprozeß. Beim Zweifachdampfprozeß wird, wie beim GuD-Prozeß, der Vorteil eines hohen oberen Prozeßtemperaturniveaus ausgenutzt. Gegenüber dem Arbeitsmedium Dampf besitzt beispielsweise Kalium den Vorteil eines sehr niedrigen Dampfdruckes bei hohen Temperaturen, wodurch die Materialbeanspruchung allein durch die Temperatur bestimmt wird. Der Kaliumprozeß arbeitet zwischen Temperaturen von 520 und 820 C° bei einem Druck von maximal 2,2 bar. Die Kondensationswärme aus dem Kaliumprozeß dient zur Verdampfung von Wasser in einem nachgeschalteten Wasser-Dampfprozeß. Beim Zweifachdampfprozeß mit Kalium sind Wirkungsgrade von 50% möglich. Für die Realisierung dieses Prozesses sind aber noch umfangreiche Entwicklungsarbeiten erforderlich (Weinzierl, 1992: 175f.).

Ein weiteres Element für ein Zukunftskraftwerk ist die Brennstoffzelle. Ihre Entwicklung wird weltweit verstärkt betrieben. In einer Brennstoffzelle wird chemische Energie direkt in elektrische Energie umgewandelt. Brennstoffe für die Brennstoffzelle sind Wasserstoff und wasserstoffhaltige Gasgemische wie Erdgas oder Kohlegas. Beim Einsatz in Anlagen mit integrierter Kohlevergasung und nachgeschalteter Dampferzeugung wären elektrische Gesamtwirkungsgrade von bis zu 60% erreichbar, bei Kombination mit einem GuD-Prozeß sogar 65%. Ein großtechnischer Einsatz in Kraftwerken ist derzeit aufgrund sehr hoher spezifischer Investitionskosten und aufgrund der noch sehr kurzen Lebensdauer der Brennstoffzellen nicht möglich (Hlubek, 1996: 11; Stimming, 1992: 203ff.).

Ein weiteres neues thermodynamisches Grundkonzept ist die magnetohydrodynamische (MHD)-Energiewandlung. Es handelt sich dabei um die Direktumwandlung von Wärme eines mit Schallgeschwindigkeit durch ein Magnetfeld hoher Flußdichte transversal strömenden Verbrennungsgases mit einer Temperatur von ca. 2500 C°. Durch Vorschalten einer MHD-Energiewandlers vor ein Kombi-

---

[116] Die Alkali-Freisetzung kann zu Schäden an den Gasturbinenschaufeln führen.

Kraftwerk mit Gasturbinentechnologie sind Nettowirkungsgrade von 65% in Aussicht gestellt. Allerdings sind die Werkstoffprobleme bei diesen hohen Temperaturen bei weitem nicht gelöst (Hlubek, 1996: 11).

Die in diesem Kapitel genannten Verfahren sind frühestens in einem Zeitraum von 10 bis 20 Jahren großtechnisch einsetzbar. Diese Techniken werden also in dem Zeitraum, indem das Joint Implementation-Konzept einen Beitrag zur Lösung des Klimaproblems erbringen sollte, nicht verfügbar sein. Diese zukünftigen Verfahren sollten verdeutlichen, daß Energiesysteme auf Kohlebasis mit Nettowirkungsgraden über 60% in Zukunft denkbar sind. Im weiteren Verlauf dieser Arbeit werden sie aber keine Rolle mehr spielen.

6.2.5 Kraft-Wärme-Kopplung

Die Kraft-Wärme-Kopplung (KWK) bietet die Möglichkeit, die Abwärme aus dem Kraftwerksprozeß weiter zu nutzen. Daher wirkt sich der Einsatz einer Kraft-Wärme-Kopplung nicht direkt auf die Emissionen aus fossilen Kraftwerken aus, leistet aber einen entscheidenden Beitrag zur Reduzierung der Emissionen von Industrie, Haushalten und Kleinverbrauchern, da dort viele emissionsrelevante Kleinanlagen ersetzt werden. Unter der Voraussetzung, daß ca. 80% der Abwärme des Kraftwerks als Prozeßwärme oder als Wärme in Haushalten genutzt werden können, ergibt sich ein immenses Einsparungspotential für CO_2-Emissionen außerhalb des Kraftwerksbereiches.

Allerdings erfordern diese Maßnahmen entsprechende infrastrukturelle Voraussetzungen und möglichst viele Wärmeabnehmer in der nächsten Nähe des Kraftwerks. Aus diesen Gründen ist der Einsatz der Kraft-Wärme-Kopplung in erster Linie für dezentrale Anlagen wie Blockheizkraftwerke (BHKW) sowie für den industriellen Einsatz interessant.

Bei der zukünftigen Nutzung der KWK im Großkraftwerksbereich ist jedoch zu berücksichtigen, daß bei einem Einsatz der vorgestellten verbesserten Prozesse, beispielsweise bei fortschrittlichen konventionellen Kraftwerken und den GuD-Kraftwerken, die Abwärmemenge und damit direkt verbunden auch das Potential der Kraft-Wärme-Kopplung zurückgeht (Pruschek, 1995: 49ff.; Dreyhaupt, 1994: 726ff.; Grothkamp, 1992: 111ff.).

Folgende Technologien kommen für die Kraft-Wärme-Kopplung in Betracht (Dreyhaupt, 1994: 726; Loth, 1993: 80):

- Dampfkraftwerke mit Entnahme-Gegendruck- oder mit Entnahme-Kondensationsanlage
- Gas-/Dampfturbinen Kombikraftwerke mit Entnahme-Gegendruck- oder mit Entnahme-Kondensationsanlage
- Gasturbinen mit Abhitzenutzung (BHKW)
- Verbrennungsmotoren mit Kühlwasser- und Abgaswärmetauscher (BHKW)

Im Falle eines Dampfturbinenprozesses, der nur zur Nutzung von elektrischer Energie ausgelegt ist, wird eine möglichst weitgehende Expansion des Dampfes in der Turbine durchgeführt. Dagegen erfolgt die Entspannung des Dampfes in einem Dampfkraftwerk mit Entnahme-Gegendruckanlage nur bis zu einem solchen Gegendruck, der die Abfuhr der Kondensationswärme auf einem für die Anwendung brauchbaren Temperaturniveau erlaubt. Für die Bereitstellung von Heizwärme erfolgt eine Expansion bis zu 2 bar und entsprechenden 120 C°; soll Prozeßdampf für industrielle Anwendungen ausgekoppelt werden, ist die Entspannung nur bis 20 bar entsprechend 211 C° möglich (Kugeler, 1993: 61ff.).

Bei der KWK bei DT-Prozessen wird im wesentlichen zwischen DT-Prozeß mit Entnahmekondensationsanlage und mit Entnahmegegendruckanlage unterschieden. Bei Anlagen, bei denen die Stromerzeugung vorrangig betrieben wird, bei denen also die Dampfentspannung möglichst groß sein soll, kommt nur ein Kondensationsbetrieb der Dampfturbinen in Frage. Bei Dampfkraftwerken mit Entnahme-Kondensationsanlage kann Dampf für andere Zwecke aus dem Hochdruck- und dem Mitteldruckteil eines Dampfturbosatzes entnommen werden, wenn der Strombedarf dies zuläßt.

Soll die Dampferzeugung von industriellem Prozeßdampf oder als Dampf für Heizzwecke im Vordergrund stehen, kommt ein Betrieb der Turbinen als Entnahme-Gegendruckanlage oder als Entnahme-Kondensationsanlage in Betracht. Wegen der schaltungsbedingten Unflexibilität der Entnahme-Gegendruckanlage kann das Verhältnis von Strom- zu Dampferzeugung nur geringfügig über die Frischdampftemperatur gesteuert werden. Bei vielen industriellen Zwecken und zur Anpassung an den jahreszeitlich variablen Wärmebedarf eines Fernheiznetzes ist aber ein variableres Verhältnis von Strom- zu Wärmeversorgung notwendig. Bei der Entnahme-Kondensationsanlage ist dieses Verhältnis an die Bedürfnisse der Verbraucher anpaßbar.

Eine besondere Stellung nehmen die Blockheizkraftwerke (BHKW) ein, aufgrund ihrer geringen Leistung sind sie für eine dezentrale Wärmebereitstellung besonders geeignet. Die BHKWs erweitern den Einsatzbereich der gekoppelten Wärmeerzeugung in Richtung kleinstädtischer und ländlicher Regionen, da zunächst in Form von Inselnetzen nur geringe Vorleistungen erbracht werden müssen und im Falle von Neubaugebieten relativ kleine Verlegungskosten erbracht werden müssen (Förstner, 1993: 156). Kernstück dieser Anlagen ist entweder eine Gasturbine oder ein Verbrennungsmotor.

Die Feuerungswärmeleistung von BHKWs, die mit Gasturbinen betrieben werden, liegt überwiegend zwischen 1 und 10 MW je Einzelaggregat. Die heißen Turbinengase werden dabei über einen Abhitzekessel zu Heizzwecken genutzt. Der elektrische Wirkungsgrad der Gasturbinen liegt derzeit bei 34 bis 38%. BHKW mit stationären Verbrennungsmotorenanlagen haben in der Regel eine Feuerungswärmeleistung von 0,1 bis 1 MW je Einzelaggregat. Der elektrische Wirkungsgrad üblicher Aggregate liegt im Bereich von 33% bis 35%. Nutzbare Wärme kann über Wärmetauscher aus den heißen Motorabgasen und aus dem Kühlwasser gewonnen werden.

Investitionen in KWK-Anlagen verursachen spezifisch höhere Kosten als Investitionen in konventionelle Großkraftwerke. Beispielsweise liegt bei Steinkohle als Primärenergieträger die Kostendifferenz in der Größenordnung von 15%. Diesem Kostennachteil beim Kapitaleinsatz steht ein Kostenvorteil bei den Betriebskosten aufgrund der besseren Brennstoffausnutzung gegenüber. Vereinfachend kann gesagt werden, daß eine KWK-Anlage bei einem Ausnutzungsgrad von 1000 Vollastbenutzungsstundenzahl pro Jahr wirtschaftliche Vorteile aufweist. Zusätzlich zu diesen Kosten müssen Anfangsinvestitionen in Fernwärmenetze hinzugerechnet werden. Es ist einsichtig, daß eine Fernwärmeversorgung dort am günstigsten ist, wo viele Wärmeabnehmer auf geringer Fläche vorhanden sind, also in städtischen Gebieten und in Gewerbegebieten. In diesen Gebieten sollten die wirtschaftlichen Möglichkeiten vor allem beim Neubau von Kraftwerken ausgeschöpft werden. Allerdings ist auch der Umbau von konventionellen Dampfkraftwerken zu KWK-Anlagen ohne technische Probleme möglich (Grothkamp, 1992: 116). Ein dezentraler Einsatz der KWK, beispielsweise in ländlichen Gebieten, wird durch die BHKWs möglich.

Eine Quantifizierung der durch KWK erreichbaren Absenkung der CO_2-Emissionen ist von den regionalen Bedingungen abhängig und kann somit nicht allgemein angegeben werden. Es ist jedoch klar, daß bezüglich des Klimaproblems der Einsatz der KWK gegenüber der getrennten Strom- und Wärmeversorgung zu einer Einsparung von Primärenergie und damit zu einer CO_2-Minderung führt. Bedingung ist aber, daß Strom und Wärme auch gleichzeitig genutzt werden. Da der Wärmebedarf sich in der Regel jedoch nicht gleichmäßig über das Jahr verteilt, ist diese Voraussetzung häufig nicht gegeben (Grothkamp, 1992: 112ff.; Kallmeyer, 1995: 12).

6.3 CO_2-Rückhalte- und Entsorgungsmaßnahmen

Sollen die CO_2-Emissionen aus fossilen Kraftwerken über die genannten Beiträge hinaus weiter reduziert werden, dann bleibt noch die Möglichkeit der CO_2-Rückhaltung. Derartige Maßnahmen werden derzeit von der Industrie und Forschungseinrichtungen entwickelt und auf ihre Anwendbarkeit geprüft. Ziel dieser Maßnahmen ist der möglichst lang währende Entzug von Kohlenstoff aus dem natürlichen Kohlenstoffkreislauf durch die Abscheidung von CO_2 aus Kraftwerksabgasen. Das abgetrennte Kohlendioxid muß dazu langfristig deponiert werden.

Die Abtrennung des bei der Verbrennung entstehenden CO_2 ist heute technisch möglich. Der für die Abscheidung notwendige Energieaufwand ist jedoch sehr hoch, er übersteigt in der Regel die Effizienzgewinne durch die genannten Verbesserungen in der Kraftwerkstechnik. Die Nachrüstung von konventionellen Kraftwerken mit atmosphärischen Rauchgaswäschen für Kohlendioxid führt beispielsweise aufgrund des hohen Eigenverbrauchs (geringe CO_2-Konzentration, sehr große Volumenströme, hoher Energiebedarf für die Regenerierung des Waschmittels) zur Halbierung des Wirkungsgrades. Außerdem sind derzeit für konventionelle Kraftwerke die Kosten der CO_2-Rückhaltung noch sehr hoch. Eine ökonomisch eher vertretbare Möglichkeit ist beim Kohlekraftwerk mit integrierter Kohlevergasung und beim GuD-Prozeß gegeben.

Zur Speicherung des abgeschiedenen CO_2 sind mehrere Verfahren im Gespräch, darunter die Lagerung in Erdgas und Erdölfeldern oder das Einbringen in grundwasserführende Schichten. Ein weiterer diskutierter Entsorgungspfad ist die Tiefseelagerung, in der die Austauschvorgänge nach Meinung von Experten als sehr gering eingeschätzt werden. Dabei gehen die Vorstellungen dahin, das CO_2 in Trockeneisblöcken im Meer zu versenken oder es in flüssiger Form von Schiffen per Schnorchel beziehungsweise durch Einlösen in Wasser und anschließendes Verpumpen der Lösung durch Schnorchel einzubringen (Kopfmüller, 1993: 68ff.; Pruschek, 1992: 181ff.).

Für die genannten Möglichkeiten zur CO_2-Entsorgung ist ein generelles Defizit an Grundlagenwissen zu konstatieren. Die ökologischen Folgen aller genannten Maßnahmen können noch nicht vollständig übersehen werden. Grundsätzlich ist eine derartige Vorgehensweise letztendlich die Ursache aller ökologischen Probleme, weil ein solches Vorgehen nicht die Ursachen des Problems behebt, sondern das Problem lediglich verlagert.

Aus ökologischen und aus ökonomischen Gesichtspunkten sind die CO_2-Rückhalte- und Entsorgungsmaßnahmen derzeit nicht vertretbar. Sie sollen deshalb in dieser Arbeit nicht weiter verfolgt werden. Dies soll aber nicht heißen, daß diesen Maßnahmen zukünftig keine Bedeutung zukommt, insbesondere nicht, wenn die noch zu lösenden Probleme behoben werden können. Auch die Möglichkeit, Vorkehrungen beim Neubau von Kraftwerken zu treffen, die heute keine Mehrkosten verursachen, aber später die Ausstattung dieser Anlagen mit Rückhaltemaßnahmen erleichtern, sollte nicht verworfen werden.

6.4 CO_2-Minderung im Bereich fossiler Kraftwerke

Der Einsatz fortschrittlicher fossiler Kraftwerkstechnik kann prinzipiell durch die Einsparung von fossiler Primärenergie zur Reduzierung des weltweiten CO_2-Ausstoßes beitragen. Allerdings kann nur die Umrüstung von bestehenden Altanlagen eine absolute CO_2-Reduktion bewirken. So ist es technisch möglich, ob auch wirtschaftlich hängt vom Alter und vom technischen Zustand der Anlage ab, den 30%-igen Wirkungsgrad eines bestehenden Steinkohle-Dampfkraftwerkes auf 45% anzuheben. Dies würde eine Reduktion von 410g CO_2 pro erzeugter kWh elektrischer Energie bedeuten.

Eine weitere wirkungsvolle CO_2-Minderungsstrategie ist der verstärkte Bau von GuD-Kraftwerken. Allerdings muß für diese Strategie der Edelbrennstoff Gas zur Verfügung stehen, dessen Verwendung zur Energieerzeugung unter den verschiedenen schon erläuterten Gesichtspunkten gesehen werden muß. Tatsächlich hat sich aber die Zahl der für diesen Kraftwerkstyp weltweit vergebenen Aufträge in den letzten Jahren beträchtlich erhöht (Siemens, 1995: 3ff.; Langner, 1991: 900).

Soweit die zugebauten GuD-Kraftwerke aber nur einen Mehrbedarf im Verbrauch von elektrischer Energie abdecken, ergibt sich dadurch keine CO_2-Minderung und somit auch keine Erleichterung für das Klimaproblem. Denn es werden ja trotz des hohen Anlagenwirkungsgrades der GuD-Anlage zusätzliche Mengen CO_2 gegenüber dem ursprünglichen Emissionsniveau freigesetzt. Dies gilt selbstverständlich für den Zubau sämtlicher fortschrittlicher fossiler Kraftwerkstypen. Ein absolute Reduzierung der CO_2-Emissionen würde nur eintreten, wenn durch fortschrittliche fossile Kraftwerke bestehende ineffiziente Kraftwerke ersetzt würden. Die erzielte absolute Emissionsminderung ließe sich dann aus der Differenz der Emissionen von Alt- und Neuanlage bestimmen.

Im Fall des Zubaus von fortschrittlichen fossilen Kraftwerken ohne die Stillegung von Altanlagen ist lediglich eine Dämpfung des CO_2-Anstiegs möglich. Die Dämpfung des CO_2-Anstiegs ist möglich, wenn erreicht wird, daß statt eines ineffizienten Kraftwerkes mit veralteter Technologie ein fortschrittlicher Kraftwerkstyp mit höchsten Wirkungsgraden gebaut wird. In diesem Fall macht die Bestimmung der eingesparten CO_2-Emissionen erhebliche Probleme. Ein möglicher Weg wäre, einen Referenzzustand festzulegen, auf den eine erzielte Emissionseinsparung bezogen werden kann. Im Fall einer nationalen oder auch branchenbezogenen Betrachtung könnte dies ein Referenzszenario sein, beispielsweise wie das der IEA (1995). Im Falle einer anlagebezogenen Betrachtung könnte für ein bestimmtes Land ein für dieses Land typisches Effizienzniveau in Form eines Referenzkraftwerk definiert werden, auf dessen Basis eine Einsparung von CO_2 beim Kraftwerksneubau bestimmt werden kann.

Die Bestimmung der erzielten CO_2-Emissionsreduktion durch Kraft-Wärme-Kopplung gestaltet sich ebenfalls schwierig. Der Grund dafür ist darin zu sehen, daß die vom Kraftwerk ausgekoppelte Wärmemenge häufig nicht in dem Maße von den Verbrauchern genutzt wird, wie sie beispielsweise bei der Fernwärmeauskopplung bei einem Großkraftwerk anfällt. Daher ist der Wärmeverbrauch beim Einzelbezieher für die Emissionsminderung ausschlaggebend und zwar bezogen auf die Emissionen, die entstanden wären, wenn er die Wärme in einer eigenen Anlage erzeugt hätte. KWK ist daher nur sinnvoll, wenn die bereitgestellte Wärme in möglichst großem Umfang ganzzeitig genutzt wird. Hierin liegt der Vorteil von BHKWs, deren Betrieb u.U. eingestellt werden kann, wenn die Wärmenachfrage über längere Zeiträume zu gering ist.

Welcher der vorgestellten fortschrittlichen fossilen Kraftwerkstypen einschließlich der konventionellen Kraftwerkstechnik beim Neubau von Kraftwerken nun zu bevorzugen ist, kann nicht allein anhand der spezifischen Investitionskosten[117] entschieden werden. Von großer Bedeutung sind die Rahmenbedingungen am Standort des Kraftwerks sowie die Versorgungssicherheit, die sich durch das technisch-wirtschaftliche Risiko für einen bestimmten fossilen Kraftwerkstyp ausdrückt.

Tabelle 16: Gegenüberstellung von verschiedenen fossilen Kraftwerkstypen und Beurteilung ihres möglichen Beitrags zur CO_2-Minderung

Art des Kraftwerks (KW)	η (%)	Einsatzstoffe (g/kWh)			Emissionen (g/kWh)			spez. Investition DM/kW	Eignung: CO_2-Minderung
		Steinkohle	Erdgas	Kalkstein	CO_2	SO_2	NO_2		
veraltetes Steinkohle-Dampf-KW ohne REA und DENOX	30	405		-	1150	8	3	rd. 2030	Problem
fortsch. Steinkohle-Dampf-KW-Technik mit REA und DENOX	38 45	308 260		12 10	876 740	0,69 0,58	0,69 0,58	2200 bis 2375 bei Umrüstung situationsabhängig	gut, besonders für Umrüstung von älteren KWs
Kombi-KW mit Druckwirbelschichtfeuerung für Steinkohle	43	335		25	810	0,59	0,59		gut
Verbund-KW mit Erdgas-Gasturbine und Steinkohle-Dampferzeuger	46	220	47	8	660	0,38	0,27	2812	von technischer Situation abhängig
Kombi-KW mit integrierter Steinkohlevergasung	46	310			760	0,15	0,30	2625	gut
GuD-KW mit Erdgasfeuerung	52-55		140		380	-	0,35	rd. 1600	sehr gut, aber Gas erforderlich

Der Bau eines GuD-Kombikraftwerks oder eines Verbundkraftwerkes kommt nur da in Frage, wo es möglich und auch zweckmäßig ist, Erdgas einzusetzen. Aller-

[117]Beim Kraftwerksneubau in westlichen Industrieländern sind die Investitionskosten, vermutlich aufgrund der hohen Gewinnspannen in der Energieversorgung, in der Regel sogar von nachgeordneter Bedeutung. In der Bundesrepublik Deutschland und in einigen anderen Industrieländern besteht außerdem die Möglichkeit, höhere Investitionskosten an den Verbraucher weiterzugeben. Daher sind die Eignung eines bestimmten Kraftwerktyps nach Art und Leistung für die am Standort vorliegenden Rahmenbedingungen sowie die Versorgungssicherheit, die sich im technisch-wirtschaftlichen Risiko der Anlage widerspiegelt, entscheidender (Energiespektrum, 1993: 27).

dings besteht die Option, ein GuD-Kraftwerk, nach einer Übergangszeit mit Erdgas, durch Vorschalten einer Kohlevergasung zu einem Kombikraftwerk mit integrierter Kohlevergasung umzurüsten. Die Wirkungsgrade der Kombikraftwerke, die ausschließlich feste Brennstoffe verwenden und der Wirkungsgrad von fortschrittlichen konventionellen Kraftwerken unterscheiden sich nicht nennenswert (Tabelle 16).

Damit sind auch die Unterschiede bei der CO_2-Freisetzung nicht erheblich. Der große Vorteil der Kombikraftwerke ist aber, daß sie das Wirkungsgradverbesserungspotential der Gasturbinentechnologie nutzen können. Dadurch besteht u.U. die Option, die Wirkungsgrade von Kombikraftwerken durch Umrüstung nachträglich anzuheben. Das Potential für Wirkungsgradverbesserungen in der konventionellen Kraftwerkstechnik dürfte weitestgehend ausgereizt sein. Außerdem könnten die Verbesserungen des konventionellen DT-Prozesses von den Kombikraftwerken ebenfalls genutzt werden.Die konventionelle Kraftwerkstechnik zeichnet sich gegenüber den Kombikraftwerken auf Basis von festen Brennstoffen durch eine sehr hohe Versorgungssicherheit, beziehungsweise durch ein geringes technisch-wirtschaftliches Risiko aus. Bei Kombi-Kraftwerken mit integrierter Kohlevergasung und beim Kombikraftwerk mit Druckwirbelschichtfeuerung sowie auch beim Verbundkraftwerk und beim abgasseitigen Kombiblock besteht aufgrund der noch geringen Erfahrung mit diesen Technologien derzeit noch das Risiko, daß die Anlagen über einen längeren Zeitraum ausfallen können, oder daß sie öfter repariert werden müssen. Nach Angaben der Hersteller sind derartige Risiken mittlerweile kalkulierbar beziehungsweise in kurzer Zeit behebbar (Kallmeyer, 1995: 12; Energiespektrum, 1993: 18ff.).

Der Vorteil des Kombikraftwerks mit integrierter Kohlevergasung und auch des Kombikraftwerks mit Druckwirbelschichtfeuerung gegenüber der konventionellen Kraftwerkstechnik ist in den geringen Schadstoffemissionen (SO_2, NO_x) zu sehen. Die geringen Schadstoffemissionen werden bei diesen Technologien integrativ, d.h. durch die Prozeßführung ohne zusätzliche Sekundärmaßnahmen erreicht. Dadurch ist gewährleistet, daß in ärmeren Ländern nicht wie im Fall der konventionellen Technik, einfach auf die teueren Sekundärmaßnahmen (REA und DENOX) verzichtet werden muß, zumal der durch die Entschwefelung mit diesen Verfahren gewonnene Schwefel industriell weiterverarbeitet werden kann.

Die in diesem Kapitel erläuterten Technologien und das für ihren Einsatz zur CO_2-Minderung erforderliche Know-how konzentrieren sich bei einigen wenigen international tätigen Kraftwerksherstellern, die zu einem Beitrag zum Klimaschutz völkerrechtlich nicht verpflichtet sind. Insbesondere deutsche Anbieter von Kraftwerkstechnik sind, nicht zuletzt auch aufgrund der Unterstützung mit öffentlichen Geldern, im Bereich der fortschrittlichen konventionellen Kraftwerkstechnik, im Bereich der für die Kombikraftwerke wichtigen Gasturbinentechnologie sowie im Bereich der Kohlevergasung weltweit führend.

Nennenswerte globale Konkurrenz für die deutschen Kraftwerkhersteller Siemens

KWU und ABB-Kraftwerke sind der französische Hersteller Alsthom und zwei große japanische Hersteller. Die amerikanischen Hersteller Westinghouse und General Electric liegen aufgrund eines schlechteren technischen Entwicklungsstandes hinter der Konkurrenz aus der EU und Japan.[118]

6.5 Mögliche JI-Kraftwerkprojekte in der VR China

Es existiert in der VR China ein Potential für die Umrüstung fossil befeuerter Kraftwerke mit einer Gesamtkapazität von mindestens 115 GW, deren Blöcke größer als 40 MW sind und die nicht älter als 15 Jahre sind (Wang, 1992: 219). Solche Kraftwerke können wirtschaftlich mindestens auf das Effizienzniveau der Bundesrepublik Deutschland (37%) gebracht werden. Wirtschaftlich bedeutet in diesem Zusammenhang, die zusätzlichen Anlagekosten können durch die Brennstoffkosten im Laufe der verbleibenden Betriebszeit ausgeglichen werden. Bei realistischen Primärenergiepreisen in China wären u.U. weitere wirtschaftliche Wirkungsgradverbesserungen denkbar. Inwieweit Wirtschaftlichkeit ein Kriterium für JI-Projekte ist und inwieweit die geringen Primärenergiekosten in China ein Hindernis für Effizienzverbesserungen im Rahmen von JI-Projekten sein können, kann im Rahmen dieser Arbeit leider nicht geklärt werden. Die Wirtschaftlichkeit der JI-Projekte soll aber wegen der Bedeutung des Kapitalrückflusses für Finanzierungen ein Kriterium in dieser Arbeit sein.[119]

Wiesegart geht davon aus, daß in China derzeit 200000 Dampferzeuger mit einem Wirkungsgrad von 50% betrieben werden, die durch moderne Dampferzeuger mit Wirkungsgraden von bis zu 94% ersetzt werden könnten. Weiter geht er davon aus, daß durch den Austausch von Einzelkomponenten (Rohrleitungen, Ventilgehäusen, Generatoren, etc.) sowie durch den Umbau von Kondensatoren erhebliche Effizienzverbesserungen zu erreichen sind. Wiesegart räumt ein, daß durch Vorschalten von Gasturbinen vor kohlebefeuerte Dampferzeuger weitergehende Wirkungsgradverbesserungen möglich sind (Wiesegart, 1990a: 217). Diese Maßnahme erfordert allerdings derzeit, daß Erdgas am Kraftwerksstandort verfügbar ist.

---

[118]So äußerte sich auch Wolfgang Schemenau, Vice Präsident von ABB-Kraftwerke-Verkauf in einem Gespräch gegenüber dem ZEW, daß am 11.10.1994 geführt und protokolliert wurde.

[119]An dieser Stelle drängt sich die Frage auf, warum die Chinesen entsprechende Maßnahmen nicht selbständig durchführen, wenn diese selbst aufgrund der niedrigen Primärenergiekosten wirtschaftlich sind. Dafür sind zwei Gründe denkbar: Erstens konzentrieren sich vermutlich sämtliche Kraftwerkbaukapazitäten in China auf die Schließung der Energieangebotslücke durch den Zubau mit nach heutigen Maßstäben wenig effizienten Kraftwerken. Zweitens muß im Fall der Umrüstung eines bestehenden Kraftwerkblocks dieser, während der Umbauphase, etwa zwei Jahre stillgelegt werden. Diese Maßnahme hat in China mit hoher Wahrscheinlichkeit die Konsequenz, daß Produktionskapazitäten an anderer Stelle zum Stillstand kommen. Dies wäre aber auch ein Hindernis für die Durchführung eines solchen Projekts im Rahmen von JI. Die Lösung dieses Problems ist im Rahmen dieser Arbeit leider nicht möglich.

Eine Effizienzverbesserung der genannten 115 GW Kraftwerkskapazität um 25%, was einer Anhebung des durchschnittlichen Wirkungsgrades von 30% auf 38% entspricht, würde zu einem Kapazitätszuwachs von rd. 29 GW führen. Dies würde eine errechnete Emissionsminderung von mindestens 90 Mio. t.[120] Kohlendioxid pro Jahr mit sich bringen.

Das Potential für CO_2-Reduktionen ist noch größer, wenn Kraftwerksblöcke, die älter als 15 Jahre und kleiner als 40 MW sind, in JI-Projekte einbezogen würden. Vor allem der Ersatz der 28 GW veralteter ineffizienter Kraftwerke durch fortschrittlichste Kraftwerkstechnik würde eine 60%-ige[121] Einsparung von CO_2-Emissionen mit sich bringen, dies wären ca. 60 Mio. t pro Jahr. Allerdings kann China nicht gezwungen werden, im Zuge des Neubaus von Kraftwerken veraltete Anlagen stillzulegen. Außerhalb des Rahmens dieser Arbeit müßte geklärt werden, ob diese Maßnahme im Rahmen von JI-Projekten vereinbart werden kann.

In China besteht ein großes Potential für die Kraft-Wärme-Kopplung, vor allem in den Ballungs- und Industriezentren (Wiesegart, 1990a: 217; Wang, 1992: 220). Dieses Potential könnte zur Reduktion der CO_2-Emissionen im Bereich von Haushalten und Industrie genutzt werden. Möglichkeiten der KWK liegen im Bereich der Fernwärmeauskopplung bei Großkraftwerken oder durch den Einsatz von BHKWs auch in eher ländlichen Gebieten. Eine weitere bedeutende und vermutlich kostengünstige Möglichkeit für die KWK in China ist durch den Umbau der kleinen ineffizienten thermischen Kraftwerksblöcke gegeben. Allerdings kann eine nicht vorhandene Infrastruktur für die KWK deren Ausbaumöglichkeiten stark einschränken, beziehungsweise die JI-Kraftwerksprojekte mit KWK sehr kostspielig machen. Außerdem ist eine Bewertung der erzielten Reduktionen bei der KWK sehr schwierig.

Weiterhin plant China für die nächsten 10 Jahre einen Ausbau des bestehenden Kraftwerkparks an fossil befeuerter Kraftwerksleistung um 13000 MW pro Jahr. Im vorhergehenden Kapitel wurde deutlich gemacht, daß das technische Knowhow der chinesischen Kraftwerkbauer im Bereich der Verstromung von fossilen Energieträgern hinter dem Wissensstand der führenden internationalen Kraftwerkhersteller liegt. Würde der Ausbau dieser Kapazität mit der Unterstützung von international tätigen Kraftwerkherstellern aus westlichen Industrieländern erfolgen, wäre theoretisch, aufgrund der um 25% höheren Effizienz der Kraftwerke, nur ein Ausbau von 9750 MW jährlich erforderlich. Dies würde mit einer Verminderung des Anstiegs von 10,4 Mio. t CO_2 jährlich einhergehen, dies wären bezogen auf 10 Jahre 104 Mio. t.

---

[120]Beim Effizienzniveau der Bundesrepublik Deutschland geht man von 3,2 Mio t CO_2 pro GW installierte fossile Kraftwerkskapazität aus (Kallmeyer, 1995: 11).

[121]Der spezifische Kohleverbrauch dieser veralteten Anlagen liegt bei über 600 g pro kWh SKE. Dies entspricht 1800 g CO_2 pro kWh SKE. Bei fortschrittlichen Kraftwerken liegt der spezifische CO_2-Ausstoß zwischen 740 und 800 g CO_2 pro kWh SKE.

Zum weiteren Ausbau der chinesischen Energieversorgung wird sicherlich kurz- bis mittelfristig die konventionelle Technik die größte Bedeutung haben. Die Gründe dafür sind die geringen spezifischen Investitionskosten und in den geringen technisch-wirtschaftlichen Risiko dieser Technik, das sich in der hohen Versorgungssicherheit der Anlagen widerspiegelt, zu sehen. Außerdem ist zu vermuten, daß, falls Kooperationen zum Schutze des Klimas zustande kommen, der Kooperationswille von westlichen Kraftwerkherstellern auf dem Gebiet der konventionellen Technik größer sein wird als im Bereich der Kombikraftwerke mit der für das zukünftige Geschäft bedeutenden Gasturbinentechnologie. Nachteilig am Einsatz von konventioneller Technik ist das geringe zukünftige Entwicklungspotential dieser Technik und, daß in China vermutlich aufgrund der Mehrkosten auf Sekundärmaßnahmen zur Schadstoffrückhaltung verzichtet werden wird.

Von großer Bedeutung für China sind alle Wirbelschichtfeuerungsverfahren. Alle genannten Wirbelschichtfeuerungsverfahren sind für die stark asche- und schwefelhaltige Steinkohle Chinas hervorragend geeignet. Mit den Wirbelschichtfeuerungsverfahren, insbesondere mit den Druckwirbelschichtfeuerungsverfahren, läßt sich ein sehr guter Ausbrand und damit ein hoher Wirkungsgrad, auch beim Einsatz minderwertiger Kohle, erzielen. Außerdem läßt sich durch Wirbelschichtfeuerungssysteme eine hochgradige Minderung der Schwefeldioxid- und Stickoxidemissionen erzielen, ohne daß zusätzliche Sekundärmaßnahmen erforderlich sind. Die atmosphärischen Wirbelschichtfeuerungssysteme können im Bereich kleinerer Anlagen von 50 bis 200 MW thermisch eingesetzt werden, beispielsweise auch im Bereich der KWK. Im Bereich mittlerer bis großer Leistung ist ein Einsatz von Kombikraftwerken mit Druckwirbelschichtfeuerung denkbar.

Das Kombikraftwerk mit integrierter Kohlevergasung und die Kohlevergasung allgemein werden Technologien sein, die sich in China durchsetzen werden. Durch die einfachere Handhabbarkeit von Kohlegas lassen sich auch die logistischen Probleme beim Kohletransport einfacher lösen. Nicht zuletzt besteht auch die Möglichkeit, daß das nicht in einem solchen Ausmaß wie Kohle verfügbare Erdgas in anderen Wirtschaftsbereichen durch Kohlegas substituiert wird. Das Kombikraftwerk mit integrierter Kohlevergasung kann ebenfalls einen enormen Beitrag zur Reduktion der lokalen und regionalen Schadstoffemissionen leisten.

Ob sich GuD-Anlagen mit oder ohne fossil befeuerten Dampferzeuger in China durchsetzen werden, ist aufgrund der geringen Erdgasmengen, die für die Stromerzeugung zur Verfügung stehen, eher fraglich. Allerdings können gebaute GuD-Anlagen später durch Vorschaltung einer Kohlevergasung umgerüstet werden, so daß die knappe Erdgasressource geschont werden kann, oder für andere Zwecke zur Verfügung steht.

Eine weitere Reduktion der hohen CO_2-Emissionen kann durch die Ausbildung des Kraftwerkspersonals erzielt werden. Mangelndes Know-how beim Betrieb der fortschrittlichsten Anlage kann hohe Wirkungsgradverluste mit sich bringen, die durch fachliche Anleitung verhindert werden können. Die Ermittlung der erreichten CO_2-

Emissionsminderung durch Ausbildungs- und Informationsleistungen gestaltet sich schwierig. Hierfür müssen noch Wege gefunden werden, um eine Anrechnung im Rahmen von JI-Projekten zu ermöglichen.

Durch die Situation in der elektrischen Energieversorgung Chinas eröffnen sich Möglichkeiten für JI-Kraftwerksprojekte, die durch Know-how- und Technologietransfer vor allem von Kraftwerkherstellern aus Industrieländern geleistet werden können. Die Möglichkeiten für JI-Kraftwerksprojekte lassen sich aufgrund der obigen Ausführungen in fünf unterschiedliche Kategorien aufgliedern:

- JI-Kraftwerkprojekte, die den energetischen Wirkungsgrad bestehender konventioneller Kraftwerke durch Umrüstung u.U. durch Vorschalten von Gasturbinen verbessern.
- JI-Kraftwerkprojekte, die veraltete, nicht mehr wirtschaftlich umrüstbare Kraftwerke durch fortschrittliche Konventionelle- oder durch Kombi-Kraftwerke ersetzen.
- JI-Kraftwerkprojekte, die durch KWK zur CO_2-Emissionsminderung im Bereich der Haus- und Industriewärmeversorgung beitragen.
- JI-Kraftwerksprojekte, die geplante Kraftwerke derart verbessern, daß das neue Kraftwerk einen höheren energetischen Wirkungsgrad als ursprünglich geplant aufweist (Kostengründe), beziehungsweise einen höheren energetischen Wirkungsgrad aufweist als durch die inländische Kraftwerkindustrie, aufgrund von mangelndem Know-how, erreicht worden wäre.
- JI-Kraftwerkprojekte, die durch Ausbildung und Information des Kraftwerkpersonals Effizienzverluste vermeiden.

An dieser Stelle kann konstatiert werden, daß es in China ein großes Potential zur Reduktion von CO_2-Emissionen gibt. Das vorhandene Potential ist wesentlich größer als die dargestellten politisch und wirtschaftlich fragwürdigen Reduktionspotentiale in der Bundesrepublik Deutschland zur Erreichung des CO_2-Minderungsziels der Bundesregierung. Die angestellten Berechnungen sollten einen Eindruck vom Reduktionspotential in China vermitteln, wie groß dieses wirklich ist, kann insbesondere für Einzelanlagen, nur von Kraftwerkexperten vor Ort geklärt werden. Außerdem darf nicht erwartet werden, daß durch JI-Projekte eine absolute Eindämmung der chinesischen Emissionen erreicht wird, lediglich ihr Anstieg kann gebremst werden.

Der Erfolg von JI-Projekten darf somit nicht an den historischen CO_2-Emissionen eines bestimmten Jahres, beispielsweise an den 2,4 Mrd. t CO_2 von 1990, gemessen werden, sondern muß sich als Differenz zu den Emissionen ergeben, die ohne diese Projekte entstanden wären. Das Referenzszenario der IEA könnte eine Art „Baseline" für die erzielten Reduktionen in China darstellen.

Offen bleibt die Frage nach der Höhe der tatsächlichen Kosten für die Durchführung von JI-Kraftwerkprojekten. Diese Frage steht auch in der wissenschaftlichen

Diskussion noch offen[122] und muß auch im Rahmen dieser Arbeit unbeantwortet bleiben. Es kann aber folgendes zu den JI-Projektkosten gesagt werden: Die Kosten und auch die Aufteilung der erzielten Emissionsreduktion muß zwischen den JI-Projektbeteiligten einzelvertraglich ausgehandelt werden. Für den Vertragspartner aus dem Geberland werden letztlich nur Kosten für zusätzliche Maßnahmen anfallen, die einerseits einen Beitrag zur Emissionsreduktion leisten und andererseits ohne seine Beteiligung am Projekt nicht durchgeführt worden wären. Es geht also letztlich nicht um die vollen Kosten, beispielsweise für den Bau eines Kraftwerks, sondern um zusätzliche Kosten für eine zusätzliche Emissionsreduktion, die ohne JI nicht erzielt worden wäre. Einen großen Anteil an den zusätzlichen Kosten für die Durchführung und Finanzierung eines JI-Projektes werden vermutlich die Kapitalkosten haben. Trotz der Unsicherheiten bei der theoretischen Ermittlung von tatsächlichen JI-Projektkosten kann davon ausgegangen werden, daß es in China eine Vielzahl von Möglichkeiten für Emissionsreduktionen an Kraftwerken gibt, deren Grenz- und Durchschnittskosten unter denen der Bundesrepublik Deutschland liegen.

6.5.1 Technische Anforderungen an JI-Kraftwerkprojekte

Der Umbau eines bestehenden zum Teil älteren Kraftwerkparks erfordert ein Know-how, das derzeit nur bei Unternehmen aus Industrieländern vorhanden ist, die eine jahrzehntelange Erfahrung auf dem Gebiet des Kraftwerkbaus besitzen. Die höchst sensible technische Komplexität der Kraftwerke erfordert, daß jedes bestehende Kraftwerk, das seine technisch möglichen Nennwerte nicht erreicht, genauestens analysiert wird. Auf Basis dieser technischen Analyse und anhand weiterer Rahmenbedingungen (Alter und Zustand der Anlage, Kühlmöglichkeiten, Zugang zu Energieträgern, Energiepreise, etc.) muß für jedes einzelne Kraftwerk kalkuliert werden, mit welchen technischen Maßnahmen welche Verbesserung des Nettowirkungsgrades möglichst wirtschaftlich erreicht werden kann. Auf Basis dieser Vorgehensweise ergibt sich ein Bündel von technischen Maßnahmen, das auf die vorliegende Situation technisch optimal angepaßt ist und das die Effizienzverbesserung kostengünstig ermöglicht. Nach dem Umbau der Kraftwerkanlage ist eine fachgerechte Inbetriebnahme und eine Schulung des Kraftwerkpersonals erforderlich, so daß die theoretisch ermittelten Nennwerte auch tatsächlich erreicht werden können.

Diese Darstellung macht deutlich, daß beispielsweise der einfach durchzuführende Ersatz eines veralteten Dampferzeugers (Wirkungsgrad 50%) durch einen technisch modernen Dampferzeuger (Wirkungsgrad 94%) unter Umständen keine Emissionsreduktion mit sich bringt. Es wäre beispielsweise denkbar, daß ein Unternehmen in der Bundesrepublik Deutschland den Austausch eines Dampferzeugers in einem chinesischen Kraftwerk finanziert, um sich die erzielte

[122] Dieser Eindruck wurde auf einem am 14.06.1996 vom Institut für Industriebetriebslehre der Technischen Hochschule Karlsruhe durchgeführten JI-Workshop gewonnen.

Emissionsreduktion anrechnen zu lassen. Theoretisch kann diese Maßnahme abhängig von den technischen Gegebenheiten eine Verbesserung des Nettowirkungsgrades von 5% erbringen. Praktisch kann diese Maßnahme, ohne eine sachkundige Analyse der Anlage, technisch und wirtschaftlich erfolglos sein. Das Gesagte gilt analog auch für die anderen genannten JI-Kraftwerkprojekttypen.

Die Durchführung von technischen Maßnahmen an Kraftwerken und auch der Bau von Kraftwerken wird ohne eine entsprechende sachkundige Unterstützung von Kraftwerkbauern aus Industrieländern immer mit Effizienzeinbußen verbunden sein. Die daraus resultierende Konsequenz ist, daß JI-Kraftwerkprojekte aufgrund der technischen Komplexität der Anlagen nicht nur einen Technologietransfer erfordern, sondern auch ein Know-how, das eine optimale Anpassung an die technischen Gegebenheiten ermöglicht. JI-Kraftwerkprojekte können somit nur erfolgreich sein, wenn das Know-how von Kraftwerkherstellern aus Industrieländern für die Projektdurchführung zur Verfügung steht.

6.5.2 Mögliche Hindernisse für JI-Kraftwerkprojekte

In diesem Abschnitt soll auf Hindernisse aufmerksam gemacht werden, die trotz vorhandener kostengünstigerer Emissionsreduktionsmöglichkeiten in Gastländern wie beispielsweise China die Durchführung von JI-Kraftwerkprojekten blockieren können.

Das Zustandekommen von Joint Implementation-Projekten kann durch erhebliche Such- und Transaktionskosten verhindert werden. Zudem können für die Kontrolle der Projekte unangemessen hohe Kontrollkosten anfallen.

6.5.2.1 Suchkosten bei JI-Kraftwerkprojekten

Die Markttransparenz für JI-Kraftwerkprojekte in China ist für ein interessiertes Unternehmen aus einem Geberland, beispielsweise für ein EVU aus Deutschland, gering. Wenn die Suchkosten von Unternehmen aus dem Geberland die zu erzielenden Kosteneinsparungen übersteigen, dürfte die Suche nach einem geeigneten Projekt früh abgebrochen werden, ohne daß letztlich eine Kompensation zustande kommt.

Dies ist ein weiterer Grund, die internationale Kraftwerkindustrie in JI-Projekte in China einzubeziehen. Internationale Kraftwerkbauer haben gegenüber an JI-Projekten interessierten nationalen Unternehmen den Vorteil, daß sie den für sie bedeutenden asiatischen Kraftwerkmarkt einschließlich der Kraftwerkbetreiber und der zuständigen Behörden von früheren Projekten aus eigenem Geschäftsinteresse kennen. In der Regel besitzen die international tätigen Kraftwerkbauer in China Vertriebszentren und nicht selten bestehen schon Kooperationen mit chinesischen Unternehmen, die für die Durchführung von Reduktionsmaßnahmen nützlich sind (Siemens, 1995: 14). Zudem sind die weltweit tätigen Kraftwerkbauer aufgrund der Erfahrung von früheren Projekten mit der dort gewünschten, erforderlichen und angewandten Technik vertraut.

Insgesamt kann aus den genannten Punkten geschlossen werden, daß die Suchkosten bei auf dem chinesischen Markt präsenten internationalen Kraftwerksbauern geringer sind als bei Unternehmern aus dem Geberland, die selbständig auf der Suche nach JI-Kraftwerkprojekten sind.

6.5.2.2 Transaktionskosten bei JI-Kraftwerkprojekten

Von der Suche bis zum Abschluß eines JI-Kraftwerkprojektes fallen neben den Suchkosten noch weitere Transaktionskosten an. Auch die Transaktionskosten jenseits der Suchkosten sind für die international tätigen Kraftwerksbauer aufgrund von schon bestehenden Geschäftsverbindungen geringer als für die Unternehmen, die ein einmaliges JI-Projekt durchführen wollen. Dafür können zwei Gründe angegeben werden. Erstens können Kosten, die aufgrund der Unsicherheit bei einer einmaligen Transaktion anfallen, eingespart werden. Zweitens ist ein internationaler Kraftwerkbauer in der Situation, so zu verhandeln, daß die für ein einmaliges Projekt abgeschlossenen Vertragsbedingungen für Folgeprojekte übernommen werden können. Bei sich oftmals wiederholenden Transaktionen können also Erfahrungswerte und Lerneffekte zur Kosteneinsparung bei der Abwicklung von Vereinbarungen genutzt werden.

6.5.2.3 Kontrollkosten bei JI-Kraftwerkprojekten

Bei der Durchführung von JI-Projekten stellen die Kontrolle und die damit verbundenen Kontrollkosten ein häufiges Hindernis dar. Auch wenn nicht unterstellt wird, daß die Möglichkeiten, unkorrekte Angaben zu machen, in der Realität genutzt werden, muß doch eine Überwachung erfolgen, um dies auszuschließen.

Im Falle der Durchführung von JI-Kraftwerkprojekten durch international tätige Kraftwerkbauer wird es möglich, den Kontrollaufwand und damit auch die Kontrollkosten zu begrenzen. Dies kann dadurch begründet werden, daß nicht eine unüberschaubare Anzahl von kompensierenden Einzelunternehmen kontrolliert werden muß, die unter Umständen nur ein einmaliges JI-Projekt durchführen, sondern daß eine recht geringe Anzahl von Kraftwerkunternehmen eine Vielzahl von Projekten durchführt. In dieser Situation wird es beispielsweise für die kontrollierende Instanz möglich, nur stichprobenartig einzelne JI-Projekte zu kontrollieren. Allerdings kann die vermutlich weniger effiziente Durchführung von JI-Kraftwerkprojekten durch andere Akteure weiterhin insgesamt hohe Kontrollkosten bei der kontrollierenden Instanz verursachen. Kostenvorteile für Kraftwerkbauer könnten sich ergeben, wenn die Kontrollkosten für die JI-Projektdurchführung entsprechend dem Kontrollaufwand vom Projektträger übernommen werden müßten.

6.5.3 Kostensprungproblematik bei JI-Kraftwerkprojekten

Für die Vermeidung von Emissionen an einem Kraftwerk sind hohe Investitionen erforderlich, die frühzeitig anfallen und dann zu umfangreichen Emissionsreduktionen führen. Diese Kostensprünge führen für ein einzelnes Unternehmen, beispielsweise für ein EVU, zu einer „Alles-oder-Nichts" Entscheidung. Entweder wird die Investition nicht durchgeführt, weil die Investitionskosten für den Kostensprung weit höher sind als die Umrüstung des eigenen Kraftwerkparks oder beispielsweise eine zu zahlende Abgabe, oder die Investition wird durchgeführt, und es kommt zu einer Übererfüllung der verlangten Reduktion. Das letztere macht den mit zusätzlichem Aufwand verbundenen Weiterverkauf der Emissionsrechte für das Unternehmen erforderlich.

Insofern wäre die Abwicklung von Kompensationsprojekten durch international tätige Kraftwerkbauer besonders sinnvoll. Die aus der Durchführung von JI-Kraftwerkprojekten vom internationalen Kraftwerksbauer erworbenen Emissionsgutschriften könnten bei der Planung eines Kraftwerks in Deutschland antizipiert werden, d.h. Kraftwerke können zusammen mit vorhandenen Emissionsgutschriften für die zusätzlich frei werdenden Emissionen an EVUs verkauft werden. Denkbar wäre aber auch ein gewinnbringender Handel mit Emissionsgutschriften unabhängig von konkreten Projekten. In jedem Fall bekommen die an Emissionstiteln interessierten Unternehmen genau die von ihnen benötigte Menge, ohne daß ein zusätzlicher Aufwand beispielsweise durch den Verkauf von überzähligen Titeln entsteht. Daher wäre die Abwicklung von JI-Projekten durch Kraftwerkbauer auch für Unternehmen (EVUs, usw.) des Geberlandes wünschenswert, weil die Entscheidung, ob beispielsweise eine Abgabe gezahlt werden soll oder ob eine in bezug auf die tatsächlich anfallenden Kosten wenig transparente Vermeidungsmaßnahme in einem Nehmerland finanziert werden soll, nicht mehr anfällt. Es muß statt dessen nur noch entschieden werden, ob es günstiger ist, Emissionsgutschriften zu erwerben oder eine Abgabe zu zahlen.

6.6 Die Position Chinas in den Klimaverhandlungen

Da die Position Chinas weitgehend identisch ist mit den in Kapitel 5 beschriebenen Positionen von G77 und China wird an dieser Stelle auf eine Darstellung verzichtet.

6.7 Laufende JI-Kraftwerksprojekte in China

Im Juni 1998 waren weltweit 103 AIJ-Projekte in der JI-Pilotphase offiziell angemeldet (JIQ, 1998c). Darunter ist ein Projekt, das in China zusammen mit dem japanischen Unternehmen Nippon Steel durchgeführt wird. Dabei handelt es sich um ein Projekt, das die energetische Ausbeutung des Rohstoffes Kohle bei der Stahlerzeugung verbessern soll (JIQ, 1998b). Brennender Koks wird dabei abgeschreckt. Die dabei abfließende Wärme wird weiter genutzt. Gleichzeitig kann der so gehärtete Koks nochmals dem Verbrennungsprozeß zugeführt werden. Damit soll der vergleichsweise hohe Energieverbrauch in der chinesischen Stahlproduktion (Xiulian et al., 1998) gesenkt werden. Das Projekt wird bei dem chinesischen

Stahlunternehmen Capital Steel Corporation in Peking durchgeführt. Die Projektsumme beträgt ca. 40 Millionen DM. 40% davon werden vom japanischen Partnerunternehmen getragen, der Rest durch das chinesische Unternehmen. Durch die Trockenabschreckung des Kokses können jährlich 40000 Tonnen Kohle eingespart werden (ca. 2,5 Millionen DM). Ohne den japanischen AIJ-Beitrag hätte die Armortisationszeit statt der nun anvisierten 7 Jahre 12 Jahre betragen. Während der ersten 10 Jahre des Projekts muß sich der chinesische Partner strikt an den Patentschutz für die Technologie halten. Dann gehen die Verwertungsrechte alleinig an die Capitel Steel Corporation. Innovationen, die während der ersten 5 Jahre des Projekts installiert werden, können von dem dafür federführenden Partner zum Patent angemeldet werden. Aber auch diese Verwertungsrechte gehen zum Projektende in den Verantwortungsbereich des chinesischen Partners über. Das Vorhaben ist eingebettet in einen gemeinsamen "Green Aid Plan" der chinesischen und japanischen Regierung. Von japanischer Seite ist das Außenministerium für die regelmäßige Berichterstattung über das Projekt an das Klimasekretariat in Bonn zuständig. Von chinesischer Seite ist dies die Staatliche Kommission für Wissenschaft und Technologie, die auch in allen vier Arbeitsgruppen der nationalen chinesischen Koordinationsstelle für Klimawandel vertreten ist.

Obwohl dieses AIJ-Projekt mit der effizienten Nutzung von Kohle zu tun hat, ist es kein Kraftwerksprojekt von den weiter oben skizzierten Typen.

Die Simulation eines "typischen JI-Kraftwerksprojekts" findet sich dagegen in einer Veröffentlichung des Umweltbundesamtes (UBA, 1997: 91-144). Dort wird der Neubau eines 300 MW-Kraftwerks simuliert. Der Referenzfall ist dabei der Kraftwerksneubau chinesischer Bauart auf der Basis von Westinghouse-Lizenzen. Dieser wird verglichen mit einem modernen Kraftwerk westeuropäischer Bauart, das zum einen als Kohlekraftwerk (hohe Realisierungschance[123]) und zum anderen als Gas-GUD-Kraftwerk (geringe Realisierungschance) ausgelegt ist. Dabei zeigt sich, daß auch neugebaute chinesische Kohlekraftwerke einen relativ hohen Wirkungsgrad erwarten lassen (Tabelle 17). Die CO_2-Einsparungen fallen für das JI-Kohlekraftwerk mit 122000 Tonnen pro Jahr daher relativ bescheiden aus. Die Einsparung ist noch geringer wenn im Referenzfall auf den Einbau von Entschwefelung und Entstickung verzichtet wird (87000 Tonnen). Das Gas-GUD-Kraftwerk führt zwar zu weitaus höheren Emissionseinsparungen; allerdings ist seine Verwirklichung eher unwahrscheinlich. Obwohl das JI-Potential für das einzelne Kraftwerk relativ gering ist, muß man diesen Typus von JI-Projekten nicht außer Acht lassen, da der zu erwartende Ausbau des chinesischen Kraftwerkparks eine Vielzahl solcher Projekte ermöglicht. Leider läßt die UBA-Studie keine Rückschlüsse auf emissionsspezifische Vermeidungskosten zu.

Um bei einer Vielzahl von JI-Projekte dieses Typs größtmögliche Economies of Scale zu verwirklichen ist es u.E. notwendig, dem Kraftwerksbauer bei der institu-

---

[123] Die chinesische Regierung wird vor allem auf die Nutzung der chinesischen Kohlereserven bestehen, um nicht teure Energieträger wie Erdgas importieren zu müssen.

tionellen Umsetzung eine besondere Rolle einzuräumen.

Tabelle 17: Simulationsvergleich zwischen Referenz-Kohlekraftwerk und JI-Kraftwerk

	Referenz Kohle-KW (300 MW)	JI-Kohle-KW (300 MW)	Gas-GUD-KW (300 MW)
DAMPFPARAMETER:			
Frischdampfdruck (bar)	167	250	
Frischdampftemperatur (C°)	537	540	
Zwischenüberhitzung	einfach	einfach	
Kondensatordruck (bar)	0,05	0,04	0,04
WIRKUNGSGRAD:			
mit REA/DeNO$_x$ (%)	39,3	43,0	55,0
ohne REA/DeNO$_x$ (%)	40,3	44,0	55,0
CO_2-EMISSIONEN:			
mit REA/DeNO$_x$ (kg/kWh)	0,840	0,767	0,345
ohne REA/DeNO$_x$ (kg/kWh)	0,819	0,749	0,345
CO_2-MINDERUNG (5500 h/a[124]):			
beide KW mit REA/DeNO$_x$ (1000 t/a)		122	817
chinesisches KW ohne REA/DeNO$_x$ (1000 t/a)		87	782

Quelle: UBA, 1997: 121

Wie ein solches institutionelles Arrangement aussehen kann, wird im folgenden Abschnitt beschrieben.

6.8 Ausgestaltungsmöglichkeit von JI-Kraftwerkprojekten

Aus den genannten technischen und ökonomischen Gründen wird ersichtlich, daß vor allem in Ländern wie der VR China zur Erschließung von vorhandenen günstigen CO_2-Reduktionspotentialen im Kraftwerksbereich die Unterstützung von international tätigen Kraftwerkherstellern erforderlich ist. Es ist deshalb sinnvoll, Konzepte für die Abwicklung von JI-Projekten zu entwickeln, die einen Beitrag von international tätigen Kraftwerkbauunternehmen erlauben. Ein Konzept könnte so aussehen (Abbildung 17), daß ein international tätiger Kraftwerkbauer die Durchführung eines JI-Kraftwerkprojektes in China bei einer für JI-Projekte zuständigen staatlichen Stelle anmeldet. Die staatliche Stelle könnte dieselbe Stelle sein, die auch für die Erhebung beispielsweise einer CO_2-Abgabe zuständig ist.

[124] Beim Übergang vom Referenzfall- zum JI-Kraftwerk; die CO_2-Minderungsangabe bezieht sich auf eine beispielhafte Auslegung im unteren Grundlastbereich. Dabei wird angenommen, daß das JI-Kraftwerk trotz seiner hohen Effizienz aufgrund der gegenüber heimischer Technik höheren Flexibilität auch zum Lastausgleich beiträgt.

Die Anmeldung erfolgt, indem der Kraftwerkbauer den Ausgangszustand des JI-Kraftwerkprojektes und das theoretisch vorhandene Vermeidungspotential beschreibt. Allerdings muß sich das entsprechende Gastland dazu bereit erklären JI-Projekte auf seinem Territorium durchführen zu lassen.

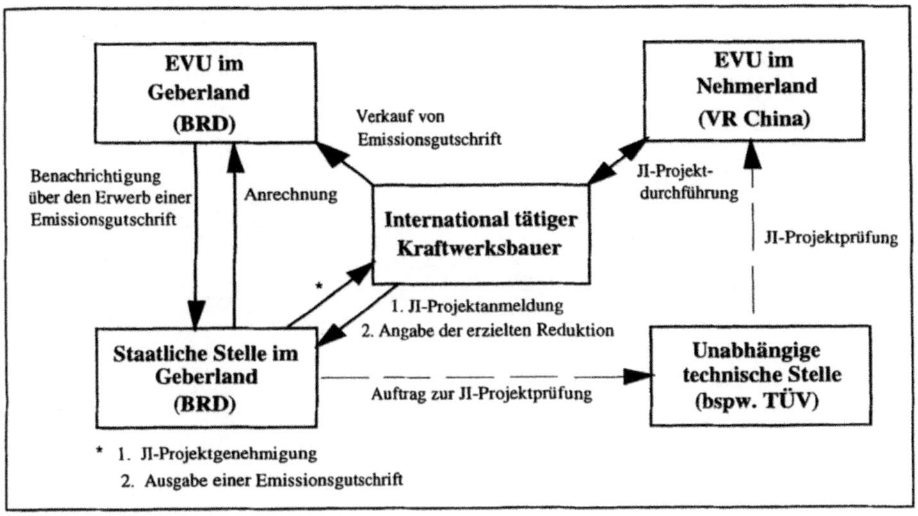

Abbildung 17: Ausgestaltungsmöglichkeiten von JI-Kraftwerkprojekten am Beispiel der Bundesrepublik Deutschland und der VR China

Hiermit wird noch einmal der Aspekt der Freiwilligkeit von JI betont. Nach der Durchführung des JI-Kraftwerkprojektes durch Bau oder Umbau von Kraftwerken im Nehmerland China schreibt der Kraftwerkbauer einen Bericht über den Projektverlauf mit Angabe der erreichten Emissionsreduktion. Es steht der staatlichen Stelle offen, die Angaben des Kraftwerkbauers vor und/oder nach der Abwicklung des Projektes durch eine unabhängige technische Stelle, wie beispielsweise den TÜV, prüfen zu lassen. Es wird von der zuständigen Stelle in der Höhe der erzielten Emissionsreduktion eine Gutschrift ausgestellt, die vom Kraftwerkbauer weiterverkauft werden kann. Die von einem Unternehmen im Geberland gekaufte Gutschrift kann dann von der staatlichen Stelle auf eine ansonsten zu zahlende Abgabe angerechnet werden. Da JI-Projekte auch in vielen anderen Bereichen möglich sind ist ein Wettbewerb zur Erzielung kostengünstiger Reduktionen denkbar. Ob aus dem Verkauf der erworbenen Emissionsrechte ein Gewinn zu erwarten ist, hängt von den Kosten für die JI-Projektdurchführung und von den Verhältnissen im Geberland ab.

Anreize für internationale Kraftwerkbauer, sich an JI-Projekten zu beteiligen, können neben der Möglichkeit einen Gewinn zu erzielen auch darin gesehen werden, daß durch die Teilnahme an JI-Projekten die Technologie der Kraftwerkbauer im Nehmerland noch stärker verbreitet und bekannt wird. Dies wäre sicherlich für die Wettbewerbsfähigkeit des Kraftwerkbauers im Rahmen von anderen Projekten von

Vorteil. Im Nehmerland würde sich die Durchführung von JI-Kraftwerkprojekten sicherlich positiv auf das Image von Kraftwerkunternehmen auswirken, die einen Beitrag zum Klimaschutz leisten.

7 Indien als Gastland für JI-Projekte

In Indien existiert ein enormes Potential für Klimaschutzmaßnahmen zu relativ niedrigen Vermeidungskosten. Grundsätzlich gibt es drei Möglichkeiten, Treibhausgase zu reduzieren:

- Substitution von fossilen Energieträgern mit hohem THG-Potential durch fossile Energieträger mit einem niedrigeren Potential oder durch erneuerbare Energien
- Aufbau terrestrischer Senken
- Maßnahmen zur Effiziensteigerung und Energieeinsparung

Für den Schutz des Klimas sind alle drei Strategien äquivalent. Bezüglich ihrer Eignung für JI-Maßnahmen und in Hinblick auf die Verwirklichung indischer entwicklungspolitischer Maxime sind die verschiedenen Ansätze jedoch sehr unterschiedlich zu bewerten. Im folgenden werden die verschiedenen Klimaschutzoptionen dargestellt und auf folgende Fragen hin überprüft:

- Wie hoch ist das THG-Reduktionspotential ?
- Wie hoch sind die Vermeidungskosten und wie hoch ist der Finanzierungsbedarf ?
- Welche Hindernisse und Marktbarrieren treten bei der Finanzierung auf ?
- Bestehen Möglichkeiten für Joint Implementation ?
- Welche Schwierigkeiten treten bei der Bestimmung der Baseline und der Verifizierung auf ?
- Welche positiven und negativen Externalitäten ergeben sich durch JI-Projekte auf der indischen Seite ?
- Welche Bevölkerungsgruppen profitieren von den Projekten und inwieweit trägt das Projekt zur Armutsbekämpfung bei ?

Inwieweit sich Indien auf JI einlassen wird, hängt entscheidend von den positiven Externalitäten ab, die sich aus den Projekten ergeben. So werden nach CHATTERJEE und FECHER (1997: 83) JI-Projekte in Indien letztlich nur dann als Erfolg bewertet werden, wenn sie dazu beitragen, die Armut zu bekämpfen. In Indien leben 39% der städtischen Bevölkerung und 30% der Dorfbevölkerung unterhalb der Armutsgrenze. Im neunten Fünfjahresplan (1997-2002) hat die indische Regierung das ehrgeizige Ziel ausgerufen, die Armut bis 2005 auf unter 5% zu senken (UNDP, 1997: 51/52)).

7.1 Potentiale für Joint Implementation in Indien

7.1.1 Rationelle Energieverwendung

Indien sieht sich einer zusehends größer werdenden Energielücke gegenüber. Die indische Regierung versucht, diese Lücke hauptsächlich durch eine Erweiterung der Energiekapazitäten zu schließen. Seit einigen Jahren jedoch propagiert sie auch Programme zur Steigerung der Energieeffizienz und Energieeinsparung.[125] Auf der Angebotseite kann dies vor allem durch Effizienzverbesserungen in fossilen Kraftwerken erreicht werden, auf der Nachfrageseite durch Einsparungsprogramme im privaten und industriellen Sektor.

7.1.1.1 Modernisierung fossiler Kraftwerke

Der indische Wärmekraftwerkssektor emittiert jährlich 300 Mio. t CO_2 (Panjiar, 1997: 277). Die Mehrzahl der indischen Kraftwerke arbeitet aufgrund veralteter Technologie und mangelhafter Wartung mit extrem niedrigen Wirkungsgraden von teilweise unter 15 %. Der durchschnittliche Nettowirkungsgrad liegt bei 32% und könnte durch eine Anpassung an moderne Technologiestandards um durchschnittlich 15% gesteigert werden. Die daraus resultierende CO_2- Reduktion wird auf 12% der Gesamtemissionen des Sektors geschätzt (TERI, 1997: 283). Tabelle 18 zeigt technische Optionen der Effizienzverbesserung und die daraus resultierenden CO_2-Vermeidungskosten in indischen Wärmekraftwerken.

Tabelle 18: Potentiale der CO_2-Vermeidung und Kosten der Energieeinsparung im indischen Kraftwerkssektor

Technologie	CO_2-Reduktion	Vermeidungskosten
Kraftwärmekopplung	1,5 kg/kWh	0,27 Rs/kWh
Kombikraftwerke	0,96 kg/kWh	0,94 Rs/kWh
Zwischengekühlte Gasturbinen	0,79kg/kWh	1,03 Rs/kWh
Druckwirbelschichtfeuerung	0,32 kg/kWh	1,6 Rs/kWh
Kombiprozeß mit erdgasbefeuerter Gasturbine	0,28 kg/kWh	1,4 Rs/kWh
Überkritische Heizkessel, gepulverte Kohle	0,23 kg/kWh	1,09 Rs/kWh

Quelle: TERI, 1997: 283

Vom *Indira Gandhi Institute of Development Research* (IGIDR, Painuly et al., 1997) durchgeführte Fallstudien in indischen Wärmekraftwerken haben gezeigt, daß durch Modernisierungsmaßnahmen pro 210 MW-Kraftwerkseinheit bei einer Restlaufzeit von 15 Jahren CO_2-Einsparungen von 0,3 bis 1 Mio t möglich sind (vgl. Parikh et al., 1996). Ein Teil davon sind 'ohne Reue'-Maßnahmen mit

[125] Im Rahmen des nationalen Energieeffizienzprogrammes der Regierung wurden im achten Fünfjahresplan (1992-97) 3,2 Mrd. US$ für die Einsparung von 5000 MW und sechs Millionen Tonnen Öl im Petroleumsektor ausgewiesen (IEA, 1996: 69).

Amortisationszeiten von 1,6-3,3 Jahren, bei einer unterstellten Diskontrate von 14%. Ohne Berücksichtigung der aus Energieeinsparungen resultierenden Gewinne belaufen sich die CO_2-Vermeidungskosten auf 1-55 US$ pro Tonne CO_2. Die Abbildungen 18 und 19 zeigen die CO_2-Grenzvermeidungskosten zweier in der IGIDR-Studie untersuchten fossilen Kraftwerke.

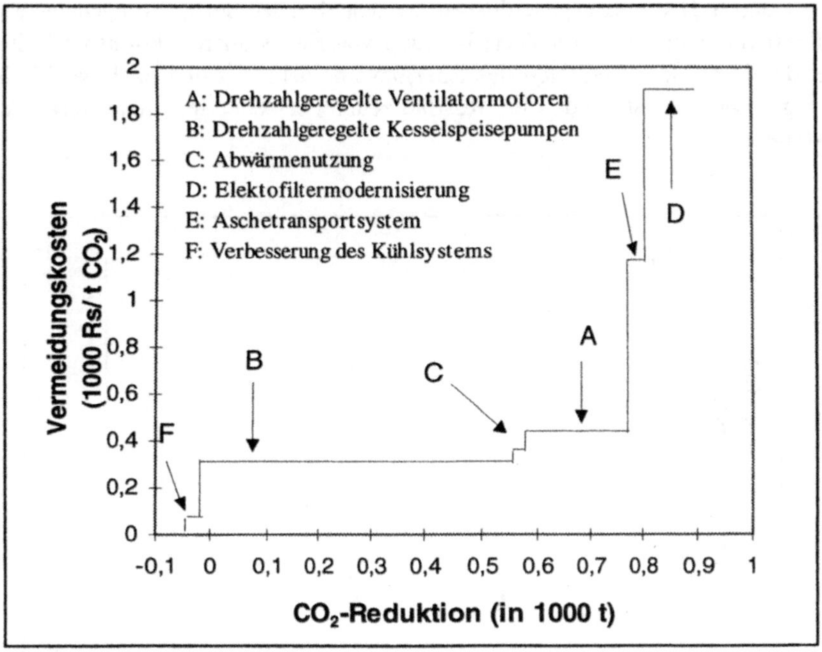

Quelle: Painuly et al., 1997: 158-159

Abbildung 18: CO_2-Grenzvermeidungskosten im Wärmekraftwerk Korba (Indien)

Die Übertragungsverluste durch schlechte Leitungen belaufen sich in Indien auf durchschnittlich 22% der Stromerzeugung gegenüber einem internationalen Standard von 10% (Painuly, 1997: 80). Auch hier bestehen enorme Einsparungspotentiale durch moderne Netzleittechniken.

Die defizitäre Zahlungsbilanz Indiens engt den Spielraum für den Import von Umwelt-Hochtechnologien beträchtlich ein.[126] Bei der Finanzierung des indischen Energiesektors haben bisher Kredite der Weltbank und ODA-Mittel eine entscheidende Rolle gespielt. Die Gesamtsumme der seit 1950 vergebenen ODA-Kredite für den indischen Energie-und Kraftwerkssektor beläuft sich auf über 26 Mrd. US$. Weitere 17 Mrd. US$ verlieh die Weltbank für Energie-Großprojekte, die

[126] Die indische Auslandsverschuldung beläuft sich auf mehr als ein Drittel des BIP, und die Zinstilgung schluckt mehr als ein Drittel der Exporteinnahmen (Chatterjee und Fecher, 1997: 89).

mehr als 10% der nationalen Energiekapazitäten stellen (vgl. IEA, 1996b). Die GEF und nationale Umweltfonds stellen ebenfalls günstige Kredite für die Kofinanzierung umweltfreundlicher Projekte bereit. Für Modernisierungsprojekte zur Effizienzsteigerung fossiler Kraftwerke fehlt jedoch ein geeigneter Finanzierungmechanismus (Painuly et al. 1997: 156). Indische Kraftwerke leiden an chronischer Unterfinanzierung und erwirtschaften kaum Gewinne, so daß die Mittel für Investitionen in die Anlagenmodernisierung fehlen. Diese Finanzierungslücke könnte durch JI-Projekte geschlossen werden. Bei Modernisierungsinvestitionen im Kraftwerksbereich ist die Verifizierung von Emissionsreduktionen relativ einfach, da ein direkter Vergleich des Energieverbrauchs vor und nach der Modernisierung möglich ist und die Restlaufzeiten bestehender Kraftwerke i.d.R. feststehen.

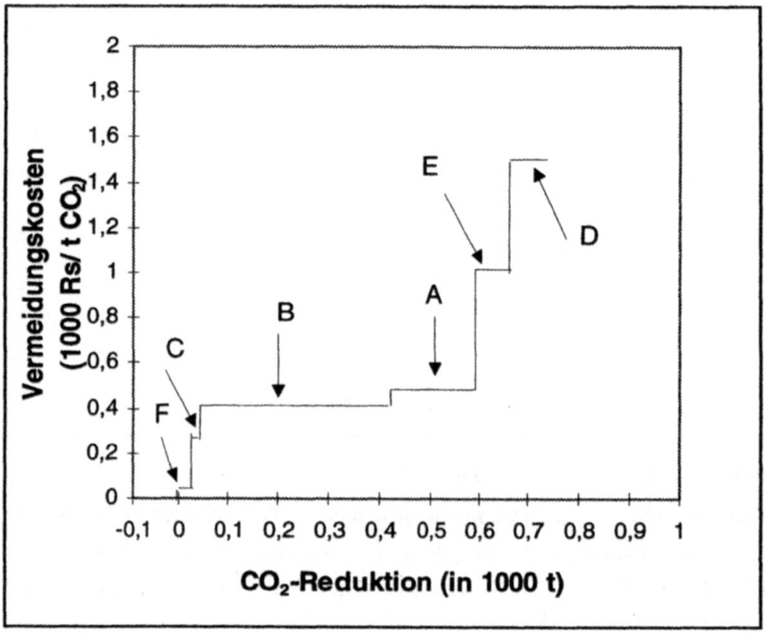

Quelle: Painuly et al., 1997: 158-159

Abbildung 19: CO_2 -Grenzvermeidungskosten im Wärmekraftwerk Palik (Indien)

Beim Neubau von Kraftwerken tritt hingegen das Problem der Baseline-Bestimmung auf, da nur das JI-Gastland weiß, welcher Kraftwerkstyp bei Abwesenheit eines JI-Mechanismus gebaut würde. Es stellt sich die Frage, ob auch betriebswirtschaftlich rentable Projekte für JI zugelassen werden sollen, da Investitionen mit positiven Erträgen und kurzen Amortisationszeiten auch ohne Emissionskreditierung einen Investor finden sollten. In Indien halten sich die Investoren jedoch aufgrund mangelnder Erfahrung mit Investitionen im Bereich der Energieeinsparung noch zurück (vgl. GTZ, 1997). JI könnte in diesem Zusammenhang zur Finanzierung von Pilotprojekten mit Demonstrationseffekt beitragen. Da Indien sich erst Anfang der 90er Jahre für Auslandsinvestitionen geöffnet hat, kann angenommen werden, daß potentielle ausländische Investoren aufgrund mangelnder Erfahrung auf dem indischen Markt vor Investitionen zurückschrecken. Auch solche Investoren könnten durch erfolgreiche, JI-finanzierte Demonstrationsprojekte angezogen werden. Neben Demonstrations-und Markteinführungsprojekten sollten nur solche Kraftwerksprojekte für JI zugelassen werden, die betriebswirtschaftlich noch nicht rentabel sind oder zumindest eine extrem lange Amortisationszeit haben.[127] Es ist möglich, daß durch JI-Projekte im Kraftwerksbereich das Emissionsziel verfehlt wird, wenn die Kosteneinsparungen an die Endverbraucher weitergegeben werden und diese daraufhin mehr Strom nachfragen. Diese Möglichkeit besteht insbesondere für Indien, wo Elektrizität hochgradig subventioniert wird und die Endverbrauchspreise meist unterhalb der Produktionskosten liegen.

Effizienzverbesserungen im Kraftwerkssektor bringen neben den unmittelbaren betriebswirtschaftlichen Gewinnen durch die Energieeinsparungen vor allem positive Externalitäten für die lokale Umwelt hervor. Durch die Einsparung von Energie aus fossilen Energieträgern werden neben den CO_2-Emissionen auch zahlreiche andere Schadstoffe wie NO_x und SO_x reduziert. Die Luftqualität in indischen Metropolen ist katastrophal, insbesondere die SO_2- und Staubkonzentrationen liegen weit über den Grenzwerten der WHO. In Kalkutta z.B. leiden 60% der Bevölkerung an Atemwegserkrankungen (Paulus, 1993: 88-106). Neben Verkehr und Industrie sind vor allem fossile Kraftwerke die Hauptluftverschmutzer. Tabelle 19 ist zu entnehmen wieviel SO_2 und NO_x durch Modernisierung des Wärmekraftwerks in Korba reduziert werden.

Arbeitsplätze werden durch Modernisierungsprojekte im Kraftwerksbereich eher

---

[127] Eine Möglichkeit, das Investitionsrisiko für Energiesparmaßnahmen zu mindern, ist die Finanzierung über sogenannte Energy Saving Companies (ESCO'S). Die ESCO's führen ein Energie-Audit durch und stellen Technologie für Einsparungsmaßnahmen zur Verfügung. Als Entlohnung für diese Leistungen erhalten die ESCO'S einen vertraglich festgelegten Prozentsatz der Gewinne aus der eingesparten Energie. In Indien können sich ESCO's jedoch nicht durchsetzen. Ähnlich wie bei JI liegt das Hauptproblem bei der Bestimmung der Baseline. Der Kunde hat gegenüber der ESCO einen Informationsvorsprung (z.B. bezüglich der Auslastung und Laufzeit von Maschinen) und hat daher einen strategischen Vorteil. So hat beispielsweise ein Kraftwerksbetreiber Anreiz, die tatsächlichen Einsparungserfolge zu untertreiben, um die Zahlung an die ESCO zu mindern. Im Gegensatz dazu hat bei JI-Projekten der Investor Anreiz, die Einsparungen zu übertreiben. Aus diesem Grund ist aus ökologischer Sicht eine Finanzierung von 'Ohne-Reue'-Maßnahmen über ESCO's der Finanzierung über JI vorzuziehen. Von Seiten indischer ESCO's wurde als Hauptgrund für das Ausbleiben größerer Investitionen mangelnde Liquidität für die Anschaffung teurerer Technologie angegeben. (Interviews von Oliver Kopp mit ESCO-Unternehmern im südindischen Bangalore - z.B. Intesco Bharuka - im November 1995). Über die GEF könnten zinsfreie Kredite für ESCO's für die Anschaffung der notwendigen Technologie bereitgestellt werden. Über JI sollten dann jene Projekte durchgeführt werden, die für ESCO's nicht mehr rentabel sind.

wenige geschaffen. Vielmehr ist es wahrscheinlich, daß ein höheres Maß an Automation zum Abbau von Arbeitsplätzen führt, insbesondere von low-skilled Arbeitsplätzen.

Tabelle 19: Potentiale und Kosten der Emissionsvermeidung im Wärmekraftwerk in Korba (Indien)

Technologie	Eingesparte Energie (Mio. Rohöleinheiten)	CO_2-Reduktion (1000 Tonnen)	SO_2-Reduktion (Tonnen)	NO_x-Reduktion (Tonnen)
Drehzahlgeregelte Ventilatormotoren	206	204	710	946
Drehzahlgeregelte Kesselspeisepumpen	596	590	2056	2742
Abwärmenutzung	9	9	30	41
Elektrofiltermodernisierung	68	67	233	311
Aschetransportsystem	71	70	243	324
Verbesserung des Kühlsystems	17	16	57	76
Gesamtreduktion	965	955	3329	4439

Quelle: Painuly et al. 1997: 152/154

7.1.1.2 Nachfragemanagement

Enorme Energieeinsparungspotentiale sind auch im Endverbrauch möglich. Über 90% der Energie wird in den drei Sektoren Industrie, Verkehr und private Haushalte verbraucht. Maßnahmen der rationalen Energieverwendung sollten sich daher auf diese Sektoren konzentrieren.

Tabelle 20: Sektorale Verteilung des Endenergieverbrauchs

Sektor	% Anteil der Gesamtenergie 1987	% Anteil am Verbrauch kommerzieller Energie 1987	Schätzung des % Anteils am Verbrauch kommerzieller Energie im Jahr 2009
Private Haushalte	58,9	12,6	21,3
Industrie	25,0	55,3	47,2
Transport	10,2	22,0	24,2

Quelle: TERI, 1997: 11

TERI (1997) schätzt das Energieeinsparungspotential im Industriesektor auf bis zu 20%. Das Einsparpotential durch Kraft-Wärme-Kopplung im Industriesektor beläuft sich auf 15 GW. Etwa 60 bis 70% des Energiebedarfs im Industriesektor wird für Motoren benötigt. Durch Nachrüstung der Motoren könnten 16% der Energie eingespart werden, durch neue, effizientere Motoren bis zu 20% (vgl. Parikh et al, 1996).

Bei Verwendung einer Input-Output-Analyse ist der Bausektor der größte CO_2-

Verursacher in Indien (22%). Emissionsreduktionen sind z.B. möglich durch eine energieeffizientere Produktion von Ziegeln und die Substitution von Baustoffen wie Zement und Stahl durch weniger energieintensive Materialien.

Tabelle 21: Potential für Energieeinsparungen im indischen Industriesektor

Sektor	Anteil der Energiekosten an den Gesamtkosten (%)	Energiesparpotential (%)
Eisen und Stahl	16	8-10
Dünger und Pestizide	18	10-15
Textilien	11	20-25
Zement	35	10-15
Chlor-Alkali	15	10-15
Papier	23	20-25
Eisengießerei	11	15-20
Keramik	34	15-20
Kunststoff	13	10-15

Quelle: Embree, 1997: 17

KUMAR und VAIDYANATHAN (1997: 188) haben berechnet, daß durch den Einsatz effizienterer Brennöfen bei der Ziegelbrennung CO_2-Reduktionen zu Vermeidungskosten von 20 US$/ t CO_2 möglich sind. Betrieb und Wartung dieser Öfen erfordern nur wenig Know-how, so daß kein aufwendiges 'capacity-building' notwendig ist. Aus diesem Grund bieten sich Ziegelbrennereien besonders für JI-Projekte an. KUMAR und VAIDYANATHAN schlagen vor, die Substitution von Ziegelsteinen oder Zement durch hydraulisch gepreßte Natursteine über JI zu finanzieren. Mit einer Investition von 10.000 US$ können jährlich 127 t Kohle eingespart werden (gegenüber der Ziegelverbrennung), die CO_2-Vermeidungskosten belaufen sich dann ebenfalls auf 20 US$/t CO_2. Die hierfür erforderlichen Pressen sind einfach zu bedienen und benötigen nur Rohmaterialien, die in allen Regionen zur Verfügung stehen, so daß diese Technologie auch in entlegenen Dörfern angewendet werden kann und damit zur Entwicklung des ländlichen Raumes beiträgt (Kumar und Vaidyanathan, 1997: 193). Die Baselinebestimmung ist jedoch äußerst schwierig, so daß eine Zulassung für JI-Projekte wenig sinnvoll scheint.

Werden die nicht-kommerziellen Energieträger berücksichtigt, verbrauchen die indischen Haushalte mehr als die Hälfte der Energie (vgl. Tabelle 20). Energiesparmaßnahmen in diesem Bereich sind daher von entscheidender Bedeutung, zumal der Anteil des Sektors am Verbrauch kommerzieller Energien in den nächsten Jahrzehnten noch steigen wird. Mit steigendem Einkommen werden die Haushalte zu kommerziellen Energieträgern wechseln, die i.d.R. effizienter und sauberer sind als die nicht-kommerziellen (Gupta et al. 1997: 313). Große Energieeinsparungen sind im Bereich der Beleuchtung möglich. So könnten allein durch Substitution herkömmlicher Glühbirnen durch Energiesparlampen 20% des Strombedarfs für Beleuchtung reduziert werden. Mit weiteren Maßnahmen wie Vorschaltgeräten oder Beleuchtungskontrollsystemen sind Einsparungen bis zu 60% möglich. In ländlichen Regionen wird meist mit Kerosinlampen beleuchtet, die 36mal ineffizienter sind als Glühbirnen. Einfache Mantel-Kerosinlampen sind bereits um ein zehnfaches effizienter als die überwiegend verwendeten Dochtkerosinlampen (Painuly und Parikh, 1997: 81). Neben der Beleuchtung sind im indischen Haushaltsbereich Kühlschränke und Ventilatoren die größten Energieschlucker. Die Energieeffizienz der Kühlschränke kann teilweise um den Faktor 5 gesteigert werden, Ventilatoren und Klimaanlagen um etwa 10% (Gupta et al. 1997: 317; Painuly und Parikh, 1997: 82). Im ländlichen Bereich wird überwiegend mit Feuerholz und Biomasse gekocht. Durch die Substitution ineffizienter Kocher ist eine Effizienzsteigerung um 30% möglich, was jedoch nur dann zu einer CO_2-Reduktion führt, wenn Feuerholz nachhaltig bewirtschaftet wird.

Der Energiebedarf im Transportsektor beläuft sich auf 22% des kommerziellen Primärenergieverbrauchs und wuchs zwischen 1990 und 1995 um 4,5% jährlich (TERI, 1996: 13). Die Zahl der Fahrzeuge stieg zwischen 1972 und 1995 von 1,9 Mio. auf über 25 Mio. an. Die Zahl der Automobile steigt jährlich um 9% und jene der Motorräder gar um 14%.[128] Zwar bedeutet dies, daß Klimaschutzmaßnahmen im indischen Transportsektor unumgänglich sind, jedoch ist fraglich, ob sich hierfür JI-Projekte anbieten, da zumindest im Bereich des privaten Personenverkehrs eine Verifizierung von Effizienzsteigerungsmaßnahmen kaum möglich ist. Dies scheint allenfalls im Bereich des Ausbaus der öffentlichen Verkehrsmittel möglich. So wurde für Metropolen wie Delhi, Bombay, Kalkutta oder Madras der Bau eines MRTS (Mass Rapid Transport System) vorgeschlagen. Durch den Bau eines MRTS in Delhi können gemäß einer Studie, die für das indische Ministerium für Stadtentwicklung durchgeführt wurde, über einen Zeitraum von 35 Jahren CO_2-Reduktionen zum Vermeidungspreis von 14 US$/t CO_2 erreicht werden (TERI, 1996: 24). Der Bau scheiterte bisher an den enormen Investitionskosten von 100 Mrd. Rs. Die Berechnung der Baseline ist zwar auch hier sehr schwierig, aber selbst wenn der 'worst case' zugrunde gelegt wird, scheint das Projekt für potentielle JI-Investoren noch lohnenswert. Eine Überprüfung der JI-Tauglichkeit solcher MRTS-Projekte ist daher sinnvoll.

7.1.2 Substitution von Energieträgern

7.1.2.1 Substitution zwischen fossilen Energieträgern und durch Atomkraft

Mehr als 44% aller CO_2-Emissionen entstehen in Indien bei der Verbrennung von Kohle. 1991 belief sich der indische Kohleverbrauch bereits auf 217 Mio. t, für das Jahr 2009 wird er auf 648 Mio. t geschätzt (vgl. Ravindranath, 1997). Durch

---

[128] Nach Bhattacharyya (1996: 256) betragen die lokalen Umweltschäden durch Benzinverbrauch im indischen Transportsektor 1,01 Rs/ Liter Normalbenzin und 2,62 Rs / Liter Dieselbenzin. Da die Studie viele Aspekte vernachlässigt, muß dieser Wert als untere Grenze angenommen werden. Die Potentiale für positive Externalitäten aus Effizienzverbesserungen im indischen Verkehrssektor sind also groß.

eine Substitution von Kohle durch Öl oder Gas würde nicht nur CO_2 reduziert, sondern auch lokal wirkende Umweltschadstoffe.[129] Es ist jedoch wenig wahrscheinlich, daß diese Option des 'fuel switching' von der indischen Regierung verfolgt wird. Indien verfügt über 6% der Weltkohlevorkommen[130] und deckt über 60% der kommerziellen Energie durch Kohle.

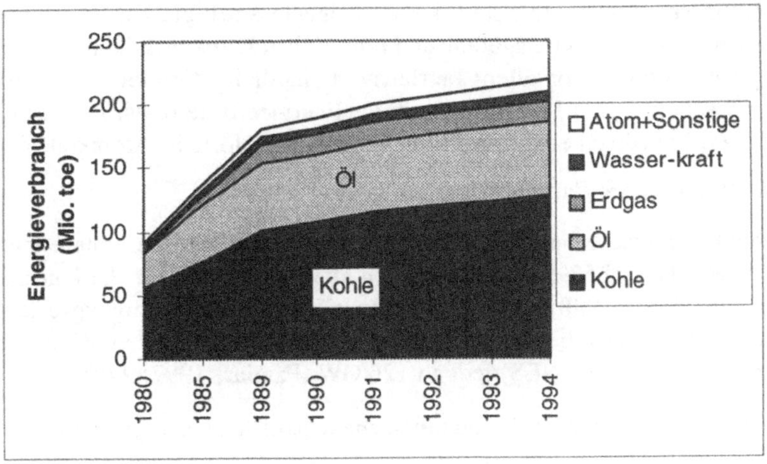

Quelle: Parikh et al, 1996 und eigene Berechnungen

Abbildung 20: Primärenergieeinsatz in Indien 1980- 1994/95 in Mio. t Rohöläquivalenten (Kommerzielle Energie)

Aus diesem Grund hat Indien wenig Interesse daran, auf weniger CO_2-intensive Energieträger wie Öl oder Erdgas umzusteigen. Diese Energieträger müßten überwiegend importiert werden, was zu einer Verschlechterung der ohnehin defizitären Zahlungsbilanz führen würde, während andererseits durch Kohle eine fast vollständige Selbstversorgung im Energiebereich erreicht werden kann.[131] Obwohl Kohleverbrennung CO_2-intensiver ist als die Ölverbrennung, wird in Indien Öl durch Kohle substituiert, um damit Ölimporte zu reduzieren. Energieeffizienzprogramme beziehen sich daher vornehmlich auf den Ölsektor (vgl. Parikh et al.,

[129] Nach amerikanischen Studien liegen die externen Kosten durch Kohleverbrennung bei 2,1-4,9 Cent/kWh - was etwa dem Preis des Stromes selbst entspricht - während die externen Kosten aus Gas um 2/3 niedriger sind (vgl. Soni und Barathan, 1997). Für Indien dürften die Kosten noch höher sein, da sich die indische Kohle durch extreme Schwefel- und Staubhaltigkeit auszeichnet.

[130] Die absoluten Kohlevorkommen wurden Anfang 1997 auf 205 Mrd. Tonnen geschätzt, wovon 72 Mrd. Tonnen als gesicherte Resourcen gelten (TERI, 1997).

[131] Etwa 14 % der kommerziellen Energie wird importiert, überwiegend in Form von Rohöl und Petroleum-Produkten. Die Ausgaben für Ölimporte werden für das Jahr 1997 auf 245 Mrd. Rs. geschätzt (The Times of India: 17. Juni 1997). Die Substitution durch Erdgas ist ebenso unwahrscheinlich, da Indien auch Erdgasimporteur ist.

1996). Wenn z.B. 250 PJ Energie, die aus Kohleverbrennung stammen, eingespart würden, dann führt dies zu einer monetären Ersparnis von 2,7 Mio. Rs. Wenn dieselben 250 PJ aus Ölverbrennung stammen, werden mehr als 7,7 Mio. Rs. eingespart. Will man aus Klimaschutzgründen trotzdem dem Öl den Vorzug geben, so ist die Differenz von 5 Mio. Rs. als Zusatzkosten zu betrachten, die grundsätzlich von einem JI-Investor übernommen werden könnten.

Substitution durch Atomkraft stellt keine geeignete Strategie zur CO_2-Vermeidung dar. Neben der Proliferationsgefahr und erheblichen Umweltrisiken durch unsicherer Lagerung sind es vor allem betriebswirtschaftliche Gründe, die gegen diese Option sprechen. Durch Investitionen in die Energieeffizienz wird siebenmal mehr CO_2 reduziert als durch eine Investition der gleichen Höhe in Atomkraft.[132]

7.1.2.2 Erneuerbare Energieträger

Der Anteil der erneuerbaren Energien am kommerziellen Gesamtenergieangebot betrug 1996 etwa 25,5%. Davon entfallen allerdings 24% auf die konventionelle Wasserkraft (Vogt, 1998: 338). Das gesamte Elektrizitätserzeugungspotential aus regenerativen Energien beträgt nach Berechnungen des indischen Ministeriums für erneuerbare Energien (MNES) jedoch 126 GW (Panjiar, 1997: 278).

Tabelle 22: Technische Potentiale und installierte Kapazitäten von regenerativen Energien in Indien

Technologie	Technisches Potential	Installierte Kapazität (1996)
Windkraft	20.000 MW	900 MW
Biomasse (insgesamt)	17.000 MW	
Biomasse basierte Kraftwärme-kopplung		25 MW
Biomasseverbrennung		11 MW
Biogas / Stirling Motoren		30 MW
Familien-Biogasanlagen		2,4 Mio, Stk.
Kleinstwasserkraftwerke (bis zu 3 MW)	10.000 MW	231 MW
Solarthermische Systeme (Kollektorfläche)		400.000 m²

Quelle:Daten aus Parthasarathi, 1997: 6 und TERI, 1997

Tabelle 22 zeigt das technische Potential der verschiedenen Optionen erneuerbarer Energien. Weiterhin bestehen langfristige Optionen auf Meereswärmekraftwerke (79 GW), Gezeitenkraftwerke (9 GW) und Wellenkraftwerke (20 GW) (vgl. Parthasarathi, 1997). Zwischen 1980 und 1992 hat die indische Regierung von den insgesamt 812 Mrd. Rs. für den Stromsektor lediglich 12 Mrd. Rs für regenerative

[132] Vgl. Banholzer, 1996: 57 und Bauer, 1993. Ende 1996 verfügte Indien über neun funktionsfähige Kernkraftreaktoren mit einer Gesamtleistung von 1493 MW. Obwohl davon nur 30% ausgelastet werden, plant die indische Komission für Atomenergie einen Kapazitätszuwachs um weitere 880 MW bis 1998.

Energien ausgegeben. Indien ist weltweit der zweitgrößte Produzent von einfachkristallinen Silikonsolarzellen (vgl. Parthasarathi, 1997). Die installierte Leistung der Solarzellen beläuft sich auf 9 MW, was 10 % der Weltproduktion entspricht. Das Kapazitätsziel der Regierung liegt bei zunächst 55 MW bis zum Jahr 2000 und von da ab jährlich weitere 20-30 MW (vgl. Embree, 1997). Vor dem Hintergrund, daß in Indien 115 Millionen Haushalte nicht elektrifiziert sind oder über Elektrizität niedrigster Qualität verfügen, bieten Solarzellen die Möglichkeit, entlegene, ländliche Gebiete zu elektrifizieren und die wirtschaftliche Entwicklung in diesen Regionen zu fördern. Ein weiterer Ansatz wäre die Einführung von solarthermischen Kraftwerken, die ein großes Potential zur kostengünstigen Reduktion von THG-Emissionen liefern. Die Anlagen sind jedoch erst ab höheren Stückzahlen wirtschaftlich. Die Gesamtinvestitionskosten für die ersten 50 MW Anlagen liegen etwa 72 Mio. US$ über den Kosten eines konventionellen Kraftwerkes gleicher Leistung (Trieb et al., 1997: 729). Das Kostensenkungspotential wird auf 45-55% geschätzt und hängt vom Umfang der Serienproduktion und der Größe der Kraftwerkseinheit ab. Für die ersten Kraftwerke ist die betriebswirtschaftliche Rentabilität noch nicht gegeben, die Markteinführung daher sehr unwahrscheinlich, insbesondere in Ländern mit niedriger Liquidität wie Indien. JI kann hier zur Überwindung dieser Markteinführungsbarrieren beitragen. So könnten die ersten Anlagen solange über den JI-Mechanismus finanziert werden, bis die Produktion eine Größe erreicht hat, die Wirtschaftlichkeit ermöglicht. Indien könnte durch Skalenerträge ein Markführer in diesem High-tech-Bereich werden und später eventuell Strom in sonnenärmere Gebiete der Region exportieren.

Indien verfügt mit über 900 MW über die drittgrößte Windkraftkapazität der Welt, hinter Deutschland und Amerika. Das technische Potential wird auf eine Gesamtkapazität von 20 GW geschätzt (Embree, 1997: 16). Für JI sind Windkraftprojekte jedoch nicht geeignet, da solche Projekte bereits profitabel sind. Die Kosten für Energie aus Windkraft liegen in Indien nur wenig über den Preisen für konventionell produzierte Energie (Chatterjee und Fecher, 1997: 92). Windkraft wäre absolut konkurrenzfähig, wenn die konventionellen Energien nicht subventioniert würden. JI könnte hier ein Nachlassen in den eigenen Bemühungen verursachen und ausländische Investoren könnten betriebswirtschaftlich rentable Projekte zu JI-Projekten umdeklarieren.

Wasserkraft stellt eine weitere Option CO_2-armer Energiegewinnung dar. Aus ökologischen und sozio-ökonomischen Gründen sind große Staudammprojekte jedoch abzulehnen. In Indien wurden für den Bau von Staudämmen mehr als 11,5 Millionen Menschen ohne entsprechende Entschädigung zwangsevakuiert (vgl. Gadgil und Guha, 1994). Große Staudammprojekte stoßen in Indien jedoch auf erbitterten Widerstand von Seiten der Bevölkerung und die Anti-Staudammbewegungen, insbesondere die Narmada-Bewegung, gehören neben der Chipko-Bewegung zu den größten Umweltbewegungen Indiens. Vorzuziehen wären also kleine, regional angepaßte Wasserkraftwerke mit einer Kapazität bis zu 3 MW. Ein JI-System birgt jedoch die Gefahr, daß Investoren großdimensionierte Wasserkraftprojekte bevorzugen, da die durchschnittlichen Kosten der CO_2-Vermeidung bei Großprojekten niedriger sind als bei der Implementierung vieler kleiner Anlagen. Dies ist insbesondere dann der Fall, wenn die negativen Externalitäten, die durch Mammutprojekte wie die Narmadastaudämme entstehen, nicht in der Planung und der Kostenkalkulation von JI-Projekten berücksichtigt werden.

Das größte Potential für erneuerbare Energien in Indien ist in der energetischen Nutzung von Biomasse zu sehen. HALL und RAVINDRANATH (1995) haben gezeigt, daß der gesamte ländliche Elektrizitätsbedarf (und der Energiebedarf zum Kochen) durch dezentralisierte Biogassysteme abgedeckt werden könnte. Nimmt man ein durchschnittliches indisches Wärmekraftwerk als Baseline, so werden mit jeder MWh Strom, die durch Biogasanlagen produziert wird, zwischen 0,3 und 0,4 t CO_2 eingespart. Die CO_2-Vermeidungskosten von Biogasanlagen werden auf 7,5 US$/t CO_2 geschätzt (vgl. Ravindranath, 1997 et al.). Während Wind- und Wasserkraftanlagen von lokalen Bedingungen abhängen (Windstärke etc.) und solarthermische Anlagen sehr teuer sind, zeichnen sich bio-elektrische Anlagen dadurch aus, daß sie in allen ländlichen Regionen einsetzbar sind, wo Biomasse angebaut und geerntet werden kann. Anlagen mit Kapazitäten von 20 kW bis zu mehreren MW gewährleisten eine Anpassung der Produktion an den lokalen Strombedarf.

Ein Verfahren, welches es ermöglicht, die organischen Anteile des städtischen Abfalls für die Elektrizitätserzeugung zu nutzen und gleichzeitig das indische Abfallproblem zu mildern, ist das Verfahren der Biomethanisierung. In Indien werden täglich 100.000 t städtischer Abfall produziert, wovon etwa 60% gesammelt werden und auf Müllbergen verrotten. Bei der Verrottung wird in hohem Maße Methan freigesetzt. Die Firma Western Paques (Indien) hat ein Verfahren entwikkelt, mit dem die täglich anfallenden 60.000 t Abfall in Elektrizität und Kompost umgewandelt werden können. Jährlich könnten dadurch CH_4- und CO_2-Emissionen in Höhe von 17,9 Mio. t CO_2-Äquivalenten vermieden werden. Eine einzelne Anlage hat eine Kapazität von 3 MW und kostet 20 Mio. US$. 133 Anlagen werden benötigt, um den gesamten städtischen Müll zu verarbeiten. Die Vermeidungskosten belaufen sich bei einer Laufzeit von 30 Jahren auf nur 2 US$ (Khanna, 1997: 180ff.). Der immense Kapitalbedarf könnte über JI beschafft werden.

Regenerative Energien sind langfristig die sinnvollste Option für eine nachhaltige Energiewirtschaft. Das Potential zur CO_2-Reduktion ist enorm und Investitionsmöglichkeiten für JI-Investoren sind zahlreich. Neben positiven klima- und rohstoffpolitischen Aspekten haben regenerative Energien vor allem den Vorteil, zu einer dezentralisierten Energieversorgung beizutragen. In den letzten 50 Jahren hat Indien vor allem auf zentralisierte Energieversorgungssysteme gesetzt, mit dem Ergebnis, daß die ländlichen Bereiche trotz des ‚Rural Electrification Programs' unter akuten Elektrizitätsdefiziten leiden, und Kleinbetriebe sich nicht wie erhofft angesiedelt haben (Sharan, 1997: 289). In Indien sind zwar 80% der Dörfer elektrifiziert, jedoch nur ein Drittel der ländlichen Haushalte hat Stromanschluß (vgl. Ravindranath et al. 1997). Für die Bekämpfung der ländlichen Armut und die Industrialisierung dieser Regionen ist eine flächendeckende Energieversorgung von großer Bedeutung. Eine Lösung wäre die Etablierung von unabhängigen, dörflichen Energieerzeugungsunternehmen. Kleine Biogas-, Wind- oder Wasserkraftanlagen eignen sich hierfür besonders, die Investitionsrisiken sind jedoch immer noch sehr hoch. JI könnte zur Beseitigung von Markteintrittshindernissen beitragen, bis sich ein ausreichend großer Markt für dezentrale Energiesysteme herausgebildet hat. Andererseits ist bei der Errichtung neuer Anlagen die Baseline-Bestimmung extrem schwierig, da nicht klar ist, ob z.B. durch eine Windkraftanlage Energie substituiert wird, die aus einem kohlebetriebenem oder aus einem gasbefeuertem Kraftwerk stammt, und welcher Kraftwerkstyp als Referenzanlage herangezogen wird. Die Baseline-Bestimmung ist einfacher, wenn bislang überhaupt keine Elektrizität vorhanden war und zur Behebung dieser Energielücke der Bau eines thermischen Kraftwerks geplant ist. In Indien werden energiepolitische Ziele und Durchführungsstrategien in den Fünf-Jahres-Plänen festgehalten, so daß die Baseline-Bestimmung bei Neubauten einfacher ist als in privatwirtschaftlich organisierten Energiemärkten. Strategisches Verhalten könnte daher dadurch reduziert werden, indem Verhandlungen über JI-Projekten in staatlichen Unternehmen erst dann beginnen, wenn der Fünf-Jahres-Plan als Baseline vorliegt. Allerdings stellen auch diese Planvorgaben keine sichere Baseline dar, da die Vorgaben in der Vergangenheit nur in den seltensten Fällen erreicht werden konnten.

7.1.3 Substitution von Viehfutter und Naßreissorten

Mehr als 30% aller indischen Treibhausgase sind Methanemissionen. In Indien entsteht Methan vor allem durch Rinderzucht und Naßreisanbau. Mit über 392 Mio. Tieren hatte Indien 1980 den weltweit größten Rinderbestand, der bis zum Jahr 2000 nach Schätzungen auf 850 Mio. anwachsen wird. Allerdings wird der Viehbestand, im Gegensatz zu lateinamerikanischen Ländern, nicht für den Fleischkonsum genutzt - der Rindfleischkonsum ist aus religiösen Gründen unbedeutend - sondern vor allem zur Milchproduktion oder als Arbeits- und Transporttiere. Eine Reduzierung des Viehbestandes würde also nur zu einer Verschiebung der Emissionen führen, da anstatt der Tiere motorisierte Transportmittel verwendet würden (vgl. Dillen und Weber , 1995). Allerdings gibt es Möglichkeiten, den Methanausstoß der Tiere durch Substitution des Viehfutters zu reduzieren. Durch besseres Futter können die Methanemissionen um etwa 20% reduziert und gleichzeitig die Milchproduktion um etwa 25% gesteigert werden, so daß der Einsatz besserer Futtermittel auch betriebswirtschaftlich rentabel wäre. Insbesondere Subsistenzbauern verfügen jedoch nicht über die Mittel für eine solche Investition. Da es jedoch bislang sehr schwierig ist, die Methanreduktionen zu verifizieren, ist Joint Implementation kein geeigneter Finanzierungsmechanismus für die Futtersubstitution. Diese Projekte könnten über die GEF finanziert werden (vgl. Joshi und Stem, 1997).

Der Methanausstoß durch Naßreißanbau ist durch die Grüne Revolution und die damit verbundene Vernachlässigung des Regenbaus verstärkt worden. Eine Umstellung auf lokal angepaßte Getreidesorten in jenen Regionen, in denen eine Bewässerungswirtschaft ökologisch ohnehin fraglich ist, könnte zu Emissionsreduzierung beitragen (vgl. Dillen und Weber, 1995). Hierfür sind finanzielle Mittel notwendig, die über JI beschafft werden könnten. Für die meisten Regionen Indiens ist der Naßreisanbau jedoch sowohl wirtschaftlich als auch ökologisch sinnvoll. Die Verifizierung bei Reissortensubstitution stößt auf ähnlich Probleme wie die Verifizierung bei Aufforstungsmaßnahmen.

7.1.4 Aufbau terrestrischer Senken

Die überwiegende Zahl der weltweit durchgeführten AIJ-Projekte sind Aufforstungsmaßnahmen. Da Bäume während ihrer Wachstumsphase Kohlenstoff binden, den sie der Atmosphäre entziehen, eignen sich Aufforstungsmaßnahmen zur CO_2-Reduktion, wobei jedoch zu beachten ist, daß ein Baum nur in der Wachstumsphase als Kohlenstoff*senke* dient und danach hauptsächlich als Kohlenstoff*speicher*. Durch Verbrennung des Baumes wird der gespeicherte Kohlenstoff wieder freigesetzt. Brandrodung und Abholzung stellen daher ein zentrales Problem für den Klimaschutz dar (Banholzer, 1996: 64).

7.1.4.1 Klimaschutzpotential und JI-Optionen

In den indischen Wäldern sind 9578 t Kohlenstoff gespeichert, davon 44% in der Vegetation, der Rest im Boden. Die jährliche CO_2-Absorption wird auf 64 Mio t geschätzt (vgl Ravindranath, 1997).[133] Insgesamt steht für Aufforstungsmaßnahmen eine Landfläche von 39 Mha zur Verfügung. Aufforstung auf diesen Flächen würden zu einer jährlichen Kohlenstoffabsorption von 78 Mio t führen. Die hierfür benötigten Investitionskosten belaufen sich auf 405 Mrd. Rs. Demgegenüber belaufen sich die geplanten Ausgaben für Forstprojekte nach dem achten Fünfjahresplan der Regierung auf nur 8 Mrd. Rs jährlich, so daß ein erhebliches Investititonspotential für JI Projekte zur Verfügung steht. Auch in Indien gehören Forstprojekte zu den billigsten Klimaschutzoptionen. Die Höhe der THG-Vermeidungskosten schwanken je nach Projekttyp zwischen 1 und 9 US$/t CO_2 (vgl. Ravindranath et al. 1997). Die Verifizierung ist bei Forst-JI-Projekten besonders schwer, da die THG-Bindungskapazität der verschiedenen Baumsorten von regionalen Umweltbedingungen wie Höhe, Klima und Bodenbeschaffenheit abhängt. Bei JI-Projekten sollte daher nur der 'schlechteste Fall' für die Verifizierung zugrundegelegt werden. Bei der Bestimmung der Baseline besteht ein großes Potential für strategisches Verhalten. Da Indiens Aufforstungsbemühungen in den letzten Jahren sehr gemäßigt waren, kann die Regierung glaubhaft vorgeben, daß auch weiterhin viele Regionen brach liegen werden, wenn sich kein ausländischer Investor findet. Es besteht die Befürchtung, daß durch JI die indischen Aufforstungsbemühungen nachlassen werden, der Holzabbau zunimmt und das Reduktionsziel verfehlt wird. Unklar ist auch, was mit den Emissionskrediten im Falle von Waldbränden passiert.

---

[133] Die Angaben über die Nettoemissionen aus indischen Wäldern (Rodung - Aufforstung) sind je nach Autor sehr unterschiedlich, so daß die Zahlenangaben mit Vorsicht zu betrachten sind (vgl. Painuly und Parikh, 1997: 228).

7.1.4.2 Positive Externalitäten

Indiens Waldbestand ging nach einer Studie von 1983 allein in den sieben vorangegangenen Jahren um über 16% zurück, die dichten Wälder gar um 22%. Damit verlor das Land jährlich mehr als 14 000 km^2 Waldfläche. Nach Angaben der Regierung wurden 1987 mehr als 235 Millionen m^3 Brennholz verbraucht, während sich die Regenerationsrate auf nur 40 Millionen m^3 beläuft. Überbewirtschaftung und Abholzung haben dazu geführt, daß 1,75 Mio. km^2 der indischen Landfläche degradiert sind. Die Bodenerosion verursacht jährliche Schäden in Höhe von 10 Mrd. US$ oder 4% des indischen BIP (Paulus, 1993: 120ff.). Mehr als 70% der indischen Bevölkerung leben auf dem Lande und sind vom Landverlust durch Dessertifikation und Bodenerosion unmittelbar betroffen (Rieger, 1993: 138). Durch die Abholzung sinkt der Grundwasserspiegel, so daß sich allein im Bundesstaat Uttar Pradesh die Zahl der Dörfer ohne Wasser seit den 60er Jahren vervierfacht hat. Gezielte Aufforstungsprojekte können dazu beitragen, daß die Bodenerosion zurückgeht, der Grundwasserspiegel steigt und die Landbevölkerung mit Brennholz versorgt wird.

7.1.4.3 Negative Externalitäten

In Indien wurde das JI-Konzept zuerst in Zusammenhang mit Aufforstungsmaßnahmen vorgestellt, was indische NROs zu dem Ausspruch provozierte, daß die EL die 'Gärten des Nordens' würden (Runnals, 1997: 36). Die NROs hatten die Befürchtung, daß rechtlose Kleinbauern von ihrem gepachteten Land vertrieben werden könnten, um dort CO_2-Reduktions-Plantagen zu errichten, durch die der Landbesitzer einen höheren Profit erwirtschaften kann. Dies würde zu einer Verstärkung ländlicher Armut und zu erhöhtem Druck auf Marginalböden führen. Es ist daher darauf zu achten, daß JI-Projekte nur auf bisher nicht bewirtschafteten Böden zugelassen werden.[134] Da der ausländische Investor allein an einer möglichst schnellen THG-Reduktion interessiert ist, besteht die Gefahr, daß schnell wachsende Monokulturen wie Eukalyptusbäume unter Einsatz von Kunstdünger angepflanzt werden, was verheerende Auswirkungen auf die Biodiversität und das Grundwasser hätte. Daß diese Gefahr tatsächlich gegeben ist, zeigt die Geschichte der staatlichen Forstwirtschaft in Indien. Die Aufforstungsprogramme der indischen Regierung waren bisher weniger durch Klimaschutzüberlegungen als durch wirtschaftliche Gründe motiviert. So wurden schnellwachsende Kulturen für den Holzbedarf der Industrie gezüchtet, was zu einer drastischen Reduktion der Biodiversität geführt hat.[135] Aufgrund der niedrigen Zeitpräferenzraten in den EL be-

---

[134] Parikh (1997 b: 198 f.) bezweifelt, daß dies möglich sein wird: "With his high discount rate, a farmer may trade in his hunger for short term gain; thus satisfying the hunger of industrialized countries for more fuel and hence carbon. It will be difficult to avoid this problem and to confine Joint Implementation projects to wasteland or forests alone, where irrigation, soil quality and labour may not be easily available."

[135] Siehe zur geschichtlichen Entwicklung der Gesetzgebung und der Aufforstungsprogramme Lyska, 1991, Paulus, 1993.

steht die Gefahr, daß die langfristigen Schadenswirkungen durch den Rückgang an Biodiversität zu niedriges Gewicht haben. Die indische Landbevölkerung ist jedoch für die Problematik schnell wachsender Monokulturen sensibilisiert. Der Kampf der Landbevölkerung gegen die staatliche Forstpolitik führte zur ersten organisierten Umweltbewegung Indiens, der Chipko-Bewegung. Unter anderem wandte sich die Bewegung gegen den Anbau von Monokulturen. Mehrmals kam es zu Massenverhaftungen, als Chipko-Anhänger von staatlicher Seite gepflanzte Eukalyptussetzlinge herausrissen, um sie durch lokal angepaßte Sorten zu ersetzen (Gadgil und Guha, 1994: 106). Die Vorfälle verdeutlichen die Kluft, die zwischen staatlicher Forstwirtschaft und den Interessen der Subsistenzbauern besteht. Im Forstbereich ist die Prüfung von JI-Projekten durch die indische Regierung demnach keine Garantie dafür, daß die Projekte zum Wohle der Landbevölkerung gestaltet werden. Obwohl mehr als 80% der Waldflächen und potentiellen Aufforstungsgebiete in staatlicher Hand sind, sprechen einige Gründe dafür, Aufforstungsprojekte im Rahmen eines JI-Systems auf kommunaler Ebene durchzuführen, z.B. zwischen europäischen Großstädten und indischen *Panchayats* (Gemeinden). Die staatlich bewirtschafteten Waldflächen sind am stärksten von Abholzung und Erosion betroffen, während die Wälder, die von den *Panchayats* verwaltet werden, am besten und nachhaltigsten bewirtschaftet wurden, „da die Partizipation der Dorfbevölkerung bzw. ihre direkte Teilhabe an den Erträgen aus der Waldnutzung entscheidend zur Erhaltung beigetragen haben."[136] Zur Erfüllung der Kriterien der ökologischen Nachhaltigkeit und Sozialverträglichkeit ist die Integration der betroffenen Bevölkerung in die Planung von JI-Projekten im Forstbereich eine Grundvoraussetzung. In diesem Zusammenhang ist ein AIJ-Projektvorschlag interessant, der von indischen NROs entwickelt wurde: Das *Tamarind Orchard Agroforestry (TOA)*-Projekt (vgl. ADATS, 1997; Meili, 1997). Das TOA-Projekt verfolgt folgendene Ziele:

- Schaffung von CO_2-Senken durch Aufforstung von kommerziell verwertbaren Obstbäumen (Tamarinde und Mango), die traditionell nicht während ihrer Lebenszeit gefällt werden.
- Gewährleistung der Nachhaltigkeit dieser Emissionssenken durch Verknüpfung des Emissionsminderungszieles mit der ökonomischen Rentabilität solcher Obstbäume.

Der Beitrag der indischen Durchführungsorganisation (Gastgeber) ist die Bereitstellung von Land und Arbeitskräften. Das Reduktionspotential des Projektes wird auf 119.000 Tonnen CO_2 über eine Projektlaufzeit von 40 Jahren geschätzt. Die Kostenschätzung für die Vermeidung einer Tonne CO_2 liegt bei US$ 3,5. Die Projekt-Baseline ist einfach zu schätzen, da das Land mangels Kapital auch in Zukunft brachliegen würde. Obwohl das Projekt bereits bei einem Zinssatz von 10% wirtschaftlich rentabel wäre, scheitert es bisher an Finanzierungsengpässen. Auf-

---

[136] Paulus, 1993: 133. Für eine Darstellung des indischen Panchayat-Systems und dessen Bedeutung für eine nachhaltige Waldbewirtschaftung, siehe Blair, 1996.

grund der langen Amortisationszeiten und der niedrigen Kreditwürdigkeit der Kleinbauern finden sich keine Banken und Investoren, die Projekte dieser Art unterstützen. Das Projekt kann auch nicht unter einem multilateralen Kreditmechanismus (Weltbank etc.) finanziert werden und vorhandene ODA-Mittel reichen nicht aus. JI scheint in dieser Situation die einzige Chance zu sein, Investoren für dieses Projekt zu gewinnen. Neben der CO_2-Reduktion bringt das Projekt erheblichen zusätzlichen Nutzen, insbesondere für die arme Landbevölkerung hervor:

1. Ökologische Vorteile (außer THG-Reduktion):

- Anhebung des Grundwasserspiegels und Rückdrängung der Bodenerrosion
- Schutz und Verbesserung der Biodiversität

2. Ökonomische Vorteile:

- Arbeitsbeschaffung für die lokale, kleinbäuerliche Bevölkerung
- Beitrag zur nachhaltigen Deckung des Brennholzbedarfs der Landbevölkerung
- Einführung angepaßter Technologien
- Capacity Building: Know-how-Transfer über nachhaltige Waldwirtschaft und Erfahrung für Klimaschutz, besonders im Monitoring von THG-Strömen
- Aufbau von Institutionen zur Verwaltung von Klimaschutzprojekten.

Im Gegensatz zu Energieeffizienzprojekten im Kraftwerksbereich haben derart gestaltete Aufforstungsprogramme unmittelbar positive Effekte für die Landbevölkerung. Der Nachteil des Projekts ist darin zu sehen, daß die exakte CO_2-Absorption durch Tamarinde derzeit noch nicht bestimmbar und eine entsprechende Anrechnung von Emissionskrediten daher sehr schwierig ist.

7.1.4.4 Fazit

Das Potential für klimapolitische Maßnahmen im indischen Forstsektor ist hoch und die Vermeidungskosten sind wesentlich niedriger als in den IL, so daß das Kriterium der Kosteneffizienz von JI-Projekten erfüllt ist. Fraglich ist jedoch, ob JI-Projekte in diesem Bereich das Kriterium der ökologischen Effektivität erfüllen, denn die Gefahr negativer externer Effekte auf Natur und Kleinbauern ist sehr groß und die Baselinebestimmung sehr schwierig. Werden die Projekte jedoch richtig ausgestaltet, so können sie zur zielgruppenorientierten Bekämpfung der ländlichen Armut beitragen und gleichzeitig lokale Umweltprobleme abmildern, unter denen die bäuerliche Bevölkerung am meisten zu leiden hat. DUTSCHKE und MICHAELOWA (1997) argumentieren, daß JI-Projekte im Forstbereich niedrigere Anrechnungsquoten haben sollten als z.B. Projekte im Energiesektor, da sie keinen Transfer von Hochtechnologie auslösen. Aus der Perspektive zielgruppenorientierter Armutsbekämpfung ist diese Argument jedoch nur bedingt richtig, da die ländliche Armut in Indien nicht durch Transfers von Hochtechnologie bekämpft werden kann, sondern durch Erhöhung der Zugangschancen zu einfachen Technologien und Kleinkrediten.

Bei der Analyse der Frage, welchen Nutzen Indien aus JI-Projekten ziehen kann, wurden bisher ausschließlich positive Externalitäten betrachtet, die nicht klimapolitischer Natur sind. Dabei wurde vernachlässigt, daß Indien auch ein unmittelbares Interesse an der Reduktion von Treibhausgasen hat. Steigt durch die Klimaerwärmung der Meeresspiegel um einen Meter an, so hat dies für Indien verheerende Folgen. Nach einer Studie der Asian Development Bank von 1994[137] sind 5700 km2 Küstengebiete in Gefahr überschwemmt zu werden, was eine Vertreibung von 7,5 Millionen Menschen zur Folge hätte. Die Kosten werden auf 43% des indischen BIP beziffert.[138] Über einen Zeitraum von 40 Jahren entspricht dies einem jährlichen Schaden von 1,8% des BIP Nach Berechnungen des IPCC belaufen sich die jährlichen Kosten in einem Zeitraum von 100 Jahren auf 1% des indischen BSP (vgl. Embree, 1997). Durch das Schmelzen der Himalayagletscher kommt es zu Überschwemmungen im Punjab und in den Industälern, mit verheerenden Auswirkungen auf die Landwirtschaft. Auch wenn die Berechnungen große Unsicherheiten in sich bergen, so ist doch als sicher anzunehmen, daß Indien zu den Ländern gehört, die durch den Klimawandel besonders getroffen werden.

7.2 Die Position Indiens in den Verhandlungen

Indien gehörte zu Beginn der internationalen Verhandlungen um JI zu jenen EL, die das JI-Konzept am entschiedensten ablehnten. Da Indien innerhalb der 'G77+China' ein großes politisches Gewicht besaß, war die Haltung der indischen Deligierten von enormer Bedeutung für den Verlauf der Verhandlungen.

Auf der UNCED in Rio forderte der indische Delegationsführer die Einrichtung eines „Planet Protection Fund“, der hauptsächlich von den IL finanziert werden sollte. Aus diesem Fond sollten Umwelttechnologien zum Klimaschutz gekauft und für Entwicklungsländer kostenlos bereitgestellt werden (Dwivedi und Khator, 1995: 49). Klimaschutzprojekte in Indien sollten allein über diesen Mechanismus finanziert werden. Die Erfüllung dieser Maximalforderung hätte einen enormen Technologietransfer für Indien bedeutet, der den Resourcentransfer, der durch ein

[137] Gefunden bei Embree, 1997; Daten aus Asian Development Bank: Climate Change in Asia: India Country Report, ADB, Manila, July 1994. Zu ähnlichen Ergebnissen kommt eine Studie der Jawaharlal Nehru University (vgl. TERI, 1997: 283).

[138] Die Berechnungen wurden mittels sehr einfacher Modelle durchgeführt, und es wurden eher zu niedrige THG Szenarien zugrunde gelegt (vgl. Embree, 1997). Die monetäre Erfassung von Schäden durch den Klimawandel gestaltet sich äußerst schwierig und so weichen die Prognosen der unterschiedlichen Klimamodelle erheblich voneinander ab. Darüber hinaus erlauben die Modelle nur Berechnungen der Schäden in den verschiedenen Weltregionen. Eine Zuordnung der Schäden auf ein einzelnes Land ist nur annäherungsweise möglich. Für eine Zusammenstellung der Ergebnisse der bekanntesten Studien zur Berechnung der Treibhausschäden siehe Bauer, 1993.

JI-System entstehen würde, bei weitem übertroffen hätte. Es schien daher aus taktischer Sicht zum Vorteil der EL zu sein, JI abzulehnen. Indien verfolgte diese Strategie auch während der INC Sitzungen zur Vorbereitung des Berliner Protokolls. Im Verlauf der Sitzungen wurde jedoch klar, daß immer mehr EL das JI-Konzept unterstützen würden. Indien hatte nun Grund zur Befürchtung, sich innerhalb der G77 zu isolieren und beeilte sich daraufhin anzudeuten, daß die Opposition gegenüber JI nicht total sei, solange zunächst keine Kreditierung erlaubt würde (Runnals, 1997: 45). Während der Vertragsstaatenkonferenz in Berlin zeigte sich die indische Delegation sehr aktiv bezüglich der Diskussion um Technologietransfers, betonte jedoch gleichzeitig lautstark ihre Opposition gegenüber JI (Runnals, 1997: 35). Joint Implementation, so der indische Umweltminister Kamal Nath in seiner Berliner Stellungnahme, setze eindeutig definierte QUELRO's für die Industrienationen voraus:[139]

> *"Policy Instruments such as tradeable emissions, carbon taxes and Joint Implementation may well serve to make matters worse unless they are properly referenced to targets and time tables to be observed by those responsible for the damage to the atmosphere and biosphere."*

In der ersten offiziellen Diskussion über JI am 30.3.1995 kündigte Indien jedoch seine Zustimmung zu einer Pilotphase unter der Bedingung an, daß während dieser Phase keine Kreditierung möglich sei (Krägenow, 1996: 78). Bezüglich der Pilotprojekte nimmt die indische Regierung folgende Positionen ein (IEA, 1996a: 68):

- Joint activities should not divert attention away from the immediate priority to achieve emission reductions in developed countries.
- Joint activities should be seperate from the national legal obligation of developed countries.
- In the discussion on Joint Implementation, the issue of crediting should be avoided during the initial pilot phase.
- Developed countries should first comply with the goal of allocating 0.7% of GNP for development assistance, and funds for activities implemented jointly should be seperate from development assistance.
- Joint activities should not be in conflict with the development priorities of developing countries, i.e., joint activities such as efficiency improvement projects ('no-regrets') should be given priority.

Bis dato hat die indische Regierung jedoch noch keinen systematischen Kriterienkatalog für AIJ-Projekte vorgelegt. Zwar wurde vom indischen Umweltministerium (MoEF) ein Formblatt für Projektvorschläge entwickelt (s. Anhang 9.3), eine klare Formulierung der Ansprüche, den die indische Regierung an AIJ Projekte

---

[139] Rede des indischen Umweltministers Kamal Nath am 6.4.1995 während der Vertragsstatenkonferenz in Berlin (GOI, 1995).

stellt, liegt jedoch noch nicht vor. Offiziell befürwortet die Regierung die AIJ-Pilotphase. So beteuerte der indische Energieministers Venugopalacharia noch im Januar 1997 anläßlich eines internationalen Kongresses über AIJ in Delhi, daß Indien sich an der Pilotphase beteiligen werde (Chatterjee und Fecher, 1997: 18):

> *„If one has to take the benefits from the AIJ during the pilot phase, there shall be at least a few projects in each of the economic sectors which are important for the development and environment.Untill that is done, the very purpose of the pilot phase for learning and capacity-building in the developing countries will not be achieved and the opportunity will be lost."*

Bis zur Kioto-Konferenz gab es kein AIJ-Pilotprojekt in Indien, obwohl zahlreiche Projektvorschläge beim indischen Umweltministerium eingegangen sind. Nach Aussagen der *Confederation of Indian Industries* (CII) ist von der Regierung kein Engagement im AIJ-Bereich zu erwarten:

> *„Till now they are adopting an attitude of watch and wait to gauge the international reaction to the AIJ/JI activities. Most of the activity in the Indian Government is within the bureaucracy and the scientific staff. The political leaders are not actively involved in the climate change issue at present."*[140]

Während der internationalen Verhandlungen zeigte sich, daß es innerhalb der G77 keine gemeinsame Position bezüglich JI gibt. Zu Beginn der internationalen Verhandlungen standen die Entwicklungsländer dem Konzept der JI sehr ablehnend gegenüber; bei einigen EL jedoch wich die Skepsis im Laufe der Verhandlungen einer bedingten Zustimmung. Indiens Haltung gegenüber JI mit Emissionszertifizierung scheint jedoch bis heute eher ablehnend zu sein, und es ist fraglich, inwieweit Indien die Pilotphase nutzen wird, um die eigene Position zu überprüfen. Seit den Berliner Verhandlungen hat Indien eine *Non-Position* eingenommen, und es bleibt abzuwarten, inwieweit sich das Land bei den Verhandlungen um die konkrete Ausgestaltung des 'Clean Development Mechanism' wieder zurückmelden wird.

7.3 Laufende AIJ-Projekte in Indien

Trotz aller Beteuerungen des indischen Bundesministers für Erneuerbare Energien, Venugopalachari, daß AIJ zur nationalen Entwicklung beitragen kann (Venugopalachari, 1997: 20), halten sich die Anstrengungen der indischen Regierung bezüglich der Implementierung von Pilotprojekten in Grenzen. Bereits vor mehreren Jahren initiierte die Regierung eine AIJ-Task-Force, bestehend aus Vertretern der Ministerien und einigen NRO. Die Task-Force hat bisher noch keinen Kriterienkatalog für AIJ-Projekte vorgelegt hat. Auch gibt es derzeit noch keine systematische Aufstellung aller vorgeschlagenen AIJ Projekte in Indien. Erst nachdem im Januar 1997 ein internationaler AIJ-Kongreß in Delhi stattfand, steigerte die indi-

[140] Zitiert aus einem Schreiben des CII vom 7.Oktober 1996 an O. Kopp.

sche Regierung ihre Aktivitäten, unter der Führung von Viswanath Anand (Staatssekretär im indischen Umweltministerium). Zwischen Februar und April 1998 hat die indische Regierung schließlich Genehmigungen für fünf AIJ-Projekte erteilt (Siehe Anhang 9.3). Amerikanische Unternehmen sind nach Auskunft von USAID wenig an AIJ-Investitionen in Indien interessiert.[141] Sie präferieren Investitionen in lateinamerikanischen Ländern, da die Transaktionskosten für AIJ-Projekte dort wesentlich niedriger sind als in Asien. Die deutsche Bundesregierung zeigt ebenfalls wenig Interesse an AIJ-Projekte mit Indien. So haben bisher noch keine Gespräche mit der indischen Regierung stattgefunden. Das BMU begründet diese Zurückhaltung mit dem Desinteresse potentieller deutscher Investoren, die auch nach Vorlage konkreter Projektvorschläge durch das indische Tata Energy Research Institute (TERI) kein positives Signal gezeigt hätten.[142] Ein Grund für das mangelnde Interesse westlicher Investoren ist die ablehnende Haltung der indischen Regierung während der internationalen Verhandlungen gewesen. Hinzu kommt das unsichere politische Klima in Indien. JI-Projekte haben oft einen Zeithorizont von mehreren Jahrzehnten. Um die politischen Risiken für die JI-Investoren zu minimieren, sollte ein Fond errichtet werden, der Ausfallbürgschaften für JI-Projekte im Falle politischer Unruhen garantiert, ähnlich den Bürgschaften für Direktinvestitionen. So könnten politische Risiken durch die der Weltbank angegliederte *Multilateral Investment Guarantee Agency (MIGA)* abgedeckt werden (Michaelowa, 1998: 23).

7.4 Institutionelle Umsetzung eines JI-Regimes in Indien

JI-Projekte können in allen Bereichen der Wirtschaft durchgeführt werden und erfordern oftmals Einschnitte in das bestehende Rechtssystem. Je nach institutioneller Ausgestaltung eines JI-Regimes kann dies auch die Übertragung von Hoheitsrechten auf internationale Organisationen bedeuten. Für eine optimale Implementierung eines JI-Systems in den institutionellen Rahmen Indiens bedarf es einer Analyse der bestehenden Regelungen im Bereich des Umwelt- und Klimaschutzes und der Zuständigkeiten und Verflechtungen aller in JI-Projekten involvierten Akteure und deren Interessen. An dieser Stelle wird diesbezüglich nur ein grober Überblick gegeben.

7.4.1 Indische Institutionen im Bereich Umwelt- und Klimaschutz

Indien war das erste Land, welches das Ziel des Umweltschutzes in seiner Verfas-

[141] Interview mit Mrs. Kavita Sinha von USAID hervor, welches Bert Klaassen (Development Alternatives, Indien) am 5.9.97 durchführte und an O. Kopp weiterleitete.

[142] Schreiben des BMU vom 3.9.1997 an O. Kopp. Von TERI wurden folgende Projetvorschläge an die Bundesregierung weitergeleitet: a) Brennstoffwechselprojekt, b) Kraftwärmekopplungsprojekt (vgl. BMU, 1997b). Die indische Regierung hat keine Projektvorschläge eingereicht.

sung verankerte.[143] Nach Artikel 253 ist das Bundesparlament ermächtigt, die Gesetzgebung in jedem Bereich zu übernehmen, wenn dies der Umsetzung von Vereinbarungen mit anderen Ländern oder Staatengemeinschaften dient. Somit liegt auch die Umsetzung der Verpflichtungen aus internationalen Klimaschutzverträgen im Gesetzgebungsbereich des Bundes. De facto hat die Zentralregierung die Gesetzgebungsgewalt über alle den Umweltschutz betreffenden Bereiche.[144] Zuständig für die Umweltpolitik der Zentralregierung ist das *Ministry of Environment and Forests* (MoEF), dem das *Department of Environment* (DOE) unterstellt ist.[145] Das Department gliedert sich wiederum in weitere Unterabteilungen, deren wichtigste das *Central Pollution Control Board* (CPCB) ist. Dem Department sind zwei Beratungsbehörden zur Seite gestellt: Das National Committee on Environmental Planning (NCEP) soll u.a. die Umweltauswirkungen von Entwicklungsprojekten abschätzen, die Ökosysteme beobachten und die Regierung in diesen Punkten beraten. Die zweite Behörde, das National Eco-Development Board (NEDP), sucht nach Möglichkeiten nachhaltiger Entwicklung, führt Konservierungs- und Aufforstungsprojekte durch und integriert die im Bereich des Umweltschutzes arbeitenden Organisationen in die Arbeit der Regierung. Im Bereich des Klimaschutzes ist nur das MoEF aktiv, auf der Ebene der Länder werden keine eigenen Programme durchgeführt (Parikh, 1997a: 188). Da Indien keine internationalen Verpflichtungen zur THG-Reduktion eingegangen ist, beschränken sich die Klimaschutzmaßnahmen bisher auf die Erstellung von THG-Inventaren. Bei anderen Maßnahmen wie Energieeinsparungs- und Aufforstungsprogrammen sind THG-Reduktionen nur 'Nebenprodukt'. Erhebliche Anstrengungen werden jedoch im Bereich der Reduktion lokal wirkender Luftschadstoffe unternommen. Die verantwortliche Behörde hierfür ist das Central Pollution Control Board (CPCB).[146]

---

[143] In Artikel 51-(g) der Verfassung heißt es: „It should be the duty of every citizen of India to protect and improve the natural environment including forests, lakes, rivers and wildlife and to have compassion for living creatures." Nach der 46. Verfassungsergänzung von 1976 ist der Staat verpflichtet, die Umwelt - also auch das Klima - zu schützen. Da dieser Zusatz jedoch nur in den nicht einklagbaren 'Directive Principles of State Policy' formuliert wurde, ist seine praktische Bedeutung sehr begrenzt.

[144] Im besonderen Maße gilt dies für den Umweltsektor 'Luft'. Während die Sektoren Land und Wasser in der *State List* aufgeführt sind, ist der Sektor 'Luft' in keiner der Listen aufgeführt und fällt damit nach Art. 248 der Verfassung in die Gesetzgebungsgewalt der Zentralregierung. Darüber hinaus wird die Zentralregierung durch §6 des *Environmental Protection Act* ermächtigt, für alle Bundesstaaten verbindliche, auch regional gestaffelte Immissionsgrenzwerte festzulegen.

[145] Siehe zu den indischen Umweltinstitutionen u.a. Lyska, 1991 und Saksena 1993. Eine Überblick über die indische Umweltgesetzgebung geben Singh (1996), Desai (1994), Chakraborthi (1994).

[146] Die Aufgaben des CPCB im Bereich Luftverschmutzung sind u.a.: die Beratung der Regierung betreffend der Prävention, Kontrolle und Bekämpfung der Luftverschmutzung, Koordination und Bereitstellung von technischer und wissenschaftlicher Beratung für die State Control Boards, Informationsverbreitung, Training und Bewußtseinsbildung, Festlegung von Standards und Grenzwerten, Planung und Koordination von bundesweiten

Seit 1987 wird ein Inventar der 'most polluting industries' eingerichtet. Daten über Emissionen der großen und mittelgroßen Industrien werden gesammelt, aufbereitet und digitalisiert. Seit 1984 läuft das 'National Ambient Air Quality Monitoring' (NAAQM) Programm. Emissionsdaten werden vom CPCB analysiert und veröffentlicht. Die Pollution Control Boards auf Bundes- und Landesebene sind also wichtige Partner bei der Umsetzung von JI-Projekten, da sie über die detaillierteste Datenbasis im Emissionsbereich verfügen. Das MoEF vertritt die indische Regierung in allen Vertragsstaatenkonferenzen und internationalen Foren bezüglich Klimaschutz und AIJ/JI (vgl. Saskena, 1993).

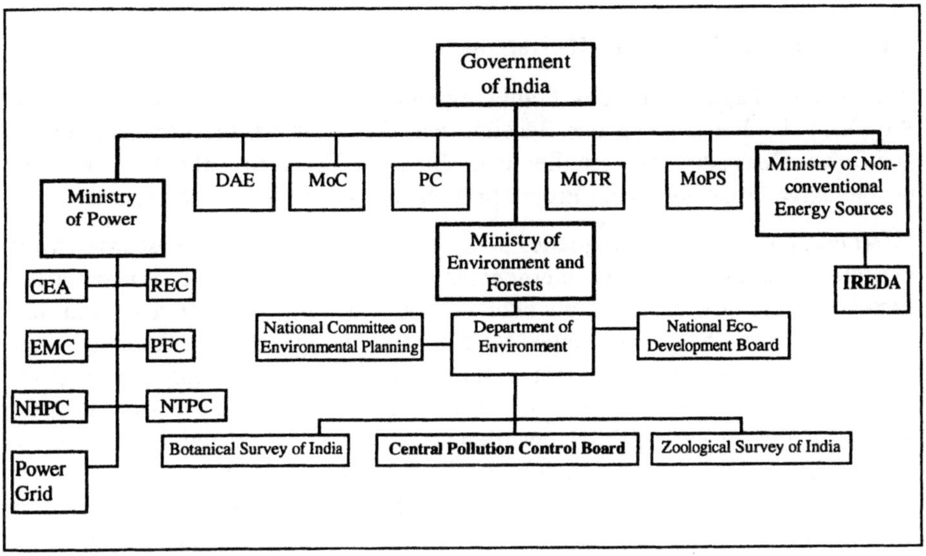

Quelle: TERI, 1997: 6

DAE: Department of Atomic Energy; MoC: Ministry of Coal; PC: Planning Commission; MoTR: Ministry of Transport; MoPG: Ministry of Petroleum and Gas; CEA: Central Electricity Authority, REC: Rural Electrification Corporation, Environmental Management Centre, NTPC: National Thermal Power Corporation, NHPC: National Hydro-electric Power Corporation, IREDA: Indian Renewable Energy Agency.

Abbildung 21: Politische Institutionen im Bereich Umwelt und Energie

Bei der Durchführung von JI-Projekten sind jedoch auch die Energieministerien betroffen (Ministry of Power (MoP), Ministry of Coal, Ministry of Petroleum and Gas, Department of Atomic Energy, Ministry of Non-conventional Energy Sources (MNES)). Die Ministerien wären direkte JI-Partner, da in Indien bis heute die meisten Energieversorger und große Teile der Schwerindustrie in staatlicher Hand sind. So sind dem Ministry of Power fast alle Energieversorger unterstellt: die Na-

Programmen zur Prävention, Kontrolle und Bekämpfung von Luftverschmutzung (vgl. Saksena, 1993, Kap.10).

tional Thermal Power Corporation (NTPC), die National Hydro-electric Power Corporation, die Rural Electrification Corporation (REC) etc. Das Ministry of Non-conventional Energy Sources (MNES) ist von entscheidender Bedeutung für JI-Projekte im Bereich der regenerativen Energien. Dem MNES ist die *Indian Renewable Energy Agency* (IREDA) angegliedert, die für die Entwicklung und Finanzierung von Projekten im Bereich erneuerbarer Energien geschaffen wurde. IREDA verwaltet auch die Transfers der multi- und bilateralen Kreditgeber wie der GEF, KfW oder der Weltbank. Auch JI-Projekte im Bereich erneuerbarer Energien könnten von IREDA organisiert werden. Abbildung 21 gibt einen Überblick über die politischen Institutionen im Bereich von Umweltschutz und Energieversorgung, die in ein JI-Regime integriert werden müssen.

7.4.2 Organisation eines JI-Systems in Indien

Wie bereits dargelegt, ist das Schlüsselproblem bei der Durchführung von JI-Projekten die Bestimmung der Baseline und die Verifizierung der Emissionsreduktionen. Um taktisches Verhalten und Mitnahmeeffekte zu verhindern, muß eine unabhängige Organisation die Projektprüfung und Verifizierung übernehmen.

In Abbildung 22 ist ein mögliches JI-System dargestellt. Ausgangspunkt ist ein indisches Energieversorgungsunternehmen (EVU).[147] Innerhalb des Unternehmens bestehen THG-Reduktionsmöglichkeiten, die eindeutig verifizierbar sind und Projektoptionen, bei denen eine Verifizierung aufgrund unvollständiger und asymmetrischer Information nicht möglich ist. Die Projekte sind zum Teil betriebswirtschaftlich rentabel. Nur eindeutig verifizierbare, nicht-rentable Projekte sollten für JI-Projekte zugelassen werden. In Abbildung 22 werden JI-Projekte von unabhängigen, indischen JI-Agenturen (JIA's) durchgeführt, die auch die Projektverifizierung übernehmen. Das EVU schlägt der JIA ein JI-Projekt vor. Diese prüft es und legt es einer internationalen, von den Vertragsstaaten errichteten JI-Behörde (Clearing House) zur endgültigen Prüfung vor. Daraufhin wird ein Projektvertrag mit dem EVU abgeschlossen, welcher der indischen Regierung zur Genehmigung vorgelegt wird. Wird das Projekt zugelassen, erhält die JIA den Auftrag, die Technologie zu implementieren und die THG-Reduktionen zu verifizieren. Das Clearing House verkauft die Emissionskredite an beliebige Nachfrager wie Unternehmen, Regierungen, Kommunen etc. oder emittiert Anteile an JI-Projekten. Das Clearing House richtet eine Projektbörse ein, und die von den indischen JIA's identifizierten JI-Projekte werden ausgeschrieben. Erhalten westliche Unternehmen den Zuschlag, stellen diese Technologie und Know-how bereit, jedoch bekommen sie keine Emissionskredite zugeschrieben, sondern müssen diese ebenfalls vom Clearing House erwerben. Die indische Regierung richtet eine JI-Behörde ein, die allgemeine Kriterien für JI-Projekte in Indien erstellen soll und vorgeschlagene JI-Projekte auf sozio-ökonomische und ökologische Externalitäten

---

[147] Das EVU ist Stellvertreter für alle Unternehmen, Kommunen oder Sektoren, in denen Klimaschutzprojekte durchgeführt werden könnten.

überprüft. Die bestehende AIJ-Task Force könnte zu einer solchen JI-Behörde erweitert werden. Nach CHATTERJEE und FECHER (1997: 87) sind in der AIJ-Task Force die Industrie und die NRO nicht ausreichend repräsentiert. Diese spielen jedoch in einem JI-System eine herausragende Rolle und sollten in die JI-Behörde inkorporiert werden. So könnten die Spitzenverbände der indischen Wirtschaft wie z.B. die *Confederation of Indian Industries* (CII), *die Associated Chambers of Commerce* (ASSOCHAM) oder die *Federation of Indian Chambers of Commerce and Industry* (FICCI) in die Entwicklung der JI-Kriterien einbezogen werden. Das MoEF hat zur Nutzung des Sachverstandes der NRO ein "Advisory Panel for Global Environmental Issues" eingerichtet, in dem die wichtigsten indischen NRO vertreten sind. Ein solches Panel könnte auch in die JI-Behörde integriert werden.

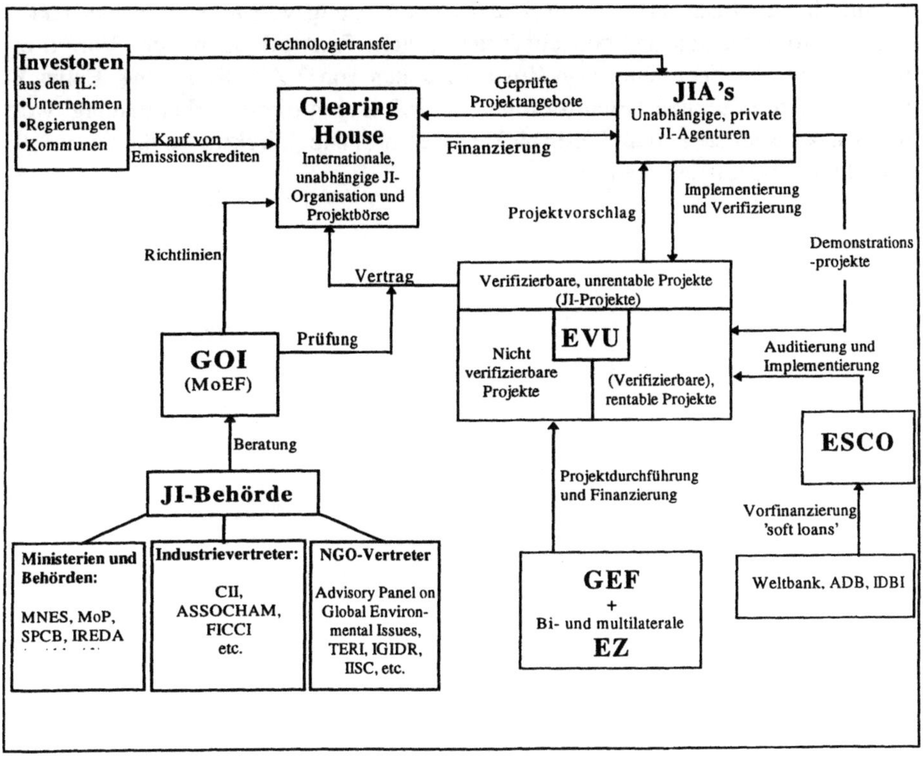

Abbildung 22: Die Fond-Lösung für ein JI-System mit Indien

Die aktivsten indischen NRO auf dem Gebiet der JI/AIJ sind zur Zeit das

- Indira Gandhi Institute of Development Research (IGIDR) in Bombay,
- das Tata Energy Research Institute (TERI) in New Delhi,
- das Centre of Science and Environment (CSE) in Bombay,
- und das Indian Institute of Science (IISC) in Bangalore.

Um die Unabhängigkeit der JIAS zu garantieren, werden diese vom Clearing House für die Durchführung der THG-Audits und die Verifizierung entlohnt. Die JIAS sollten private Unternehmen oder Organisationen sein oder zumindest semi-independente Agenturen wie die IREDA. Die JIAS richten nationale Sammelstellen für JI-Projektvorschläge und Informationsnetzwerke ein.[148]

Betriebswirtschaftlich rentable 'Ohne Reue'-Projekte könnten von ESCO's durchgeführt werden, die Energie-Audits durchführen, die vollständige Finanzierung der Projekte übernehmen und das Projektrisiko tragen. Internationale und nationale Entwicklungsbanken könnten einen Fond einrichten, der 'Ohne Reue'-Projekte vorfinanziert und zinsgünstige Kredite zur Verfügung stellt. Die verbleibenden nicht-rentablen, nicht-verifizierbaren Projekte sollten über die GEF sowie bi- und multilaterale Organisationen im Bereich der Entwicklungszusammenarbeit und des Klimaschutzes finanziert werden. Die Kategorisierung von Klimaschutzprojekten nach Verifizierbarkeit und betriebswirtschaftliche Rentabilität hat den Vorteil einer eindeutigen Zuordnung von Zuständigkeiten von JIA's, Regierung, Entwicklungsbanken, GEF, und Organisationen der EZ. Durch diese 'Arbeitsteilung' wird das Risiko reduziert, daß EZ-Projekte oder normale Direktinvestitionen zu JI-Projekten umdeklariert werden.

---

[148] So hat TERI bereits TREAT (TERI Repository on Environmental Activities and Trade) gegründet. Unter TREAT soll eine Pipeline für AIJ-Projekte eingerichtet und ein nationales Netzwerk zur Informationssamlung- und verbreitung geschaffen werden (Dies geht hervor aus einem Schreiben von Preeti Soni, TERI, vom 26.3.1998 an O. Kopp).

8 Schlußfolgerungen

8.1 Chancen und Grenzen von JI-Kraftwerkprojekten in China

Die chinesische Fallstudie kommt zu folgenden Schlüssen:

1. Das Energiesystem der VR China ist gekennzeichnet durch eine hohe Kohlenstoffabhängigkeit und eine geringe gesamtwirtschaftliche Energieeffizienz. Daher gehört China heute schon zu den größten CO_2-Emittenten der Welt. Die zukünftigen CO_2-Emissionen der VR China werden vermutlich ein Ausmaß erreichen, das sämtliche Anstrengungen der westlichen Industrieländer zur CO_2-Reduktion wirkungslos macht. Andererseits sind in China aber aufgrund der geringen energetischen Effizienz und aufgrund der hohen Kohlenstoffabhängigkeit des chinesischen Energiesystems CO_2-Reduktionen im internationalen Vergleich kostengünstig durchzuführen. Dies sind Gründe, die VR China in eine international koordinierte Klimapolitik, z.B. im Rahmen von JI-Kraftwerkprojekten einzubeziehen. Die Anreize für die Durchführung gemeinsamer JI-Projekte wären sowohl in der VR China also auch in der Bundesrepublik Deutschland dafür ausreichend. Allerdings könnten härtere ökonomische Instrumente, wie beispielsweise Abgaben oder ein System handelbarer Emissionsrechte, die Anreizwirkung für JI noch verstärken.

2. Es wurde gezeigt, daß es in der VR China eine Vielzahl von technischen Optionen zur CO_2-Reduktion gibt, deren Grenz- und Durchschnittskosten unter denen der Bundesrepublik Deutschland liegen. Das vorhandene Reduktionspotential in China ist wesentlich größer als die zur Erreichung des CO_2-Minderungsziels bestehenden Reduktionspotentiale in der Bundesrepublik Deutschland. Außerdem sind zum Erreichen der in Art. 2 KRK festgelegten Emissionsreduktionen früher oder später sowieso Kompensationen in anderen Ländern erforderlich.

3. Die Durchführung von JI-Kraftwerkprojekten in China kann aus technischen und auch aus ökonomischen Gründen nur gelingen, wenn die Technologien, die Marktkenntnisse und das Know-how von internationalen Kraftwerkherstellern bei der Projektdurchführung zur Verfügung stehen. Daher bietet es sich auch an, daß die Kraftwerkhersteller aufgrund vorhandener Anreize JI-Projekte in eigener Regie durchführen. Daher sind auf nationaler Ebene, beispielsweise in der Bundesrepublik Deutschland oder der EU Konzepte erforderlich, die eine Einbindung international tätiger Kraftwerkhersteller in CO_2-Minderungsstrategien erlauben. Auf internationaler Ebene müssen völkerrechtliche Wege gefunden werden, die es erlauben die Technologien und das Know-how von weltweit tätigen Unternehmen in den Dienst des Klimaschutzes zu stellen.

8.2 Joint Implementation in Indien

Ziel der Fallstudie Indien war es zu untersuchen, ob Joint Implementation einen kosteneffizienten und ökologisch effektiven Klimaschutz ermöglicht und inwieweit das Instrumentarium zur Lösung zentraler entwicklungspolitischer Probleme Indiens beiträgt. Die Fallstudie ergibt folgende Ergebnisse:

1) In Indien existiert ein großes Potential für Klimaschutzmaßnahmen zu Vermeidungskosten, die weit unter den Vermeidungskosten der Industrieländer liegen. Die Effizienzgewinne aus JI-Projekten in Indien wären daher sehr hoch.

2) Ein großer Teil der Klimaschutzoptionen sind jedoch für JI-Projekte ungeeignet, da sie das Kriterium der ökologischen Effektivität nicht erfüllen. Gründe hierfür sind Schwierigkeiten der Baseline-Bestimmung und Verifizierung, die aufgrund von unvollkommener und asymmetrisch verteilter Information entstehen.

3) Für JI-Projekte in Indien eignen sich insbesondere Modernisierungsprojekte in thermischen Kraftwerken und in schwerindustriellen Anlagen, da bei bekannten Restlaufzeiten eine Baseline-Bestimmung möglich ist und die positiven Externalitäten der Projekte sehr hoch sind.

4) 'Ohne Reue'-Maßnahmen sollten über andere Mechanismen als JI finanziert werden, da die Gefahr von Mitnahmeeffekten sehr groß ist. Einzelne Demonstrationsprojekte können von dieser Regel ausgenommen werden.

5) Es lassen sich keine grundsätzlichen Aussagen darüber machen, welche JI-Projektkategorien aufgrund positiver oder negativer Externalitäten zu bevorzugen oder abzulehnen sind, da die Externalitäten von der konkreten Ausgestaltung des JI-Regimes und der einzelnen Projekte abhängen.

6) Insbesondere bei JI-Projekten in den Bereichen Aufforstung und Wasserkraft besteht in Indien die Gefahr, daß JI-Gewinne zu Lasten einzelner Bevölkerungsgruppen erzielt werden, welche die negativen Folgen der Projekte zu tragen haben, ohne dafür kompensiert zu werden. JI-Projekten sollte daher stets eine Umwelt- und Sozialverträglichkeitsprüfung vorangehen.

7) Werden nur Projekte zugelassen, die eindeutig verifizierbar, ohne negative Externalitäten und betriebswirtschaftlich unrentabel sind, wird sich nur ein kleiner Teil der Klimaschutzoptionen qualifizieren. Die von den indischen Delegierten artikulierte Besorgnis, JI könnte den ökologischen Strukturwandel verhindern, verliert vor diesem Hintergrund an Bedeutung. Der überwiegende Teil der indischen THG-Vermeidungsprojekte muß auch bei Existenz eines JI-Regimes über Mittel der GEF und der Entwicklungszusammenarbeit finanziert werden.

8) Werden JI-Projekte auf einem freien Markt gehandelt, besteht in Indien die Gefahr, daß diese Projekte zu Dumping-Preisen angeboten werden, da der

Staat als Eigentümer der meisten Energieversorgungsunternehmen, Wälder und Schwerindustrien, in denen JI-Projekte durchgeführt werden könnten, die positiven Externalitäten in den Projektpreis internalisieren kann. Die IL können dann einen Teil der Externalitätenrente abschöpfen.

9) JI-Projekte bieten eine Chance, rechtzeitig eine Entkopplung von Wirtschaftswachstum und Umweltverbrauch in Indien einzuleiten. Durch eine adäquate institutionelle Ausgestaltung des JI-Regimes können die geschilderten Probleme gelöst werden. Das Instrumentarium der Joint Implementation ist also aus globaler und aus indischer Sicht positiv zu bewerten.

Das Kioto-Protokoll gibt nur allgemeine Kriterien für die Ausgestaltung des 'Clean Development Mechanism' vor. Die indische Regierung sollte daher die Chance nutzen, sich aktiv an den Verhandlungen über die konkrete, institutionelle Ausgestaltung des CDM zu beteiligen. In der AIJ-Phase gilt es, einen Kriterienkatalog für CDM-Projekte zu entwickeln, der den entwicklungspolitischen Prioritäten Indiens Rechnung trägt.

8.3 Chancen durch Joint Implementation für Deutschland

Die Bundesregierung hat 1991 beschlossen, daß die CO_2-Emissionen in der Bundesrepublik Deutschland bis zum Jahr 2005 um 25 bis 30% (gegenüber dem Stand von 1987) verringert werden sollen. Ob dieser Beschluß in den nächsten 10 Jahren umgesetzt werden kann und welchen Beitrag die deutsche Elektrizitätswirtschaft dazu leisten kann, wird in diesem Kapitel erläutert.

Im gesamten Bundesgebiet sind seit 1987 die CO_2-Emissionen von 1058 Mio. t pro Jahr auf 894 Mio. t pro Jahr im Jahre 1993, d.h. um 15%, zurückgegangen (Michaelis, 1995: 52). Bemerkenswert in diesem Zusammenhang ist die sehr unterschiedliche Entwicklung in Ost- und Westdeutschland. Während in diesem Zeitraum die CO_2-Emissionen in Westdeutschland leicht gestiegen sind, ist in Ostdeutschland ein Emissionsrückgang um 50% zu verzeichnen, der jedoch vor allem auf die wirtschaftliche Entwicklung in Ostdeutschland zurückzuführen ist. Dieser Emissionsrückgang ist also nicht in dem Sinn als Erfolg von Minderungsmaßnahmen zu werten. Vor diesem Hintergrund müssen in den verbleibenden 10 Jahren CO_2-Minderungsstrategien, wie Energiesparmaßnahmen, Effizienzsteigerung und Substitution von Energieträgern, zu einer Minderung von rd. 100 Mio. t. pro Jahr führen, um das von der Bundesregierung gesteckte 25%-Minderungsziel zu erreichen. Um das in Artikel 2 KRK festgelegte und von der Bundesregierung völkerrechtlich verbindliche Reduktionsziel zu erreichen, sind allerdings weit größere Anstrengungen erforderlich.

In der Bundesrepublik Deutschland basieren 64% der gesamten Stromerzeugung auf kohlenstoffhaltigen fossilen Brennstoffen. Derzeit werden pro Jahr etwa 340 Mio. t CO_2, d.h. 38% der Gesamtemissionen der Bundesrepublik Deutschland, durch fossilbefeuerte Kraftwerke verursacht. Maßnahmen zur CO_2-Vermeidung in der Kraftwerkwirtschaft können vermutlich nur anteilig zur Reduktion der verbleibenden 100 Mio. t CO_2 bis zur Erreichung des 25%-Minderungsziels beitragen. Für die Kraftwirtschaft der Bundesrepublik Deutschland lautet damit das CO_2-Reduktionsziel, bis zum Jahre 2005 rd. 40 Mio. t CO_2 einzusparen (Kallmeyer, 1995; 10ff.; Dumsky, 1992: 27ff.).

Der Wirkungsgrad von Steinkohlekraftwerken hat sich in der alten Bundesrepublik in den letzten 50 Jahren mehr als verdoppelt. Die Steinkohle wird derzeit in der Bundesrepublik mit einem mittleren Wirkungsgrad von 37% verstromt, was im internationalen Vergleich ein sehr hoher durchschnittlicher Wirkungsgrad ist. Berücksichtigt ist dabei schon die Verschlechterung der Wirkungsgrade durch die eingesetzten Rauchgasreinigungsanlagen. Die Entwicklung bei Braunkohlekraftwerken zeichnete sich durch die Verbesserung der Wirkungsgrade von etwa 27% auf 35% aus, die sich in den alten Bundesländern zwischen 1955 und 1975 vollzogen hat. In Ostdeutschland liegen diese Werte mit 28% deutlich niedriger. Der mittlere Wirkungsgrad der Kohleverstromung in Ostdeutschland wird derzeit jedoch durch Umrüstung und Ersatz von Altanlagen angehoben (Kallmeyer, 1995: 10ff.; Dumsky, 1992: 27ff.). Zusammenfassend kann konstatiert werden, daß das Niveau der Energieeffizienz in der deutschen Kraftwerkwirtschaft im internationalen Vergleich hoch ist. Je weiter die Energieeffizienz angehoben wird, desto stärker steigen in der Regel die Kosten. Es kann von überproportional steigenden Kosten bei zunehmender Emissionsreduzierung durch wirkungsgradsteigernde Maßnahmen ausgegangen werden.[149] Ein weiteres Anheben der energetischen Effizienz von Kraftwerken ist daher in der Bundesrepublik Deutschland mit hohen Kosten verbunden.

Unabhängig davon, ob die Kosten zur Erreichung des 25%-CO_2-Minderungsziels angemessen sind, gibt es in der Kraftwerkwirtschaft der Bundesrepublik Deutschland zur Erreichung dieses Ziels folgende Möglichkeiten: Anhebung des Wirkungsgrades der Stromerzeugung, die Substitution fossiler Energieträger durch CO_2-ärmere beziehungsweise durch CO_2-freie Energieträger sowie Einsatz der Kraft-Wärme-Kopplung. Konkret sieht dies folgendermaßen aus (Kallmeyer, 1995: 10ff.; Dumsky, 1992: 27ff.):

- Anheben der energetischen Effizienz des gesamten bestehenden Kraftwerksparks um einen Prozentpunkt. Der entsprechende Leistungszuwachs würde sich auf 1250 MW belaufen, dies würde zu CO_2-Einsparungen von 4 Mio. t pro Jahr führen.

- Durch Ersatz von bestehenden Altanlagen, vor allem in Ostdeutschland, durch fortschrittliche fossile Konventionelle- und Kombi-Kraftwerke mit integrierter

---

[149]Der Kostenverlauf für die Verbesserung der energetischen Effizienz an einer Anlage kann nur bedingt auf gesamtwirtschaftliche Verhältnisse übertragen werden. Im Fall einer Aggregation der Kostenverläufe aller Anlagen kommt man aber sicherlich auch auf der gesamtwirtschaftlichen Ebene zu überproportionalen Kostenverläufen.

Kohlevergasung und mit Druckwirbelschichtfeuerung wird eine CO_2-Minderung von 20 bis 23 Mio. t pro Jahr erreicht.

- Die CO_2-Einsparmöglichkeiten durch den Ausbau der Kraft-Wärme-Kopplung werden auf 6,5 Mio. t pro Jahr geschätzt. Allerdings bezieht sich diese Einsparung auf den Bereich der Raumwärmeversorgung und nicht auf den Bereich der Stromerzeugung.
- Eine CO_2-Reduzierung in der Bundesrepublik Deutschland ist auch durch den Ersatz von Stein- und Braunkohle durch Erdgas möglich. Diese Brennstoffsubstitution müßte mit dem Bau von GuD-Kraftwerken mit oder ohne fossilbefeuertem Dampferzeuger einhergehen. Eine weitere Option für den Erdgaseinsatz wäre das umstrittene Vorschalten von Gasturbinen vor bestehende Kohleblökke. Nach Auffassung der deutschen Gaswirtschaft ist die Erdgasverstromung im nennenswerten Umfang aber nicht sinnvoll, da die benötigten Mengen zu den für die Verstromung erforderlichen Preisen nicht verfügbar sind.
- Eine Reduktion von 4 Mio. t CO_2 pro Jahr wird durch den Einsatz von regenerativen Energien und durch einen Strombezug von norwegischen Wasserkraftwerkbetreibern ab dem Jahr 2003 möglich.[150]
- In der Bundesrepublik Deutschland leistet die Kernenergienutzung einen Beitrag von über 30% an der gesamten Stromerzeugung. Dadurch werden jährlich 150 Mio. t CO_2 eingespart. So würde allein der Betrieb der zur Zeit stehenden Kernkraftwerke zusätzliche CO_2-Emissionen von 8 Mio. t CO_2 pro Jahr verhindern.

Somit scheint die in der Kraftwerkwirtschaft erforderliche CO_2-Einsparung von 40 Mio. t CO_2 zur Erreichung des CO_2-Minderungsziels bis 2005 unter diesen optimistischen Vorgaben möglich zu sein. Ob für die Mobilisierung dieses Potentials die Selbstverpflichtungserklärung der deutschen Industrie ausreicht, oder ob dafür weitere Instrumente erforderlich sind, kann an dieser Stelle nicht geklärt werden.

Allerdings wird der Anstieg des Stromverbrauchs in der Bundesrepublik Deutschland zu einem zusätzlichen Anwachsen der CO_2-Emissionen von 1% jährlich führen, wenn man den heutigen Primärenergieträgermix voraussetzt. Um allein diesen Anstieg der CO_2-Emissionen durch den Ersatz oder durch die Umrüstung von Altanlagen aufzufangen, müßten jährlich 3500 MW Kohlekraftwerksleistung geschaffen werden (Kallmeyer, 1995: 14). Somit scheint die Erreichung des CO_2-Minderungsziels der Bundesregierung fraglich. Auch in der Literatur wird die Erreichung dieses Ziels häufig in Frage gestellt, nicht zuletzt auch wegen kompensierender Mengeneffekte aus anderen CO_2-emittierenden Bereichen, beispielsweise aus dem Verkehrsbereich (Kopfmüller, 1993: 32).

---

[150]Hier bleibt zu prüfen, ob der Strombezug aus der norwegischen Wasserkraft nicht an anderer Stelle durch fossile Primärenergieträger substituiert werden muß.

Zur Erreichung des politischen 25%-CO_2-Minderungsziels und erst recht um weitergehenden Minderungsverpflichtungen nachzukommen, sind wegen der genannten Probleme und auch aus Kostengründen internationale Kooperationen erforderlich. Das in der Klimarahmenkonvention verankerte Joint Implementation-Konzept stellt ein Instrument dar, daß die Durchführung auch von Kraftwerksprojekten mit dem Ziel einer gemeinsamen und kostengünstigen CO_2-Emissionsminderung ermöglicht.

Da das CO_2-Problem ein globales Problem ist, sollte seine Lösung auch global optimiert werden. Die in der Bundesrepublik Deutschland verfügbare fortschrittlichste Kraftwerkstechnik und das entsprechende Know-how sollte da genutzt werden, wo die bisher eingesetzte Technik den niedrigsten Wirkungsgrad hat. Internationale Kooperationen im Rahmen von Joint Implementation-Kraftwerkprojekten können helfen, daß vorgegebene CO_2-Minderungsziel der deutschen Kraftwerkwirtschaft mit geringerem Kapitalaufwand zu erreichen.[151]

[151]Zu den Protagonisten des Joint Implementation-Konzeptes zählen nicht nur allein die Bundesregierung mit den entsprechenden Ministerien, sondern auch Industrieverbände (Gesamtverband des deutschen Steinkohlenbergbaus; Bundesverband der Deutschen Industrie e.V.) und Umweltgruppen (Bundesminister für Umwelt, Naturschutz und Reaktorsicherheit, 1994: 97; Bundesminister für Umwelt, Naturschutz und Reaktorsicherheit, 1992: 47ff.; Enquete-Kommission, 1992: 100f.).

9 Anhang

9.1 Der JI-Ansatz in der Klimarahmenkonvention und den Bestimmungen der Vertragsstaatenkonferenzen

(Hervorhebungen durch den Autor)

9.1.1 Bestimmungen der Klimarahmenkonvention

Artikel 3: Grundsätze

The Parties should take precautionary measures to anticipate, prevent or minimize the causes of climate change and mitigate its adverse effects. Where there are threats of serious or irreversible damage, lack of full scientific certainty should not be used as a reason for postponing such measures, *taking into account that policies and measures to deal with climate change should be cost-effective so as to ensure global benefits at the lowest possible cost.* To achieve this, such policies and measures should take into account different socio-economic contexts, be comprehensive, cover all relevant sources, sinks and reservoirs of greenhouse gases and adaptation, and comprise all economic sectors. Efforts to address climate change may be carried out *cooperatively by interested Parties.*

Artikel 4: Verpflichtungen (Auszüge)

Art. 4 Absatz 2:

....The developed country Parties and other Parties included in Annex I commit themselves specifically as provided for in the following:

(a)....Each of these Parties shall adopt national policies and take corresponding measures on the mitigation of climate change, by limiting its anthropogenic emissions of greenhouse gases and protecting and enhancing its greenhouse gas sinks and reservoirs. These policies and measures will demonstrate that developed countries are taking the lead in modifying longer-term trends in anthropogenic emissions consistent with the objective of the Convention, recognizing that the return by the end of the present decade to earlier levels of anthropogenic emissions of carbon dioxide and other greenhouse gases not controlled by the Montreal Protocol would contribute to such modification, and taking into account the differences in these Parties' starting points and approaches, economic structures and resource bases, the need to maintain strong and sustainable economic growth, available technologies and other individual circumstances, as well as the need for equitable and appropriate contributions by each of these Parties to the global effort regarding that objective. *These Parties may implement such policies and measures jointly with other Parties and may assist other Parties in contributing to the achievement of the objective of the Convention and, in particular, that of this subparagraph;*

(b)....In order to promote progress to this end, each of these Parties shall communicate, within six months of the entry into force of the Convention for it and periodically thereafter, and in accordance with Article 12, detailed information on its policies and measures referred to in subparagraph (a) above, as well as on its resulting projected anthropogenic emissions by sources and removals by sinks of greenhouse gases not controlled by the Montreal Protocol for the period referred to in subparagraph (a), with the aim of returning individually or jointly to their 1990 levels these anthropogenic emissions of carbon dioxide and other greenhouse gases not controlled by the Montreal Protocol. This information will be reviewed by the Conference of the Parties, at its first session and periodically thereafter, in accordance with Article 7;

(d)....*The Conference of the Parties shall, at its first session, review the adequacy of subparagraphs (a) and (b) above.* Such review shall be carried out in the light of the best available scientific information and assessment on climate change and its impacts, as well as relevant technical, social and economic information. Based on this review, the Conference of the Parties shall take appropriate action, which may include the adoption of amendments to the commitments in subparagraphs (a) and (b) above. *The Conference of the Parties, at its first session, shall also take decisions regarding criteria for Joint Implementation as indicated in subparagraph (a) above. A second review of subparagraphs (a) and (b) shall take place not later than 31 December 1998*, and thereafter at regular intervals determined by the Conference of the Parties, until the objective of the Convention is met.

Quelle: IEA, 1996 a: 151 -154

9.1.2 Entscheidung 5/CP.1 der ersten Vertragsstaatenkonferenz in Berlin, Mai 1997, bezüglich Joint Implementation und Activities Implemented Jointly

The Conference of the Parties,

Recalling that, in accordance with Article 4.2(d) of the United Nations Framework Convention on Climate Change, the Conference is required to take decisions regarding criteria for Joint Implementation as indicated in Article 4.2(a),

Noting that the largest share of historical and current global emissions of greenhouse gases has originated in developed countries, that per capita emissions in developing countries are still relatively low and that the share of global emissions originating in developing countries will grow to meet their social and development needs,

Acknowledging that the global nature of climate change calls for the widest possible cooperation by all countries and their participation in an effective and appropriate international response, in accordance with their common but differentiated responsibilities and respective capabilities and their social and economic conditions,

Recognizing that,

(a) According to the provisions of the Convention, the commitments under

Article 4.2(a) to adopt national policies and to take corresponding measures on the mitigation of climate change apply only to Parties included in Annex I to the Convention (Annex I Parties), and that Parties not included in Annex I to the Convention (non-Annex I Parties) have no such commitments,

(b) Activities implemented jointly between Annex I Parties and non-Annex I Parties will not be seen as fulfilment of current commitments of Annex I Parties under Article 4.2(b) of the Convention; but they could contribute to the achievement of the objective of the Convention and to the fulfilment of commitments of Annex II Parties under Article 4.5 of the Convention,

(c) Activities implemented jointly under the Convention are supplemental, and should only be treated as a subsidiary means of achieving the objective of the Convention,

(d) Activities implemented jointly in no way modify the commitments of each Party under the Convention,

1. Decides:

(a) To establish a pilot phase for activities implemented jointly among Annex I Parties and, on a voluntary basis, with non-Annex I Parties that so request;

(b) That activities implemented jointly should be compatible with and supportive of national environment and development priorities and strategies, contribute to cost-effectiveness in achieving global benefits and could be conducted in a comprehensive manner covering all relevant sources, sinks and reservoirs of greenhouse gases;

(c) That all activities implemented jointly under this pilot phase require prior acceptance, approval or endorsement by the Governments of the Parties participating in these activities;

(d) That activities implemented jointly should bring about ***real, measurable*** and long-term environmental benefits related to the mitigation of climate change that would not have occurred in the absence of such activities;

(e) That the financing of activities implemented jointly shall be ***additional*** to the financial obligations of Parties included in Annex II to the Convention within the framework of the financial mechanism as well as to current official development assistance (ODA) flows;

(f) That ***no credits*** shall accrue to any Party as a result of greenhouse gas emissions reduced or sequestered during the pilot phase from activities implemented jointly;

2. Further decides that during the pilot phase:

(a) The Subsidiary Body for Scientific and Technological Advice will, in coordination with the Subsidiary Body for Implementation, establish a framework for reporting, in a transparent, well-defined and credible fashion, on the possible global benefits and the national economic, social and environmental impacts as well as any practical experience gained or technical difficulties encountered in activities implemented jointly under the pilot phase;

(b) The Parties involved are encouraged to report to the Conference of the Parties through the secretariat using the framework thus established. This reporting shall be distinct from the national communications of Parties;

(c) The Subsidiary Body for Scientific and Technological Advice and the Subsidiary Body for Implementation, with the assistance of the secretariat are requested to prepare a synthesis report for consideration by the Conference of the Parties,

3. Further decides:

(a) That the Conference of the Parties shall, at its annual session, review the progress of the pilot phase on the basis of the synthesis report with a view to taking appropriate decisions on the continuation of the pilot phase;

(b) In so doing, the Conference of the Parties shall take into consideration the need for a comprehensive review of the pilot phase in order to take a conclusive decision on the pilot phase and the progression beyond that, no later than the end of the present decade.

Quelle: United Nations: Document FCCC/CP/1995/L.13; 6 April 1995

9.1.3 Die Beschlüsse der dritten Vertragsstaatenkonferenz in Kioto

Artikel 6 des Kioto-Protokolls: JI zwischen Annex 1 Staaten

1. For the purpose of meeting its commitments under Article 3, any Party included in Annex I may transfer to, or acquire from, any other such Party emission reduction units resulting from projects aimed at reducing anthropogenic emissions by sources or enhancing anthropogenic removals by sinks of greenhouse gases in any sector of the economy, provided that:

(a) Any such project has the approval of the Parties involved;

(b) Any such project provides a reduction in emissions by sources, or an enhancement of removals by sinks, that is additional to any that would otherwise occur;

(c) It does not acquire any emission reduction units if it is not in compliance with its obligations under Articles 5 and 7; and

(d) The acquisition of emission reduction units shall be supplemental to domestic actions for the purposes of meeting commitments under Article 3.

2. The Conference of the Parties serving as the meeting of the Parties to this Pro-

tocol may, at its first session or as soon as practicable thereafter, further elaborate guidelines for the implementation of this Article, including for verification and reporting.

3. A Party included in Annex I may authorize legal entities to participate, under its responsibility, in actions leading to the generation, transfer or acquisition under this Article of emission reduction units.

4. If a question of implementation by a Party included in Annex I of the requirements referred to in this paragraph is identified in accordance with the relevant provisions ofArticle 8, transfers and acquisitions of emission reduction units may continue to be made after the question has been identified, provided that any such units may not be used by a Party to meet its commitments under Article 3 until any issue of compliance is resolved.

Article 12 des Kioto-Protokolls: Clean Development Mechanism

1. A clean development mechanism is hereby defined.

2. The purpose of the clean development mechanism shall be to assist Parties not included in Annex I in achieving sustainable development and in contributing to the ultimate objective of the Convention, and to assist Parties included in Annex I in achieving compliance with their quantified emission limitation and reduction commitments under Article 3.

3. Under the clean development mechanism:

(a) Parties not included in Annex I will benefit from project activities resulting in certified emission reductions; and

(b) Parties included in Annex I may use the certified emission reductions accruing from such project activities to contribute to compliance with part of their quantified emission limitation and reduction commitments under Article 3, as determined by the Conference of the Parties serving as the meeting of the Parties to this Protocol.

4. The clean development mechanism shall be subject to the authority and guidance of the Conference of the Parties serving as the meeting of the Parties to this Protocol and be supervised by an executive board of the clean development mechanism.

5. Emission reductions resulting from each project activity shall be certified by operational entities to be designated by the Conference of the Parties serving as the meeting of the Parties to this Protocol, on the basis of:

(a) Voluntary participation approved by each Party involved;

(b) Real, measurable, and long-term benefits related to the mitigation of climate change; and

(c) Reductions in emissions that are additional to any that would occur in the absence of the certified project activity.

6. The clean development mechanism shall assist in arranging funding of certified project activities as necessary.

7. The Conference of the Parties serving as the meeting of the Parties to this Protocol shall, at its first session, elaborate modalities and procedures with the objective of ensuring transparency, efficiency and accountability through independent auditing and verification of project activities.

8. The Conference of the Parties serving as the meeting of the Parties to this Protocol shall ensure that a share of the proceeds from certified project activities is used to cover administrative expenses as well as to assist developing country Parties that are particularly vulnerable to the adverse effects of climate change to meet the costs of adaptation.

9. Participation under the clean development mechanism, including in activities mentioned in paragraph 3(a) above and acquisition of certified emission reductions, may involve private and/or public entities, and is to be subject to whatever guidance may be provided by the executive board of the clean development mechanism.

10. Certified emission reductions obtained during the period from the year 2000 up to the beginning of the first commitment period can be used to assist in achieving compliance in the first commitment period.

Quelle:United Nations, 1997

9.2 Indien als THG-Emittent

Tabelle 23: Schätzung der Entwicklung der indischen CO_2-Emissionen 1990 - 2005 (in Mio. t Kohlenstoff)

Sektor	1990		2005	
	Mio. t C	% d. Gesamtemissionen	Mio. t C	% d. Gesamtemissionen
Elektrizität	57,21	36,51%	113,7	35,73%
Transport	16,7	10,66%	36,1	11,35%
Stahl u. Eisen	16	10,21%	30,2	9,49%
Zement	10,7	6,83%	22,5	7,07%
Nicht-metallische Mineralprod.	6,7	4,28%	19,9	6,25%
Eisenbahn	4,4	2,81%	9,7	3,05%
Baumwolle u. a. Textilien	3,8	2,43%	6,9	2,17%
Papier	3	1,91%	6,3	1,98%
Teer	2,8	1,79%	5,4	1,70%
Kunstdünger	2,7	1,72%	4,1	1,29%
Chemikalien	2,6	1,66%	5,2	1,63%
Kohlebergbau	2,5	1,60%	4,9	1,54%
Nahrungsmittel u. Getränke	2,2	1,40%	4,2	1,32%
Sonstige	10,09	6,44%	16,6	5,22%
Gesamtemissionen aus d. Produktionsprozeß	141,4	90,24%	285,7	89,79%
Direkte Emissionen durch privaten Verbrauch	12,5	7,98%	26,5	8,33%
Direkte Emissionen aus Staatsverbrauch	2,8	1,79%	6	1,89%
Gesamtemissionen	156,7	100,00%	318,2	100,00%
Bevölkerung in Mio.	822		1093	
Pro-Kopf-Verbrauch	0,19		0,29	

Quelle: Murthy et al., 1997

Tabelle 24: CO_2-Schätzungen (in Mio. t Kohlenstoff) für Indien: 1970 bis 1991

	1970	1975	1980	1985	1986	1987	1988	1989	1990	1991
Gesamtemissionen	53,3	69,1	95,5	134,3	143,6	152,1	163,8	178,4	184,3	192,0
Pro-Kopf-Emissionen	0,1	0,1	0,1	0,2	0,2	0,2	0,2	0,2	0,2	0,2

Quelle: TERI, 1997 1 Tonne Kohlenstoff verbindet sich mit Sauerstoff zu 3,67 t CO_2

Tabelle 25: Die größten CO_2-Emittenten der Welt

Land	CO_2 (Mio. t)	CO_2 (% der Weltemissionen)
USA	5094,6	23,72
China	2625,4	12,22
Russische Föderation	1800,9	8,38
Japan	1090,7	5,08
Deutschland	896,7	4,17
Indien	701,6	3,27
Großbritannien	558,4	2,6
Ukraine	504,9	2,35
Kanada	443,3	2,06
Italien	407,7	1,90
OECD	10292,6	47,9
Welt	21480,3	100,00

Quelle: IEA, 1996

9.3 AIJ-Projekte in Indien

Weltweit existieren derzeit (April 1998) 101 AIJ-Projekte. Der überwiegende Teil der Projekte wird in den baltischen Staaten durchgeführt, gefolgt von Lateinamerika (insbesondere Costa Rica). Südasien ist durch ein Projekt in Bhutan, einem in Sri Lanka und fünf Projekten in Indien vertreten.

Tabelle 26: Von der indischen Regierung genehmigte AIJ-Pilotprojekte

Name des Projekts	Ort	Investor	Indische Durchführungs-organisation
1. DRI- Direct Reduced Iron	Gujarat, Indien	New Energy Development Organisation (NEDO), Japan.	M/s ESSAR, Gujarat, Indien
2. Energy Recovering from Waste Gas and Liquid	Gujarat, Indien		IPCL Plant at Vadodara, Gujarat, Indien
3. Integrated Agricultural Demand Side Management	Andhra Pradesh, Indien	Weltbank	Andhra Pradesh State, Electricity Board, Indien
4. DESI-Power: Biomass Gasification	Anlagen an 20 Orten in Indien	Niederlande	DESI-Power, Development Alternatives
5. Tamarind Orchard Agro Forestry for Dry Land	Karnataka, Indien	USA	ADAT, Bagepalli, Karnataka, Indien

Quelle: JIQ, 1998a

Beschreibungen von einigen Projekten finden sich unter URL:

http://www.unfccc.de

http://www.northsea.nl/JIQ

http://www.ji.org

Die fünf indischen AIJ-Projekte wurden erst im April 1998 von der Regierung genehmigt.

Das Projekt *Tamarind Orchard Agro Forestry for Dryland* wurde bereits in Kapitel 7.1.4.3 dargestellt. Beim *DESI*-Projekt handelt es sich um eine Kraft-Wärme-Kopplungsanlage, die durch eine Biogasanlage der schweizer Firma DASAG Energy Engineering Ltd. betrieben werden soll. Die Anlage hat eine Leistung von 80 kW und soll Strom für eine Fabrik liefern, in der handgemachtes Papier produziert werden soll und Teil eines ländlichen Entwicklungsprojektes ist. Der Preis einer Stromeinheit aus dieser Anlage würden dem Preis des Stromes aus konventionellen Kohlekraftwerken entsprechen, die Anlage ist jedoch CO_2-neutral (JIQ, 1997: 7). Projektpartner sind DASAG und Development Alternatives.

Darüber hinaus liegen mehrere Projektvorschläge von Seiten indischer NROs und Industrieverbände vor. Beschreibungen der Projektvorschläge finden sich unter URL:

http://www.ji.org/maps/htm/india.shtml

http://www.wbcsd.climatechange.com/tasdform/21e2.html

Der National Focal Point für Indien ist die indische NRO *Development Alternatives*, die ein AIJ Facilitation Center für die asiatisch-pazifische Region eingerichtet hat. Das Zentrum soll Möglichkeiten für AIJ-Projekte in Indien identifizieren und Projektpartner bei der Entwicklung von AIJ-Projekten beraten und unterstützen. Die Kontaktadresse lautet:

Development Alternatives

Dr. Kalipada Chatterjee

B-32 Tara Crescent

Qutab Institutional Area

New Delhi 110 016

India

Die indische Umweltministerium hat einen Standard-Fragekatalog für AIJ-Projektvorschläge entwickelt.

Tabelle 27: Fragenkatalog des MoEF für AIJ-Projektvorschläge

1.	Title of Project
2.	Sector of Activity
3.	Target Greenhouse Gas(es)
4.	Objectives
5.	Outline of the Technology
6.	Current Status of Technology in India
7.	Current Status of Technology in the World
8.	Details of Cost-Effectiveness of the Technology
	8.1 National Benefits (Projected Quantitative Benefits)
	8.2 Global Benefits (Projected Quantitative Benefits)
9.	Does the project bring about real, measurable and long term environmental benefits
10.	Cost of Reduction of GHGs
11.	Financial resources (donor component and host component)
12.	Sharing of Benefits 12.1 Theoretical treatment of the question of sharing of benefits between donor and host country 12.2 Intellectual property rights, if any
13.	Monitoring and Tracking of GHGs 13.1 Methodology of tracking and Monitoring of GHGs 13.2 Details of the calculation procedure for estimate of GHG reductions 13.3 Total GHG Reductions a) With reference to current levels b) Potential GHG reduction in the sector of activity
14	Has any prefeasibility study been undertaken. If so, provide details
15.	Feasibility and future adoption of technology in the sector of the activity
16.	Reasons for not proposing the project under any other bilateral arrangement vis-à-vis reasons for it being an AIJ Candidate Proposal.

Quelle: Embree, 1997

10 Literaturverzeichnis

Agricultural Development and Training Society-ADATS (1997): The Bagepali Project-Tamarind Orchard Agroforestry for Dry Lands, Karnataka, India. Proposal Submitted to U.S. Initiative on Joint Implementation, June 1997, Unveröffentlicht.

Alber, G.; Fritsche, U. (1992): Energiereport Europa - Daten zur Lage - Ein Binnenmarkt für Energie? - Strategien für eine europäische Energiewende, Frankfurt a. Main.

Amelung, T. (1991): Internationale Transferzahlungen zur Lösung globaler Umweltprobleme dargestellt am Beispiel tropischer Regenwälder, in: Zeitschrift für Umweltpolitik und Umweltrecht, Heft 1: 159-178.

Asian NGO Coalition for Agrarian Reform and Rural Development-ANGOC (1989): People's Participation and Environmentally Sustainable Development, Manila.

Babu, P.G.; Saha, B. (1996): Efficient Emission Reduction Through Joint Implementation; in: Environment and Development Economics, Nr. 1: 445-464.

Balakrishnan, M. (Hrsg.) (1993): Environmental Problems and Prospects in India, New Delhi.

Banholzer, K. (1996): Joint Implementation: Ein nützliches Instrument für den Klimaschutz in Entwicklungsländern?. (Wissenschaftszentrum Berlin für Sozialforschung). Berlin.

Barbier, E. B.; Pearce D. W. (1990): Thinking Economically About Climate Change, in: Energy Policy, Vol. 18: 11-18.

Bauer, A. (1993): Der Treibhauseffekt - eine ökonomische Analyse, Tübingen.

Beer, H. (1981): Vorlesungsskriptum zur Vorlesung Thermodynamik I und II, Fachgebiet Technische Thermodynamik an der Technischen Hochschule Darmstadt, Darmstadt: Selbstdruck, 1981.

Bertmann, U. (1995): Entwicklungsstand der Technologien zur energetischen Nutzung von Steinkohle unter besonderer Berücksichtigung von Umweltaspekten, in: Energieanwendung, Heft 3: 54-59.

Bhattacharyya, S. C. (1996): A preliminary estimate of the external costs of energy use in the transport sector: a case study of India; in: OPEC-Review: 247-262.

Blair, H. W. (1996): Democracy, Equity and Common Property Resource Management in the Indian Subcontinent; in: Development and Change, Vol. 27: 475-499.

Bohm, P. (1993): Making carbon-emissions quota agreements more efficient - Joint Implementation vs. quota tradeability, Internationales Institut für angewandte

Systemanalyse (IIASA), Laxenburg: Selbstdruck.

Bornhoeft, D. (1992): Chinas ehrgeizige Pläne für den Ausbau der Elektrizitätsversorgung, in: Siemens Power Journal, Heft 1: 26-33.

Borsch, P.; Wagner, H.-J. (1992): Energie und Umweltbelastung, Berlin et al.

Breitmeier, H. (1997): Klimawandel und Gerechtigkeit zwischen Nord und Süd: Schlechtes Gewissen der Industrieländer - Ruhekissen für die Dritte Welt?, in: Brauch, H.-G. (Hrsg.): Klimapolitik, Berlin.

Bundesminister für Umwelt, Naturschutz und Reaktorsicherheit - BMU (1992): Umweltschutz in Deutschland - Nationalbericht der Bundesrepublik Deutschland für die Konferenz der Vereinten Nationen über Umwelt und Entwicklung in Brasilien im Juni 1992 sowie Perspektiven einer weltweiten umweltverträglichen Entwicklung, Bonn: BMU.

Bundesminister für Umwelt, Naturschutz und Reaktorsicherheit - BMU (1994): Beschluß der Bundesregierung vom 29. September 1994 zur Verminderung der CO_2-Emissionen und anderer Treibhausgasemissionen in der Bundesrepublik Deutschland auf der Grundlage des Zwischenberichts der Interministeriellen Arbeitsgruppe „CO_2-Reduktion" (IMA CO_2-Reduktion), Bonn: BMU.

Bundesminister für Umwelt, Naturschutz und Reaktorsicherheit - BMU (1997a): "Activities Implemented Jointly"-Deutsche Pilotprojekte, Bonn: BMU.

Bundesminister für Umwelt, Naturschutz und Reaktorsicherheit - BMU (1997b): Activities Implemented Jointly / Joint Implementation -Projektvorschläge möglicher Gastgeberländer, Bonn: BMU.

Bundesminister für Umwelt, Naturschutz und Reaktorsicherheit - BMU (1997c): Activities Implemented Jointly-Proceedings of the International AIJ Workshop in Leipzig, Bonn.

Burges, K. (1992): Europäische Energiecharta und aktive CO_2-Politik in Europa, in: Energiewirtschaftliche Tagesfragen, Heft 11:748-753.

Burkel, W. (1992): Kraft-Wärme-Kopplung für industrielle Anwendungen, in: VDI-Berichte 941: 123-130.

Buttgereit, R. (1992): Die Klimaschutzpolitik der Europäischen Gemeinschaften im Lichte weltweiter Umweltpolitik, in: Zeitschrift für angewandte Umweltforschung, Heft 2: 266-275.

Cansier, D. (1991): Bekämpfung des Treibhauseffekts aus ökonomischer Sicht, Berlin et al.

Cansier, D.; Krumm, R. (1995): Joint Implementation: Regimespezifisches Optimalverhalten im Kontext umweltpolitischer Grundprinzipien, (Diskussionsbeitrag Nr. 53 der Wirtschaftswissenschaftlichen Fakultät), Tübingen.

Chakraborthi, N. K. (1994): Environmental Protection and the Law, New Delhi.

Chatterjee, K.; Fecher, R. (1997): Indias Expectations, Opportunities and Strategies; in: Chatterjee, K. (Hrsg): Activities Implemented Jointly to Mitigate Climate Change: Developing Country Perspective, New Delhi.

Czakainski, M. (1995): Globale Energieversorgung: Was kann die Zukunft von uns erwarten? - Erkenntnisse der 16. Weltenergiekonferenz 1995 in Tokio, in: Energiewirtschaftliche Tagesfragen, Heft 11:690-696.

Desai, B. (1994): Environmental Laws of India, New Delhi.

Dhirendra, K. (1995): External Factors Influencing Environmental Policymaking: Role of Multilateral Development Aid Agencies, in: Dwivedi, O. P.; Dhirendra K. V.: Environmental Policies in the Third World, Connecticut.

Dillen, S.; Weber, E. (1995): Klimaschutz und Entwicklung: Eine indische Perspektive; in: Südasien, Nr.15: 42-52.

Dreyhaupt, F. J. (Hrsg.) (1994): VDI-Lexikon Umwelttechnik, Düsseldorf.

Dumsky, G. (1992): Kraftwerke und CO_2-Minderung, in: VDI-Berichte 997: 25-42.

Düngen, H.; Schmitt, D. (1993): Klimapolitik - Chancen für internationale Kompensationslösungen, in: Wirtschaftsdienst Nr. 12: 649-654.

Dutschke, M.; Michaelowa, A. (1997): Joint Implementation as Development Policy - The Case of Costa Rica (HWWA-Diskussionspapier Nr. 49) Hamburg: HWWA.

Dwivedi, O. P./Khator R. (1995): India's Environmental Policy, Programs, and Politics, in: Dwivedi, O. P. / Dhirendra K. V.: Environmental Policies in the Third World, Conneticut: 47-71.

Embree, S. (1997): Background Paper for Interaction on Climate Change, Energy and Indian Industry. Interaction Session, Confederation of Indian Industries, 22. August 1997, New Delhi, unveröffentlicht.

Endres, A. (1994): Umweltökonomie - Eine Einführung, Darmstadt.

Endres, A. (1995): Zur Ökonomie internationaler Umweltschutzvereinbarungen, in: Zeitschrift für Umweltpolitik und Umweltrecht, Heft 2: 143-178.

Enquete-Kommission „Schutz der Erdatmosphäre" des Deutschen Bundestages (Hrsg.) (1991): Schutz der Erde - Eine Bestandsaufnahme mit Vorschlägen zu einer neuen Energiepolitik, Teilband II, Bonn; Karlsruhe.

Enquete-Kommission „Schutz der Erdatmosphäre" des Deutschen Bundestages (Hrsg.) (1992): Klimaänderung gefährdet globale Entwicklung - Zukunft sichern - Jetzt handeln, Bonn; Karlsruhe.

Enquete-Kommission „Schutz der Erdatmosphäre“ des Deutschen Bundestags (Hrsg.) (1994): Empfehlungen für die 1. Vertragsstaatenkonferenz zum Rahmenübereinkommen über Klimaänderungen (Klimarahmenkonvention) vom 28. März bis 7. April 1995 in Berlin, Bonn.

Eßer, C. (1994): Die Elektrizitätswirtschaft im europäischen Binnenmarkt - Gestaltungsvarianten und Entwicklungstendenzen, Idstein.

Ewringmann, D.; Hansmeyer, K.-H. (1991): CO_2-Abgaben - Gratwanderung zwischen Effizienz und Praktikabilität, in: Zeitschrift für Umweltpolitik und Umweltrecht, Heft 2: 115-132.

Faber, M.; Jöst, F.; Proops, J. (1994): Wirtschaftliche Aspekte des Kohlendioxid-Problems, in: Spektrum der Wissenschaft, Digest 1 (Umwelt - Wirtschaft): 90 - 98.

Faross, P. (1993): Die geplante CO_2-Energiesteuer in der Europäischen Gemeinschaft, in: Energiewirtschaftliche Tagesfragen, Heft 5: 295-298.

Förstner, U. (1993): Umweltschutztechnik - eine Einführung, Berlin et al.

Frey, R. L.; Staehelin-Witt, E.; Blöchinger, H. (Hrsg.) (1993): Mit Ökonomie zur Ökologie, Basel/Frankfurt a. Main.

Gadgil, M.; Guha, R. (1994): Ecological Conflicts and the Environmental Movement in India, in: Development and Change, Vol.25: 101-136.

Gelbe, H. (1987): Kondensation und Rückkühlung, in: Beitz, W.; Küttner, K.-H.: Dubbel - Taschenbuch für den Maschinenbau, Berlin et al.

Geping, Q. (1992): China's dual trust strategy - Economic Development and Environmental Protection, in: Energy Policy: 500-506.

Gesellschaft für technische Zusammenarbeit-GTZ (1997): Fortschrittsbericht des GTZ-Projektes „Industrielle Energieeinsparung“ in Indien; Unveröffentlicht.

Gosh, P.; Mittal, M.; Puri, J.; Soni, P. (1994): Perspectives of Developing Countries on Joint Implementation: An Economists' Approach, New Delhi.

Government of India - GOI (1995): Statement by Kamal Nath to the Conference of the Parties to the Climate Change Convention in Berlin, Germany, April 6, Ministry of Environment and Forests, New Delhi.

Graßl, H. (1995): Die Klimadebatte - Bestätigung aber erhöhte Komplexität, in: Energiewirtschaftliche Tagesfragen, Heft ½: 40-44.

Greiner, S. (1996): Joint Implementation in der Klimapolitik aus Sicht der Public-Choice-Theorie (HWWA-Report Nr. 159), Hamburg.

Grothkamp, T.; Ständer, K. (1992): Möglichkeiten und Grenzen der Kraft-Wärme-Kopplung zur CO_2-Minderung, in: VDI-Berichte 941: 111-121.

Grubb, M. (1990): Strategien zur Eindämmung des Treibhauseffektes, in: Zeitschrift für Energiewirtschaft, Heft 3: 167-177.

Gupta, J.; Mathur, R.; Srivastava, L. (1997): Energy Saving and CO_2 Mitigation in the Residential Sector in India, in: Chatterjee, K. (Hrsg): Activities Implemented Jointly to Mitigate Climate Change: Developing Country Perspectives, New Delhi: 312-320.

Hagem, C. (1996): Joint Implementation Under Asymmetric Information and Strategic Behavior; in: Environmental and Resource Economics, Vol. 8: 431-447.

Hall, D. O.; Ravindranath N. H. (1995): Biomass, energy, and environment. A developing country perspective from India, Oxford.

Hauenschild, R. (1995): Kombikraftwerke mit höchsten Wirkungsgraden und niedrigsten Emissionen unter Einsatz der Gasturbine GT 26, in: VGB Kraftwerkstechnik, 75, Heft 6: 487-493.

Hebel, G.; Kotschenreuther, H. (1990): Wirkungsgradverbessernde Maßnahmen an bestehenden Kraftwerken, in: Verein der Großkraftwerkbetreiber (Hrsg.): Kraftwerkstechnik 2000 - Ressourcenschonung und CO_2-Minderung (Vorträge auf einer VGB-Konferenz am 21. und 22. Februar 1990) Essen: Selbstdruck: 30-35.

Heiermann, H.; Zimmermeyer, G. (1992): Die Emissionsentwicklung in der Bundesrepublik Deutschland - ein Modellfall für andere Länder, in: Brennstoff Wärme Kraft, Heft 9: 377-382.

Heinloth, K. (1993): Energie und Umwelt - Klimaverträgliche Nutzung von Energie, Stuttgart.

Heister, J.; Klepper, G.; Michaelis P. (1991): Umweltpolitik mit handelbaren Emissionsrechten - Möglichkeiten zur Verringerung der Kohlendioxid und Stickoxidemissionen (Kieler Studien Nr. 237), Tübingen.

Heister, J.; Klepper, G.; Stähler, F. (1992): Strategien globaler Umweltpolitik - die UNCED-Konferenz aus ökonomischer Sicht, in: Zeitschrift für angewandte Umweltforschung, Heft 5: 455-465.

Heister, J.; Stähler, F. (1994): Globale Umweltpolitik und Joint Implementation: Eine ökonomische Analyse für die Volksrepublik China (Kieler Arbeitspapiere Nr. 644), Kiel.

Heister, J. (1997): Der internationale CO_2-Vertrag - Strategien zur Stabilisierung multilateraler Kooperation zwischen souveränen Staaten, Tübingen.

Hlubek, W.; Schilling, H.-D. (1996): Potentiale der Forschung und Entwicklung in der Kraftwerkstechnik, in: Energiewirtschaftliche Tagesfragen, Heft 1/2: 7-14.

Hoel, M. (1992): Emission Taxes in a Dynamic Game of CO_2-Emissions, in: Pethig, R. (Hrsg.): Conflicts and Cooperation in Managing Environmental Ressources, Berlin et al.: 39-68.

Houghton, J.; Callander, B.; Varney, S. (Hrsg.) (1992): Climate Change - The supplementary report to the IPCC Scientific Assessment, Cambridge 1992.

International Energy Agency - IEA (1992) (Hrsg.): Climate Change Policy Initiatives, Energy and Environment Series, Paris: OECD/IEA.

International Energy Agency - IEA (1995) (Hrsg.): World Energy Outlook, Paris: OECD/IEA.

International Energy Agency - IEA (1996a): Climate Change Policy Initiatives.1995/96 Update, Volume II: Selected Non-IEA Countries, Paris: OECD/IEA.

International Energy Agency - IEA (1996b): Activities Implemented Jointly under the FCCC, Extract from the Energy and Environment Update No. 3 URL:http://www.iea.org/pubs/newslett/files/eenews/climate/fccc.htm, März 1997.

Jayadevappa, R.; Chhatre, S. (1996): Carbon Emission Tax and its Impact on a Developing Country Economy: A Case Study of India; in: The Journal of Energy and Development, Nr.2: 229-246.

Jepma, C. (Hrsg.) (1995): The Feasibility of Joint Implementation, Dordrecht.

Joint Implementation Quarterly - JIQ (1997): South-South cooperation empty slogan far too long; in: Joint Implementation Quarterly, Nr. 1: 7.

Joint Implementation Quarterly - JIQ (1998a): Five AIJ Projects endorsed by Indian Government; in: Joint Implementation Quarterly, Nr. 1: 2.

Joint Implementation Quarterly - JIQ (1998b): Coke dry quenching AIJ project in china; in: Joint Implementation Quarterly, Nr. 1: 5.

Joint Implementation Quarterly - JIQ (1998c): Planned and ongoing AIJ pilot projects; in: Joint Implementation Quarterly, Nr. 2: 14.

Jones, T. (1994): Operational criteria for Joint Implementation, in: OECD/IEA (Hrsg.): The Economics of Climate Change, Proceedings of an OECD/IEA Conference, Paris: OECD/IEA: 109-125.

Joshi, G.; Stem, C. (1997): Improving Dairy Efficiency and Reducing Methan Production in Nepal; in: Chatterjee, K. (Hrsg): Activities Implemented Jointly to Mitigate Climate Change: Developing Countries Perspectives, New Delhi.

Kabelitz, K. (1994): CO_2-Energiesteuer - die richtige Weichenstellung für effizienten Klimaschutz, in: Energiewirtschaftliche Tagesfragen, Heft 5: 264-270.

Kallmeyer, D. H.; Kübler, D. (1995): Kohleverstromung und CO_2-Problematik, in: VGB Kraftwerkstechnik, 75, Heft 1: 10-14.

Kartik, R. (1992): Economic Development and Environment. A Case Study from India, Delhi.

Khanna, R. (1997): Municipal Solid Waste Sector - Potential AIJ Projects in India;

in: Chatterjee, K. (Hrsg): Activities Implemented Jointly to Mitigate Climate Change: Developing Countries Perspectives, New Delhi: 179–185.

Kohlhaas, M. /Praetorius, B. (1994): Selbstverpflichtungen der Industrie zur CO_2-Reduktion, DIW-Sonderheft 152, Berlin.

Kölle, Ch. (1992): Zertifikate in der Energie- und Umweltpolitik, in: Zeitschrift für Energiewirtschaft, Heft 4: 293-301.

Kopfmüller, J.; Socher, M.; Fleischer, T. (1993): Politische Wege zur Reduktion der globalen CO_2-Emissionen, Karlsruhe: Kernforschungszentrum Karsruhe.

Kopp, O.; Bräuer, W. (1998): Entwicklungschancen und Umweltschutz durch Joint Implementation mit Indien (ZEW-Dokumentation Nr. 98-06), Mannheim.

Kotsch, H. (1997): Joint Implementation - Issues in the Further Development of the Concept; in: Intereconomics , Vol. 32.

Krägenow, T. (1994): Ablaß für die Sünder, in: Die Zeit, Nr. 3, 14. Januar: 31.

Krägenow, T. (1996): Verhandlungen zum Klimaschutz. Beobachtungen und Ergebnisse der Vertragsstaatenkonferenz zur Klimarahmenkonvention in Berlin, Freiburg.

Krause, F.; Bach, W.; Koomey, J. (1992): Energiepolitik im Treibhauszeitalter - Maßnahmen zur Eindämmung der globalen Erwärmung, Karlsruhe.

Kugeler, K.; Phlippen, P.-W. (1993): Energietechnik - technische, ökonomische und ökologische Grundlagen, Berlin et al.

Kumar, A.; Vaidyanathan, G (1997): AIJ Opportunities in the Construction Sector in India; in: Chatterjee, K. (Hrsg): Activities Implemented Jointly to Mitigate Climate Change: Developing Countries Perspectives, New Delhi: 187–196.

Lamprecht, F. (1995): 1. UN-Vertragsstaatenkonferenz zur Klimarahmenkonvention, in: Energiewirtschaftliche Tagesfragen, Heft 5: 275-279.

Lehmann, H.; Reetz, T. (1995): Zukunftsenergie - Strategien einer neuen Energiepolitik, Berlin et al.

Lembke, H. (1992): Umweltpolitik in der Nord-Süd-Dimension - UNCED 1992 und danach, in: Zeitschrift für angewandte Umweltforschung, Heft 3: 322-334.

Lerch, A. (1995): Der Einsatz ökonomischer Instrumente beim Übergang zu einer nachhaltigen Energieversorgung, in: Nutzinger, H. G.: Nachhaltige Wirtschaftsweise und Energieversorgung - Konzepte, Bedingungen, Ansatzpunkte, Marburg: 169-199.

Li, N.; Chen, H. (1994): Umweltschutz in der elektrischen Energieversorgung Chinas, in: Energiewirtschaftliche Tagesfragen, Heft 11: 718-725.

Loew, H. (1990): Bewertung der CO_2-Minderungsmöglichkeiten in der Elektrizitätswirtschaft, in: Verein der Großkraftwerkbetreiber (Hrsg.): Kraftwerkstechnik 2000 - Ressourcenschonung und CO_2-Minderung (Vorträge auf einer VGB-Konferenz am 21. und 22. Februar 1990), Essen: Selbstdruck: 30-35.

Loske, R. (1993): Kompensationsmaßnahmen in der nationalen und internationalen Klimapolitik - Möglichkeiten und Grenzen, in: Energiewirtschaftliche Tagesfragen, Heft 5: 313-317.

Loske, R.; Oberthür, S. (1994): Joint Implementation under the Climate Change Convention - Opportunities and pitfalls, in: International Environmental Affairs, Heft 1: 45-58.

Loske, R. (1996): Klimapolitik - Im Spannungsfeld zwischen Kurzzeitinteressen und Langzeiterfordernissen, Marburg.

Loth, R. (1993): Energiesystem und Energietechnik Teil I und II - Vorlesungsskriptum des Fachgebiets Energietechnik und Reaktoranlagen der Technischen Hochschule Darmstadt: Selbstdruck.

Luhmann, H.-J. (1995): Making Joint Implementation Operational: Solutions for Some Technical and Operational Problems of JI in the Fossil Fuel Power Sector; Wuppertal: Wuppertaler Institut für Klima, Umwelt, Energie.

Lyska, B. (1991): Umweltpolitik in Indien, Aachen.

Manne, A. (1994): International trade - the impacts of unilateral carbon emission limits, in: OECD/IEA (Hrsg.): The Economics of Climate Change, Proceedings of an OECD/IEA Conference, Paris: OECD/IEA: 193-205.

Martin, H. (1990): Entwicklungsrichtungen zukünftiger Kohlekraftwerke, in: VDI-Berichte 808: 165-181.

Maya, R. Sh. (1995): Joint Implementation: Cautions and Options for the South; in: Jepma, C. (Hrsg.): The Feasibility of Joint Implementation, Dordrecht: 209-217.

Meadows, D. H.; Meadows, D. L.; Randers, J. (1972): Die Grenzen des Wachstums - Bericht des Club of Rome zur Lage der Menschheit, Stuttgart.

Meili, A. (1997): Programme in Dryland Horticulture Agroforestry - A Concept; in: Chatterjee, K. (Hrsg): Activities Implemented Jointly to Mitigate Climate Change: Developing Countries Perspectives, New Delhi: 218 – 225.

Michaelis, H. (1991): Die CO_2-Initiative der EU, in: Energiewirtschaftliche Tagesfragen, Heft 12: 778-787.

Michaelis, H. (1992): CO_2-Minderung nach Rio, in: Energiewirtschaftliche Tagesfragen, Heft 8: 502-510.

Michaelis, H. (1995): Bilanz der Arbeit der Enquete-Kommission „Schutz der Erdatmosphäre“ - Leitlinien für die Klimapolitik, in: Energiewirtschaftliche Tagesfragen, Heft 1/2: 45-53.

Michaelowa, A. (1995): Internationale Kompensationsmöglichkeiten zur CO_2-Reduktion unter Berücksichtigung steuerlicher Anreize und ordnungsrechtlicher Maßnahmen (HWWA-Report Nr. 152), Hamburg.

Michaelowa, A. (1995): Joint Implementation of Greenhouse Gas Reductions under Consideration of Fiscal and Regulatory Incentives (HWWA-Report Nr. 153), Hamburg.

Michaelowa, A. (1997): Internationale Kompensationsmöglichkeiten zur CO_2-Reduktion: Steuerliche Anreize und ordnungsrechtliche Maßnahmen; Baden-Baden.

Michaelowa, A. (1998): Interest Groups and Efficient Design of the Clean Development Mechanism under the Kyoto Protocol (HWWA-Diskussionspapier, Nr. 58), Hamburg.

Mitra, A. P. (1996): Greenhouse Gas Emissions in India: 1996 Update, Centre for Global Change, National Physical Laboratory, New Delhi.

Murthy , N. S. (1997): Economic Development, Poverty Reduction and Carbon Emission in India; in: Parikh et al. (Hrsg.): Climate Change and North-South Cooperation, New Delhi: 86 – 106.

Musch, M. (1996): Globale Methan-und Lachgasemissionen. Bestandsaufnahme und Reduktionspotentiale; in: Simonis, U. E. (Hrsg.): Weltumweltpolitik, Berlin: 62-87.

Naihu L.; Heng C. (1994): Umweltschutz in der elektrischen Energieversorgung Chinas - Stand und Perspektiven, in: Energiewirtschaftliche Tagesfragen, Heft 11: 718-724.

Naujoks, F.. (1992): Umweltpolitische Neuorientierung Chinas?, in: Energiewirtschaftliche Tagesfragen, Heft 6: 394-396.

Nentjes, A.; Zhang, Z. X. (1997): International Tradable Carbon Permits as a Strong Form of Joint Implementation, Department of Economics and Public Finance, University of Groningen.

Oberthür, S. (1992): Die internationale Zusammenarbeit zum Schutz des Weltklimas, in: Aus Politik und Zeitgeschichte (Beilage zur Wochenzeitung „Das Parlament"), Heft B16/92 vom 10 April: 9-20.

Oeljeklaus, G.; Boeddicker, D.; Brand, V. (1995): CO_2-Emissionsminderung bei fortschrittlichen Kohlekraftwerken - Auslegungsgrundlagen und Kosten, in: VDI-Berichte 1182: 245-256.

Oeynhausen, H. (1992): Ertüchtigung von Dampfturbinenkomponenten zur Steigerung des Wirkungsgrades, in: VDI-Berichte 941: 147-164.

Energiespektrum (1993): Zukunftskraftwerke - Welche Art von Kraftwerk wird dem Wunsch nach hohem Wirkungsgrad bei bestem Umweltschutz und guter Wirtschaftlichkeit am ehesten gerecht? Interviews dazu mit Managern von Krupp Koppers, Preußen Elektra, ABB und Lurgi, in: Energiespektrum - Magazin für Energiemanagement, Heft März: 11-33.

Ohne Verfasser (1994): Klimarahmenkonvention in Kraft getreten, in: Frankfurter Allgemeine Zeitung, Nr. 68, vom 22. März: 1.

Olson, M. (1968): Die Logik des kollektiven Handelns. Kollektivgüter und die Theorie der Gruppen, Tübingen.

Organisation für Wirtschaftliche Zusammenarbeit und Entwicklung - OECD (Hrsg.) (1991): Umwelt - global - Dritter Bericht zur Umweltsituation, Bonn.

Organization for Economic Cooperation and Development -OECD (Hrsg.) (1992): Climate Change - Designing a practical tax system, Paris: OECD/IEA.

Organization for Economic Cooperation and Development - OECD (Hrsg.) (1993): International Economic Instruments and Climate Change, Paris: OECD.

Organization for Economic Cooperation and Development - OECD; International Energy Agency - IEA (Hrsg.) (1994): The Economics of Climate Change, Proceedings of an OECD/IEA Conference, Paris: OECD/IEA.

Ott, H. (1997): Operationalizing Joint Implementation, in: Activities Implemented Jointly-Proceedings of the International AIJ Workshop in Leipzig, Bonn.

Painuly, J. P. (1997): Technological Options for CO_2-Reduction; in: Parikh et al. (Hrsg.): Climate Change and North-South Cooperation, New Delhi: 71-85.

Painuly, J. P.; Bhattacharya, K.; Parikh, J. (1997): Joint Implementation for CO_2 Reduction in India: An Analysis of Auxiliary Reduktion in Power Plants; in: Chatterjee, K. (Hrsg): Activities Implemented Jointly to Mitigate Climate Change: Developing Countries Perspectives, New Delhi: 145–160.

Painuly, J. P.; Parikh, J.K.. (1997): Opportunities for Joint Implementation; in: Parikh et al. (Hrsg.): Climate Change and North-South Cooperation, New Delhi: 211–231.

Panjiar, U. N. (1997): Design, Principles and Methodology of Renewable Energy Projects; in: Chatterjee, K. (Hrsg): Activities Implemented Jointly to Mitigate Climate Change: Developing Countries Perspectives, New Delhi: 277-282.

Parikh, J. K.; Gokarn, S. (1993): Climate Change and India's Energy Policy Options; in: Gloal Environmental Change, Nr.3: 276-291.

Parikh, J. K. (1995): Joint Implementation and North-South Cooperation for Climate Change; in: International Environmental Affairs, Nr.7: 22-41.

Parikh, J. K.; Painuly J. P.; Bhattacharya, K. (1996): Environmentally Sound

Energy Effiency Strategies: A Case Study of the Power Sector in India, Indira Gandhi Research Institute of Development Research, Mumbai.

Parikh, J. K. (1997a): Institutional Framework for Climate Change in India; in: Parikh et al. (Hrsg.): Climate Change and North-South Cooperation, New Delhi: 187-191.

Parikh, J. K. (1997b): North-South Cooperation for Joint Implementation; in: Parikh et al. (Hrsg.): Climate Change and North-South Cooperation, New Delhi: 192-210.

Parthasarathi, A. (1997): Indias transition to a sustainable energy base; in: The Sustainable Energy Industry Journal, Nr. 3: 6–11.

Paulus, S. (1992): Indiens Energiepolitik im Lichte der Verhandlungen um eine globale Klimakonvention; in: Internationales Asienforum, Nr. 1-2: 27-60.

Paulus, S. (1993): Umweltpolitik und wirtschaftlicher Strukturwandel in Indien, Frankfurt.

Pethig, R. (Hrsg.) (1992): Conflicts and Cooperation in Managing Environmental Resources, Berlin et al.

Polenske, K. R.; Lin, X. (1993): Conserving Energy to Reduce Carbon Dioxide Emissions in China, in: Structural Change and Economic Dynamics, Heft 4: 249 - 265.

Pruschek, R. (1992): CO_2-Rückhaltung in Kraftwerken - Möglichkeiten und Probleme, in: VDI-Berichte 941: 165 - 181.

Pruschek, R. (1993): Thermodynamische Analyse von Kombi-Prozessen mit integrierter Kohlevergasung und CO_2-Rückhaltung, in VGB Kraftwerkstechnik 73, Heft 7: 577-583.

Pruschek, R.; Lokurlu, A.; Oeljeklaus (1995): CO_2-Emissionsminderung durch Ausbau der Kraft-Wärme-Kopplung in der Industrie - Ist-Stand und Potentiale, in: VDI-Berichte 1182: 49 - 69.

Raghuraman, V. (1997): Role of the Government and Private Sector for Achieving Sustainable Development Through AIJ; in: Chatterjee; K. (Hrsg.): Activities Implemented Jointly to Mitigate Climate Change. Developing Countries Perspectives, New Delhi: 401 - 403.

Ravindranath, N. H. (1997): Carbon Flow in Indian Forests; in: Climate Change, Nr.3.

Ravindranath, N.H.; Meili, A.; Rangachari, A. (1997): AIJ in the Non-energy Sector in India: Opportunities and Concerns, Centre for Ecological Sciences , Indian Institute of Science, Bangalore, Unveröffentlicht.

Reidhead, W.; Shuchi G.; Deepti, J. (1996): State of Indias Environment: A Quanitative Analysis; New Delhi.

Rennings, K.; Brockmann, K. L.; Koschel, H.; Bergmann, H.; Kühn, I. (1997): Nachhaltigkeit, Ordnungspolitik und freiwillige Selbstverpflichtungen, Heidelberg.

Rentz, H. (1994): Kompensationen im Klimaschutz - Ein erster Schritt zu einem nachhaltigen Schutz der Erdatmosphäre, Berlin.

Rentz, H. (1995): Joint Implementation in der internationalen Umweltpolitik - Eine theoretische Analyse möglicher Ausgestaltungen, in: Zeitschrift für Umweltpolitik & Umweltrecht, Heft 2: 179-200.

Rentz, H. (1995): Kompensation im Klimaschutz. Ein erster Schritt zu einem Nachhaltigen Schutz der Erdatmosphäre, Berlin.

Rentz, H. (1997): Implementation and Question of 'Additionality' - A Proposal for a Pragmatic Approach to Identify Possible Joint Implementation Projects, Essen.

Rentz, O. (Hrsg.) (1996): Joint Implementation in Deutschland: Stand und Perspektive aus Sicht von Politik, Industrie und Forschung, Frankfurt.

Rentz, O.; Wietschel, M.; Ardone, A. (1996): Die Kompensation in der Klimavorsorge - Chancen und Grenzen (Arbeitspapier des Instituts für Industriebetriebslehre und Industrielle Produktion (IIP) und des HWWA-Instituts für Wirtschaftsforschung Hamburg), Hamburg; Karlsruhe 1996.

Ressing, W. (1993): Die CO_2-Energiesteuer - Chance oder Risiko für die Wettbewerbsfähigkeit der deutschen Wirtschaft? in: Energiewirtschaftliche Tagesfragen, Heft 5: 299-306.

Reuter, G. (1992): Kombinierte Prozesse und Energiesysteme schützen die Umwelt und sichern das Leben, in: Brennstoff Wärme Kraft, Heft 9: 383-387.

Riedle, K.; Rukes, B.; Wittchow, E. (1990): Die Erhöhung des Kraftwerkwirkungsgrades in Vergangenheit und Zukunft, in: Verein der Großkraftwerkbetreiber (Hrsg.): Kraftwerkstechnik 2000 - Ressourcenschonung und CO_2-Minderung (Vorträge auf einer VGB-Konferenz am 21. und 22. Februar 1990), Essen: Selbstdruck: 65-75.

Rieger, H.-Ch. (1993): Überschwemmungen und Dürren: Umweltprobleme im Himalaya und in der Gangesebene, in: Sautter, H. (Hrsg.): Umweltschutz und Entwicklungspolitik, Berlin: 127-163.

Rösch, R.; Bräuer W. (1997): Möglichkeiten und Grenzen von Joint Implementation im Bereich fossiler Kraftwerke am Beispiel der VR China (ZEW-Dokumentation Nr. 97-3), Mannheim.

Ruijgrok, W. (1995): CO_2-Emissionen der Stromerzeugung - Ein internationaler Vergleich, in: VGB-Kraftwerkstechnik, 75. Jg; Heft 3: 247-253.

Runnals, D. (1997): Politics of Climate Change; in: Parikh et al. (Hrsg.): Climate

Change and North-South Cooperation, New Delhi: 20-49.

Saksena, K. D. (1993): Environmental Planning, Policies and Programmes in India, Delhi.

Sanhueza, E. F. (1997): Role of NGO's in Promoting AIJ in Latin America; in: Chatterjee; K. (Hrsg.): Activities Implemented Jointly to Mitigate Climate Change. Developing Countries Perspectives, New Delhi: 417-420.

Sardemann, G. (1997): Beeinflussung des globalen Klimas durch den Menschen: Historische Entwicklung und Stand des Wissens zum anthropogenen Treibhauseffekt; in: Kopfmüller, J.; Coenen, R. (Hrsg.): Risiko Klima: Der Treibhauseffekt als Herausforderung für Wissenschaft und Politik, Frankfurt.

Schafhausen, F. (1992): Internationaler Klimaschutz, in: Energiewirtschaftliche Tagesfragen, Heft 8: 511-519.

Schafhausen, F. (1995): Politik der kleinen Schritte - Hintergründe und Ergebnisse der 1. Vertragsstaatenkonferenz der Klimarahmenkonvention, in: Energiewirtschaftliche Tagesfragen, Heft 5: 279-283.

Schilling, H.-D. (1993): Zukünftige Orientierungen in der Kraftwerkstechnik - Wege und Wertungen, in: VGB Kraftwerkstechnik, Jg. 73, Heft 8: 658-670.

Schilling, H.-D. (1995): 75 Jahre VGB Kraftwerke 1970 bis 1995 - Energiepolitische Rahmenbedingungen und technische Entwicklungen, in: VGB Kraftwerkstechnik, 75, Heft 8: 643-652.

Schmitt, D.; Düngen, H. (1992): Klimapolitik in der Sackgasse? - Einsatzmöglichkeiten für Kompensationslösungen, in: Wirtschaftsdienst Nr. 5: 271-276.

Schneider, D. (1993): Power hungry, in: The china business review, Heft 6: 20 - 44.

Schulz, W. (1992): Steigerung des Wirkungsgrades bei bestehenden Anlagen durch Vorschalten von Gasturbinen, in: VDI-Berichte 941: 131-146.

Shams, R. (1994): Umweltschutzpolitik in Entwicklungsländern: Eine politökonomische Analyse (HWWA-Report Nr. 142), Hamburg.

Sharan, H. N. (1997): Decentralized Energy Systems in India: A Status Report; in: Chatterjee, K. (Hrsg): Activities Implemented Jointly to Mitigate Climate Change: Developing Countries Perspectives, New Delhi: 288–291.

Siemens (Hrsg.) (1995): Kraftwerk-Perspektiven 95 - Jahresbericht des Siemens-Bereichs Energieerzeugung (KWU), Erlangen: Selbstdruck.

Simonis, U. E. (1992): Kooperation oder Konfrontation - Chancen einer globalen Klimapolitik, in: Aus Politik und Zeitgeschichte, Heft B 16/92: 21-32.

Simonis, U. E. (1994): „Erdgipfel“ - und was nun, in: Spektrum der Wissenschaft, Digest 1 (Umwelt - Wirtschaft): 87-89.

Sims, H. (1995): The Stratosphere is the Limit: India Addresses the Montreal Protocol; in: Asian Survey, Nr. 3: 268-280.

Singh, M. (1996): Environmental Law in India. Issues and Responses, Delhi.

Smith, T. (1993): India's Electric Power Crisis. Why Do the Lights Go Out ?; in: Asian Survey, Nr. 4.

Soni, P.; Barathan, S. (1997): Financing of AIJ Projects in the Energy Sector; in: Chatterjee, K. (Hrsg): Activities Implemented Jointly to Mitigate Climate Change: Developing Countries Perspectives, New Delhi: 363-378.

Stähler, F. (1990): Eine Analyse möglicher Instrumente zur Reduktion von CO_2-Emissionen in der Bundesrepublik Deutschland, in: Zeitschrift für Energiewirtschaft, Heft 3: 178-193.

Stähler, F. (1992): Pareto Improvements by In-Kind-Transfers (Kiel Working Paper No. 541), Kiel: Selbstdruck.

Stengel, M.; Wüstner K. (1997): Umweltökonomie, München.

Stimming, U. (1992): Perspektiven und Technik der Brennstoffzelle, in: VDI-Berichte 941: 203-221.

Tata Energy Research Institute -TERI (1996): CO_2 Mitigation and the Indian Transport Sector; New Delhi.

Tata Energy Research Institute - TERI (1997): TERI Energy Data Directory and Yearbook 1997/98, New Delhi.

Trieb, F; Nitsch, J.; Fischdick, M.; Luhmann, H. (1997): Joint Implementation als Instrument zur Markteinführung Solarthermischer Kraftwerke; in: VDI-Bericht Nr.1321: 721-737.

Umweltbundesamt - UBA (Hrsg.) (1997): Joint Implementation - Projektsimulation und Organisation, Berlin.

United Nations (1995): Report of the Conference of the Parties on its first session, held at Berlin from 28 March to 7 April 1995, Part two: Action taken by the Conference of the Parties at its first session, FCCC/CP/1995/L.13, Genf.

United Nation Development Programme - UNDP (1997): Human Development Report, New York.

United Nations (1997a): Activities Implemented Jointly under the Pilot Phase. Submission by the Group of 77 and China Note by the secretariat; Document FCCC/SBSTA/1997/MISC. 5.

United Nations (1997a): Kyoto Protocol to the United Nation Framework Convention on Climate Change; Document FCCC/CP/1997/L.7/Add.1, Kyoto.

Venugopalacharia, S. (1997): Ministerial Address at the AIJ Conference in New

Delhi; in: Chatterjee; K. (Hrsg.): Activities Implemented Jointly to Mitigate Climate Change. Developing Countries Perspectives, New Delhi: 18-20.

Vogt, G. (1998): Finanzierung des indischen Stromsektors im Wandel; in: Energiewirtschaftliche Tagesfragen, Nr.5.

Voss, A. (1992): Energie und Klima - Ist eine klimaverträgliche Energieversorgung erreichbar?, in: Schweizerischen Fachvereinigung für Energiewirtschaft (Hrsg.): Wege in eine CO_2-arme Zukunft (Jahrestagung der Schweizerischen Fachvereinigung für Energiewirtschaft in Bern), Zürich.

Walia, H. K. (1992): Air Pollution: A Study of the Indian Enactments, in: Environment

Wang, B. L. (1992): Strukturprobleme der Stromerzeugung in China, in: Zeitschrift für Energiewirtschaft, Heft 3: 211-222.

Wang, B. L. (1993): Die Entwicklungsprobleme der Elektrizitätsversorgung in der VR China (Europäische Hochschulschriften; Reihe 5, Volks- und Betriebswirtschaft; Bd. 1455), Frankfurt a. Main et al..

Wang, Z.; Zhouh, Y. (1991): Energy Conservation and Environmental Protection, Working Paper; The Energy Conservation Division of the Ministry of Energy and Ressources, Peoples Republic of China.

Weinzierl, K. (1990): Neue Kraftwerkskonzepte für Steinkohle, in: Verein der Großkraftwerkbetreiber (Hrsg.): Kraftwerkstechnik 2000 - Ressourcenschonung und CO_2-Minderung (Vorträge auf einer VGB-Konferenz am 21. und 22. Februar 1990): 41-47.

Weinzierl, K. (1992): Perspektiven neuer Kohlekraftwerkstechniken, in: VDI-Berichte 941: 165-181.

Weltbank (1991): China - The Achievement and Challenge of Price Reform, A World Bank Country Study, Washington.

Wicke, L. (1991): Umweltökonomie - Eine praxisorientierte Einführung, München.

Wiesegart, K. (1990a): Die Bedeutung von Energie-Einsparstrategien für VR China, in: Osteuropa-Wirtschaft, Heft 3: 208-223.

Wiesegart, K. (1990b): Energie-Einsparstrategien für die VR China, in: Energiewirtschaftliche Tagesfragen, Heft 10: 722-726.

Winje, D.; Witt, D. (1991): Energiewirtschaft - Grundzusammenhänge der Energiewirtschaft; Reihe: Energieberatung/Energiemanagement, Band II, Berlin et al.

World Energy Council - WEC (1993a): Energy for Tomorrow's World - the Realities and the Real Options and the Agenda of Achievement. Draft Summary Global Report. World Energy Council, 15 th WEC Congress Madrid, London.

World Energy Council - WEC (1993b): Energie für die Welt von morgen (DNK-Schriften Nr. 3/1993), Düsseldorf.

Xiulian, H.; Kejun, J.; Shuang, Z. (1998): The potential for Energy Efficiency improvement in China's iron and steel industry and a case study on technology transfer, Energy Research Institute of the State Planning Commission, China.

Zhang Z. X. (1995): Energy Conservation in China - An international perspective, in: Energy Policy, No. 2: 159-166.

Zhang, Z. X. (1997): Operationalization and Priority of Joint Implementation Projects; in: Intereconomics, Vol. 32, November/Dezember: 280-292.

Zimmermann, H. (1994): Joint Implementation als Instrument der Klimapolitik, in: Global Change Prisma Nr. 2: 17-18.